£2.60

WETTER

·

John Farrand jr.

·

Aus dem Amerikanischen von
Wolfgang Bansemer-Hoffmann

·

Schutzumschlag Vorderseite:
Eine mächtige Amboßwolke über dem flachen Süden Arizonas.

Schutzumschlag Rückseite:
Gewitter über Phoenix, Arizona.

Seite 1:
Eisblumen am Fenster, von einem Sonnenaufgang beleuchtet.

Seite 2–3:
Vom Winde geformte Sandwellen in den Eureka-Sanddünen, Kalifornien.

Seite 4–5:
Geysire in der kalten Luft Islands.

Seite 6:
Cumuluswolken über Utah.

Titelseite:
In Eis gehüllter Leuchtturm am Michigan-See.

Seite 9:
Nieselregen auf dem Times Square in New York, 1943.

Seite 10:
Die Spuren eines Hurrikans in Galveston, Texas.

Seite 12–13:
Blitze gehen auf Phoenix in Arizona nieder.

Seite 14-15:
Sturmwolken über dem Glacier-Nationalpark, Montana.

Die Deutsche Bibliothek – CIP-Einheitsaufnahme

Wetter / John Farrand. Aus dem Amerik. von Wolfgang Bansemer-Hoffmann. – Köln : vgs, 1991
   Einheitssacht.: Weather <dt.>
   ISBN 3-8025-1257-X
NE: Farrand, John; EST

© Text: John Farrand jr.
© Fotos: Seite 238–239

Titel der englischen Originalausgabe: Weather, erschienen bei Stewart, Tabori & Chang, Inc., New York 1990

© der deutschsprachigen Ausgabe:
vgs verlagsgesellschaft, Köln 1991
Alle Rechte vorbehalten

Umschlaggestaltung: Fred Papen, Köln
Layout: J. C. Suarés und Diana Jones
Satz: ICS Communications-Service GmbH, Bergisch Gladbach
Druck: Dai Nippon Printing Company, Ltd.

Printed in Hong Kong

ISBN 3-8025-1257-X

INHALT

Vorwort
17

1
Von Göttern zu Satelliten:
Das Wetter erklären
22

2
Felder und Ströme aus Luft:
Luftmassen
44

3
Grenzflächen:
Kaltfronten und Warmfronten
60

4
Der marmorierte Himmel:
Wolken
74

5
Hitzewellen und Kälteeinbrüche:
Die Temperatur und ihre Auswirkungen
102

6
Wenn trockene Blätter fliegen:
Winde und Stürme
122

7
Unter Schnee und Regen:
Niederschläge
146

8
Seenebel und Staubstürme:
Partikel in der Atmosphäre
172

9
Morgenrot bringt Schiff in Not:
Wettervorhersage
200

Anhänge
A. Verhaltensweisen von Pflanzen und Tieren, die zeigen, wie das Wetter wird
222

B. Die Beaufort-Skala
223

Glossar
224

Register
232

Vorwort

„Es regnet." „Es ist kalt." Solche in vielen Sprachen ähnliche Ausdrücke zeigen bereits, welche Bedeutung das Wetter für unser Leben hat. Verallgemeinernd, unpersönlich, und dennoch für jedermann verständlich und eindeutig ist Wetter in unserer Sprache schlicht „Es". Unser täglicher Sprachgebrauch bezeugt in zahllosen Ausdrücken, wie präsent das Wetter in unseren Gedanken stets ist: Ist uns die Petersilie *verhagelt*, dann zeigt die *umwölkte* Stirn unsere *verregnete* Stimmung, während der blonde *Wirbelwind* der Nachbarn mit *sonnigem* Gemüt *strahlt*. Nach einer *hitzigen* Debatte kann es Verwünschungen *hageln*, eine *Flut* von Briefen die Politiker *überschwemmen*, ein *Sturm* des Protests losbrechen. Mit *eisiger* Miene und *frostiger* Stimme, mit *warmem* Lächeln und *kühler* Zurückhaltung, mit *kaltem* Haß und *heißer* Liebe begegnen wir einander. Andererseits geben wir dem Wetter menschliche Eigenschaften – nennen es schwermütig, trostlos, heiter, lassen die Sonne lachen und den Himmel weinen.

Dies sind nicht nur Sprachfiguren. Es ist bekannt, daß das Wetter unser Befinden beeinflußt. Vielleicht ist es kein Zufall, daß wir ein Tiefdruckgebiet ebenso wie ein Gefühl der Trauer mit „Depression" und Wohlbefinden als „Hoch"gefühl bezeichnen. Das Wetter beeinflußt unser Leben in mannigfacher Weise: Von der Planung der Fahrt ins Grüne bis zur Ernte, von der Wahl unserer Kleidung bis zum Auslaufen der Fischereiflotten, von der Verschiebung von Fußballspielen bis zur Planung des Starts einer Raumfähre, das Wetter bedingt unser Leben.

Das Wetter betrifft gleichermaßen das Leben von Tieren und Pflanzen, und das lenkte mein Interesse erstmalig auf dieses Thema. Als angehender Naturforscher erkannte ich rasch, daß die Ergebnisse meiner Erkundungsausflüge vom Wetter abhingen. Kam der Wind an einem Herbsttag von Süden, würde ich keine Zugvögel entdecken. Folgte auf eine Dürreperiode Regen, konnte ich sicher sein, am ersten Tag danach massenhaft neue Schmetterlinge zu finden, die

(SEITE 16): **Ein winterlicher Schneesturm verzaubert den Olympic-Nationalpark im Staat Washington.**

zum Ausschlüpfen Feuchtigkeit brauchten. Drehte der Wind nach einer spätsommerlichen Regenperiode auf Nordwest, würde die Luft voller Distelwolle sein, da diese Pflanzen auf trockene Luft warten, bevor sie ihre Saat in den Wind senden. Ich lernte, daß ich bei bewölktem Himmel keine Libellen über dem heimischen Teich erwarten durfte, da sie die Sonne brauchen, um ihre Flügelmuskeln zu erwärmen. Kehrte ich eine Stunde später bei Sonnenschein an diesen Teich zurück, war die Luft voller Libellen, die über den Wasserspiegel huschten.

So begann ich, an Tagen, an denen ich über Land zog, Notizen über das Wetter zu machen. Bald zeichnete sich ein Schema ab. Die Luftmassen bewegten sich durch mein Gebiet, und an den sie begleitenden Wolken konnte ich erkennen, ob sie wärmere oder kältere Luft mitführten. Heranziehende Tiefdruckgebiete waren lange vor ihrem Eintreffen auszumachen. Dann, als ich beobachten konnte, wie sich ein Hurrikan der Küste Louisianas näherte und die riesigen Wolkenbänke sich gegen den Uhrzeigersinn bewegten, wie es alle Wolken auf der nördlichen Halbkugel um Zyklonen herum tun, hatte ich angebissen. Das Wetter war genauso interessant wie die Tiere und Pflanzen, die mich zuerst ins Freie gelockt hatten.

Dieses Buch ist das Ergebnis meiner Forschungsausflüge in die Welt des Wetters. Viele Menschen halfen mir dabei, es zu schreiben. David M. Ludlum, der beste Wetterspezialist, den ich kenne, las das Manuskript gründlich und kritisch durch. Daril Bentley, Peter F. Cannell, G. Stuart Keith, Kenneth K. Tate, Alan Weissman und Ann H. Whitman halfen mit wertvollen Anregungen und nützlichen Informationen. Jose Pouso und Sarah Longacre recherchierten die Illustrationen und halfen bei ihrer Auswahl. Mein Verleger Brian D. Hotchkiss war begeistert und ermutigend bei der Sache, während er das Entstehen des Buches verfolgte und seinen Weg leitete. Ihnen allen danke ich herzlich für ihre Hilfe und muß hinzufügen, daß möglicherweise falsche Tatsachenangaben oder Fehlinterpretationen auf mich zurückfallen.

1735 schrieb Benjamin Franklin: „Some are weatherwise, some are otherwise", was man in etwa übersetzen könnte mit: Die einen sprechen vom Wetter, die andern kennen es. Ich hoffe, daß dieses Buch Ihnen hilft, zu der zweiten Kategorie zu gehören.

(SEITE 19): **Anhand der mächtigen Streifen und der dunklen Unterseiten kann man diese Altocumuluswolken von den höheren und zarter aussehenden Cirrocumulus unterscheiden.**

(SEITE 20–21): **Trotz der für gewöhnlich herrschenden Hitze sinken die Temperaturen in der Wüste oft so tief, daß sich Frost bildet, wie hier in den Chisos Mountains in Texas.**

1
Von Göttern zu Satelliten: Das Wetter erklären

Bei den Dakotas, einem büffeljagenden Nomadenstamm, der in den nördlichen Great Plains Nordamerikas lebte, ging die Sage, daß in den sogenannten Black Hills die vier Wakinyan – die Donnervögel – wohnten. Sie verbargen sich hinter dunklen Wolken, so daß man sie nicht sehen konnte, aber ihre Stimme war der Donner und ihr Zeichen der gezackte Blitz. Ebenso wie der sagenhafte Zyklon bewegten sie sich gegen den Uhrzeigersinn, während alles andere in der Natur der Richtung des Uhrzeigers folgte. In der Urzeit kämpften die Donnervögel mit Unktehi, dem Wasserungeheuer und Flutbringer, um die Macht über die Erde. Diese zerstörerische Schlacht kam erst zu einem Ende, als Wakinyan Tanka, der große, schwarz gewandete Donnervogel des Westens, die anderen Wakinyan in ihrem Sitz auf dem Berggipfel zusammenrief, wo sie beschlossen, ihr eigentliches Domizil auf den Himmel und die Luft festzulegen, aber in einem letzten Versuch, Unktehi zu schlagen, ließen sie ihrer Wildheit noch einmal freien Lauf.

In dieser furchtbaren Schlacht wurde Unktehi geschlagen und vernichtet. (Seine Knochen sind noch heute als Badlands zu sehen.) Die wenigen überlebenden Menschen kamen aus ihren Verstecken hervor, und endlich konnte Friede einkehren. Die vier Wakinyan, vorher bereits Herren über Donner, Blitz und Wind, hatten nun auch die Herrschaft über das Wasser gewonnen. Sie wurden zu guten Geistern, die alles Reinigende und Lebensspendende mit dem Wetter gaben, obwohl sie auch wilde Stürme verursachten.

Diese alte Sage veranschaulicht und erklärt – wie viele Mythen – die Erscheinungsformen des Wetters. Eine Stelle aus dem Buch Hiob, vermutlich im 5. Jahrhundert v. Chr. geschrieben, enthält ein überraschend ähnliches Bild:

Und nun sehen die Männer nicht das Licht, das sich in den Wolken verbirgt: aber der Wind weht und fegt diese hinweg.

Schönes Wetter kommt aus Nord: Welch herrliche Majestät ist mit Gott.

(SEITE 23): Pferde auf der Kuppe eines Hügels in Süddakota, unter dem wolkenlosen Himmel einer polaren Festlandsluftmasse.

(SEITE 24–25): Der Sage nach sind die Badlands von Süddakota die verdorrten Knochen von Unktehi, dem Wasserungeheuer.

(SEITE 26–27): Wenn es über dem Sleeping Ute Mountain in Colorado regnet, kann man sich tatsächlich vorstellen, daß es sich bei den wehenden Regenschleiern um die Schwingen eines riesigen Donnervogels handelt.

Auch bei den alten Juden schloß die Lehre vom Weltall das Wetter ein, ebenso bei anderen Kulturen – in China, Indien, entlang Tigris und Euphrat sowie bei den Ägyptern. Sie alle glaubten daran, daß das Wetter in der Macht der Götter stand, auch wenn sie eher irdische Sprichwörter benutzten, wie Hiobs: „Schönes Wetter kommt aus Nord."

Die Griechen suchten als erste eine Erklärung für das Wetter, die sich eher auf die physikalische Wissenschaft als auf eine überkommene Kosmologie stützte. Im 7. Jahrhundert v. Chr. versuchte Thales von Milet das Wetter mit der Bewegung himmlischer Körper in Zusammenhang zu bringen und erklärte das Wasser zum ursächlichen Element. Er erkannte, daß das Wasser von der Erde aufsteigt, um dann vom Himmel zu fallen, aber er wußte nichts über den Kondensationsprozeß und die Natur der Wolken. Sein Schüler Anaximander war davon überzeugt, daß Wind bewegte Luft sei, diese Idee wurde jedoch von anderen griechischen Philosophen, auch von Aristoteles, zurückgewiesen.

Im 5. Jahrhundert v. Chr. stellte Anaxagoras fest, daß bei heißem Sommerwetter das Wasser in große Höhen stieg und dort zu Hagelkörnern gefror. Entsprechend erklärte er die Entstehung des Regens durch das Aufsteigen der Wolken in höhere und kältere Luftzonen, wo die Feuchtigkeit kondensierte. Jedoch vermutete er jenseits dieser kalten oberen Atmosphäre eine Zone aus einer feuerartigen Substanz, die er Äther nannte. Dieser von Wolken umschlossene Äther verursachte Donner und Blitz. Für Anaxagoras war nicht das Wasser das ursprüngliche Element aller Materie. Materie bestand seiner Meinung nach aus einer unendlichen Zahl in sich einzigartiger Teilchen.

Der bedeutendste griechische Naturphilosoph vor Aristoteles war Empedokles, der im 5. Jahrhundert v. Chr. die Theorie aufstellte, daß es weder ein einziges noch unendlich viele grundlegende Elemente gebe, sondern genau vier. Diese vier Elemente waren Erde, Luft, Feuer und Wasser. Feuer und Wasser standen einander unversöhnlich gegenüber, da Wasser Feuer erstickt, während Erde und Luft miteinander harmonierten. Gegensatz und Harmonie brachten die vier Eigenschaften Hitze, Kälte, Feuchtigkeit und Trockenheit hervor. Mit den vier Elementen und ihren Wechselbeziehungen versuchte Empedokles auch, die Jahreszeiten zu erklären. Ungeachtet des zufälligen und keineswegs regelmäßigen Auftretens dieser vier Elemente behauptete er, daß bei vorherrschendem Feuer das Wetter sommerlich warm sei, bei dominantem Wasser jedoch Winterwetter vorherrsche.

Diese Ansätze enthielten zwar einen wahren Kern, waren aber grobe Vereinfachungen. Dennoch beeinflußten sie den bekanntesten griechischen Wissenschaftler, Aristoteles. Die von Aristoteles gegen 340 v. Chr. geschriebene *Meteorologica* war die erste umfassende und schlüssige Abhandlung über das Wetter. Aristoteles stellte das Universum als konzentrische sphärische Schalen dar, in deren Mittelpunkt die Erde schwebte. Die äußeren Schalen, noch außerhalb der Umlaufbahn des Mondes, bildeten das Reich der Planeten und Sterne, das Aristoteles als Reich der Astronomie bezeichnete. Was in den inneren Schalen vor sich ging, oblag der Macht der Meteorologie.

Bei der Beschreibung der inneren Schalen – der irdischen Region – benutzte Aristoteles das Empedo-

(SEITE 28): **Bei einem Gewitter über Tucson, Arizona, schießen gleißende Blitze sowohl aus den Wolken zu Boden als auch von einer Wolke zur anderen.**

klessche Bild der vier Elemente, die er in Schalen anordnete. Die äußerste Schale war das Feuer, die Schale darunter die Luft, wiederum darunter das Wasser. In der Mitte befand sich die Erde als viertes Element. Obgleich er sie in getrennten Schalen anordnete, erkannte Aristoteles, daß die vier Elemente sich vermischen konnten: Feuer konnte auf der Erde brennen, das Land sich über das Wasser erheben. Mehr noch, er hielt die Elemente für austauschbar: Hitze konnte Wasser zum Verdampfen bringen und es in eine feuchte, luftähnliche Substanz verwandeln. Diese feuchte, wenn auch nicht dem Wasser gleiche Substanz ließ Wolken und Regen entstehen, während andere Luftströme, heiß und trocken, Wind und Donner verursachten. Aristoteles stellte die Theorie auf, daß Wolken sich niemals über Berggipfeln bilden könnten, da sich dort die Schale des Feuers befand, dessen Hitze eine Kondensation unmöglich machte. Aus demselben Grund lehnte er Anaxagoras Erklärung für Hagel ab: Die oberen Regionen waren für die Bildung von Hagelkörnern zu heiß. Er behauptete statt dessen, daß sich Wassertropfen in der Luft befänden und nur in der kalten Luft in Bodennähe zu Hagelkörnern gefrieren könnten. Auch Niederschlag konnte nur am Boden, sicher abgeschirmt gegen die Feuerschale, entstehen.

Heute wissen wir, daß Aristoteles Theorie über die Entstehung von Hagelkörnern und Regen falsch, die des Anaxagoras dagegen richtig war. Dieser Irrtum

Einer nach links abziehenden Front folgend, verkünden zerrissene Cumuluswolken die Rückkehr des schönen Wetters über Stonehenge, dem Megalithenring auf der Ebene von Salisbury in Südengland.

des Aristoteles läßt sich – ebenso wie einige weitere – durch einen entscheidenden Unterschied zwischen Aristoteles wissenschaftlicher Methode und der der früheren Naturphilosophen sowie durch den Unterschied zwischen der griechischen und der heutigen Wissenschaft erklären. Thales, Anaximander, Anaxagoras, Empedokles – alle wandten die induktive Methode an. Sie gingen von der unmittelbaren Beobachtung aus und versuchten dann, dafür eine Erklärung zu finden. Aristoteles als unermüdlicher und scharfer, in allen Aspekten der Naturwissenschaft erfahrener Beobachter, ging jedoch den entgegengesetzten Weg der deduktiven Methode. Er ging von einer allumfassenden Sicht des Universums aus und versuchte, die Wettererscheinungen in dieses vorgefaßte System einzupassen.

Ungeachtet dieser Irrtümer war die *Meteorologica* des Aristoteles der erfolgreichste Versuch der Antike, das Wetter zu erklären, gerade weil seine strukturierte Sicht des Universums ihm ermöglichte, alle Wetterphänomene systematisch zu erklären. Mit seinen Schlußfolgerungen über das Wetter auf dem Hintergrund einer nachvollziehbaren Weltsicht war Aristoteles nicht der erste, der sich mit dem Wetter befaßte und es zu erklären versuchte. Er gilt jedoch als der Begründer der meteorologischen Wissenschaft, da er die alten Methoden konsequent bis an ihre Grenzen fortführte. 2000 Jahre lang gelang es niemandem, seinen Theorien

Ein Sandsturm über dem Hochland des Monument Valley in Arizona. Diese Felsformationen wurden von Flüssen aus dem Colorado-Plateau herausgeschnitten und dann von Sand und Wind poliert und geformt.

etwas Bedeutendes hinzuzufügen oder überzeugende Alternativen darzustellen. Bis zur Renaissance blieb Aristoteles die unangefochtene Autorität auf diesem Gebiet, bis sowohl sein deduktiver Ansatz als auch die induktive Methode seiner Vorgänger durch eine ganz andere wissenschaftliche Methode ersetzt wurde, die im antiken Griechenland unmöglich gewesen wäre.

Den neuen Ansatz bildete die experimentelle Methode, bei der Hypothesen durch sorgfältig ausgearbeitete Experimente überprüft werden. Ohne Rücksicht auf vorgegebene Systeme wird die wissenschaftliche Wahrheit nur durch die Ergebnisse von Experimenten beurteilt, nicht mehr einzig durch Beobachtungen. Selbst das sorgfältigst errichtete Gefüge kann zusammenbrechen, wenn ein einziges Experiment es widerlegt. Diese experimentelle Methode wurde erst durch die Entwicklung präziser Meß- und Aufzeichnungsinstrumente möglich. Mit der Errungenschaft solcher Instrumente begann der Fortschritt auch in der Meteorologie. Ungeachtet der Tatsache, daß wissenschaftliche Forschung früher eher in Bibliotheken als in Laboratorien stattfand, konnten Lehren und Überzeugungen den wachsenden Anhäufungen von experimentellen Beweisen und präzisen Daten, die mit den neu erfundenen Instrumenten zusammengetragen wurden, bald nichts mehr entgegensetzen.

Einige der alten Griechen vertraten den Standpunkt, daß selbst verdampftes Wasser noch Wasser sei, nur in einer anderen Form. Aristoteles selbst hatte erkannt, daß zumindest einige der warmen, feuchten Luftströmungen Regen hervorbrachten. Das erste einfache meteorologische Gerät diente der Messung von Feuchtigkeit in der Atmosphäre. Es wurde von dem deutschen Mathematiker Nicolas de Cusa entwickelt, der im 15. Jahrhundert etwas Wolle in die Luft hängte und feststellte, daß diese schwerer wurde, wenn Feuchtigkeit aus der Luft sich darin niedergeschlagen hatte. Im Laufe der Jahrhunderte wurden kompliziertere Geräte gebaut. Eines davon bestand aus einer gedrehten Catgut-Schnur, an deren freiem Ende ein Metallpfeil angebracht war. In dem Maße, in dem die Schnur Feuchtigkeit aufnahm oder abgab, was ihre Wicklung strammer oder lockerer werden ließ, drehte sich der Pfeil auf einer Scheibe. Dieses Instrument wurde 1786 von dem deutschen Physiker Johann Heinrich Lambert erfunden, der es *Hygrometer* nannte.

Obwohl auch in früheren Zeiten bekannt war, daß Gase und Flüssigkeiten sich bei Erwärmung ausdehnen, erkannte Gali-

Die dunkle Unterseite einer über Neuseelands Landschaft hinwegziehenden Sturmwolke bedeutet Regenfälle.
Das in Dunsttropfen reflektierte Sonnenlicht zaubert oft Regenbögen hervor, wie den in dem
dunstigen „Wolkenwald" der Vulcabamba-Berge in Südperu (GEGENÜBERLIEGENDE SEITE),
oder den im Lake-Clark-Nationalpark in Alaska (SEITE 36–37).

(SEITE 34–35): Schäumende Wellenbrecher auf dem Michigansee zeugen von der Kraft des Windes.

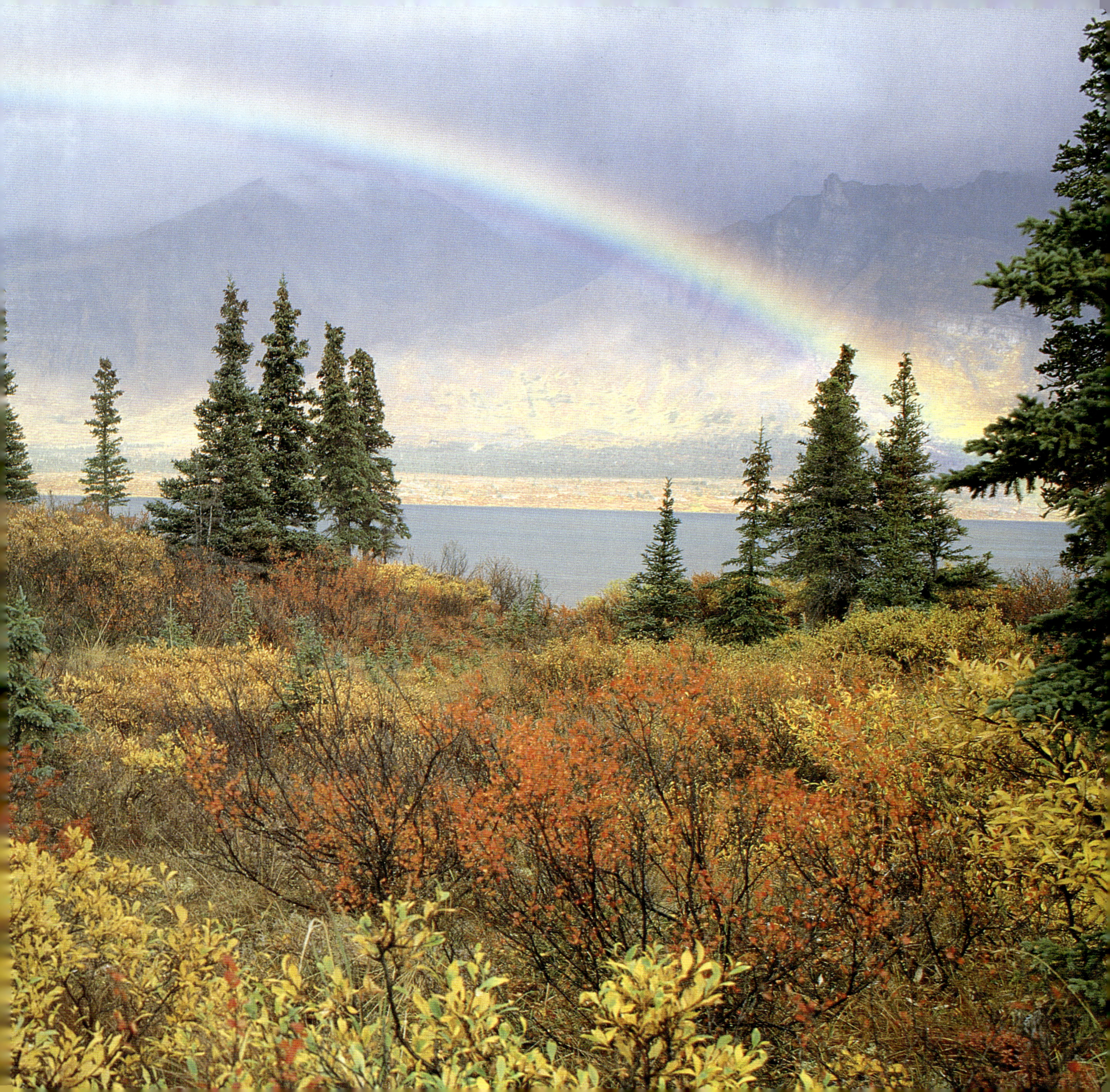

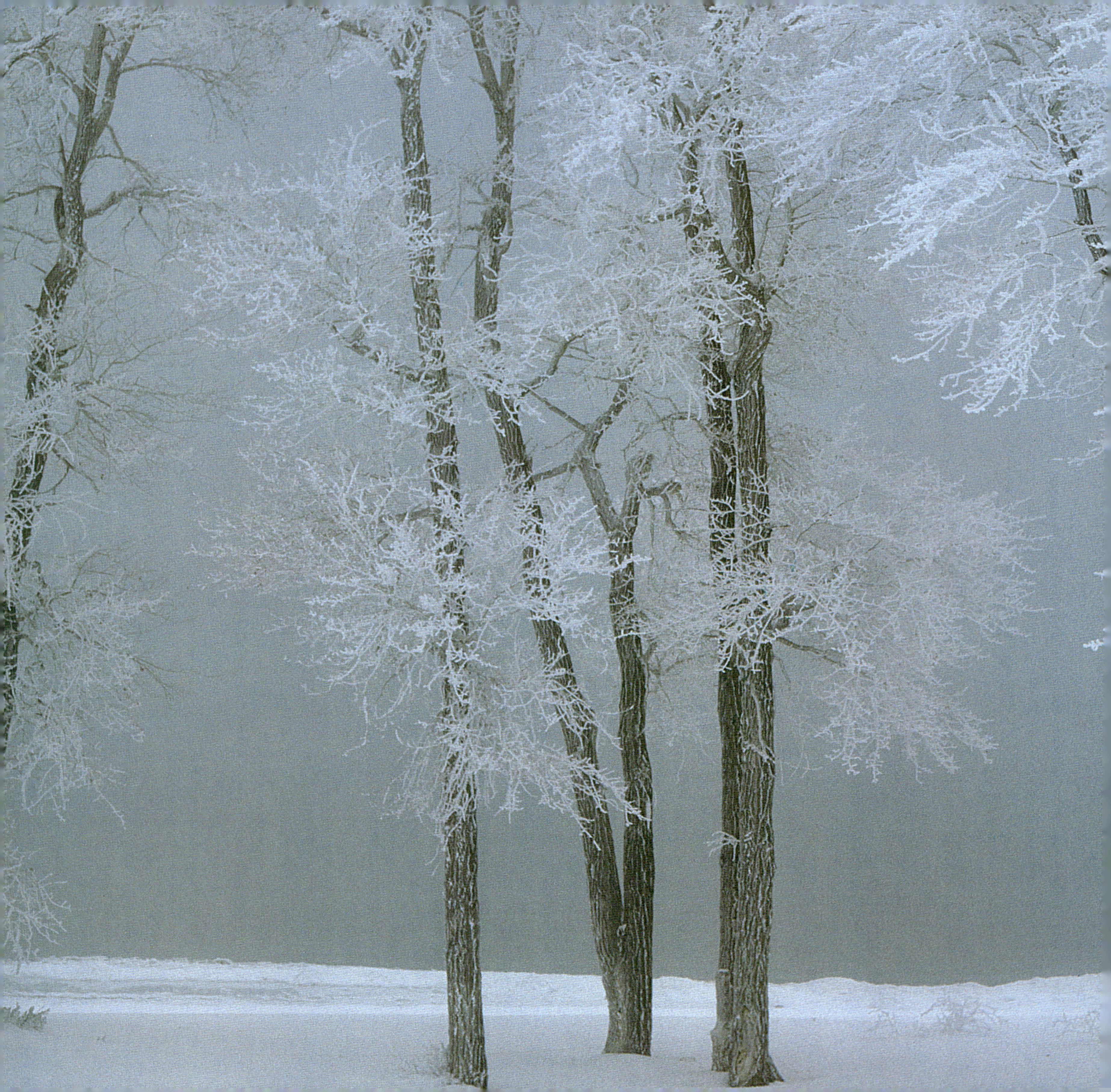

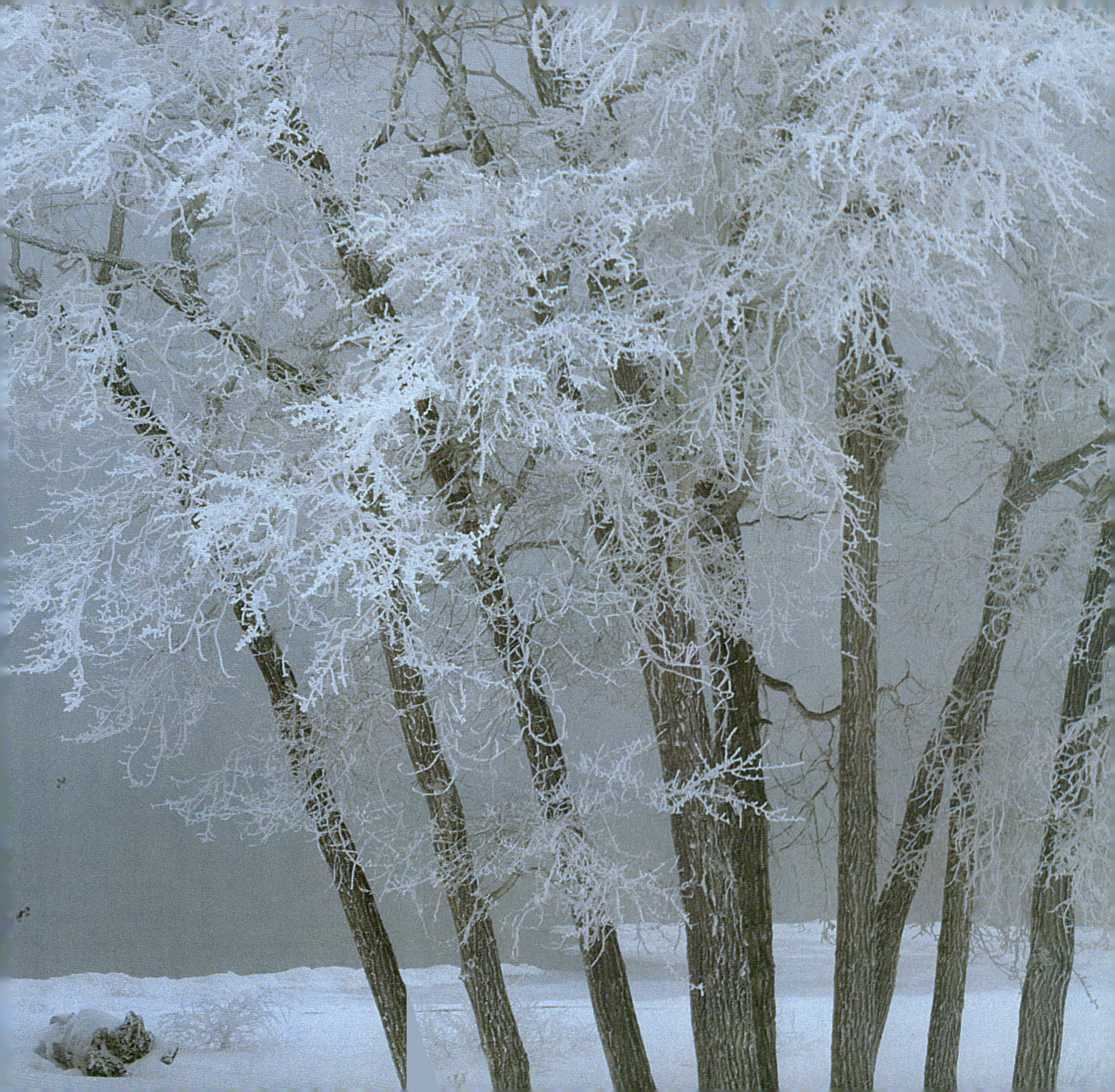

leo als erster, daß darin eine Möglichkeit zur Temperaturmessung bestand. Vermutlich 1593 erfand er in Padua das erste Thermometer – ein einfaches Glasröhrchen, dessen eines Ende kugelförmig war. Galileo erwärmte die Kugel in seiner Hand und steckte das offene Ende der Röhre in eine Schüssel mit Wasser. Beim Abkühlen der Kugel zog sich die Luft darin zusammen und zog Wasser in das Röhrchen, auf das Galileo Markierungen geritzt hatte, um den Temperaturwechsel zu verdeutlichen. Dieses einfache Gerät wurde rasch von Wissenschaftlern verschiedener Länder nachgebaut und präzisiert. Eine genaue und vergleichbare Temperaturmessung hielt Einzug. Es war nun möglich, Temperaturen zu verschiedenen Zeiten und an verschiedenen Orten aufzuzeichnen. Dadurch wurde eine Flut von Experimenten und Untersuchungen ausgelöst. 1701 legte Isaac Newton den Gefrierpunkt von Wasser bei Null „Grad Wärme" fest. Mit Hilfe von Quecksilber statt Wasser entwickelte 1714 der deutsche Physiker Gabriel Fahrenheit seine Tem-

Während der Vollmond über dem Sitkasund in Südostalaska untergeht, treibt Advektionsnebel vom Pazifik herein.

(SEITE 38–39): **Winterlicher Bodennebel hat die Äste der Kanadischen Pappeln am Bärensee in Nordutah in einen frostigen Mantel gehüllt.**

peraturskala, 1736 fügte der schwedische Astronom Anders Celsius seine hinzu.

Eine der nächsten bedeutenden Erfindungen war das Barometer. Aristoteles hatte nachgewiesen, daß es sich bei Luft um eine Substanz handelt, indem er deutlich machte, daß Luft aus einem Kessel entweichen mußte, damit man diesen mit Wasser füllen konnte. Da aber ein Lederbeutel voller Luft genausoviel wog wie ohne Luft, kam er zu der Erkenntnis, daß Luft gewichtslos sei. 1643 experimentierte der florentinische Mathematiker Evangelista Torricelli mit einem Glasröhrchen, das an einem Ende offen war und am anderen Ende in einer geschlossenen Kugel mündete. Er tauchte das offene Ende des Röhrchens in eine Schüssel mit Wasser und beobachtete, daß der Wasserspiegel in dem Röhrchen stieg und fiel. Daraus schloß er auf unterschiedlich schwere Luftmassen, die auf das Wasser in der Schüssel drückten, wobei schwerere Luftschichten mehr Wasser in das Röhrchen preßten. Da sein Wasserbarometer, um die Veränderungen registrieren zu können, ungefähr 18 m hoch sein mußte, ging Torricelli zu Quecksilber über, das viel schwerer ist als Wasser. Auf diese Weise genügte ein Röhrchen von nur 80 cm Höhe, und dieser Barometertyp ist noch heute gebräuchlich. Später wurden noch eine Vielzahl anderer Barometer, einschließlich des Dosenbarometers, erfunden, die zu zahlreichen weiteren Experimenten und Messungen führten. Etwa zur selben Zeit wurden andere Instrumente wie Windmesser und geeichte Niederschlagsmesser entwickelt, und somit war die Bühne reif für den nächsten Akt in der Geschichte der Wetterforschung, in dem die Eigenschaften von Wasser und Luft experimentell erkundet wurden. Damit begann die systematische Beobachtung und präzise Messung von Wettererscheinungen und -daten in großem Maßstab.

Mit dem nun vorhandenen riesigen Vorrat an Informationen gingen die Wissenschaftler jetzt daran, die Bewegung der Atmosphäre zu ergründen. Den ersten Versuch in dieser Richtung unternahm der englische Astronom Edmund Halley, der vor allem durch die Vorhersage der Rückkehr des Kometen berühmt wurde, der heute seinen Namen trägt. 1686 veröffentlichte Halley seine Theorie, daß von der Sonne erwärmte Luft nach oben steige und durch die nachdrängenden Luftmassen Wind erzeugt würde. Das konstante Aufsteigen der erwärmten Luft hielte somit die Atmosphäre in steter Bewegung, da die Luft stets erwärmten Orten zustrebe. Im Verlaufe der kommenden Jahrhunderte wurde Halleys

Herbstfrost hat die roten und grünen Blätter wilder Erdbeeren mit einem weißen Rand verziert.

Theorie noch präzisiert, und allmählich entwickelte sich die Vorstellung von der am Äquator aufsteigenden Luft, die dann nach Norden und Süden drängt, abkühlt und wieder auf die Erdoberfläche herabsinkt. Auf diese Weise entstand das Schema der globalen atmosphärischen Zirkulation.

Am 21. Oktober 1743 konnte man im östlichen Nordamerika eine Mondfinsternis beobachten. Benjamin Franklin hatte gehofft, in Philadelphia ihr Zeuge zu werden. Die Mondfinsternis wurde jedoch durch einen Sturm verdunkelt. Einige Tage später teilte Franklins Bruder ihm in einem Brief mit, daß er die Finsternis in Boston bei klarem Wetter hatte beobachten können. Zufällig erwähnte er den Sturm, der am folgenden Tag Boston heimgesucht hatte. Franklin schloß daraus, daß es sich dabei um denselben Sturm gehandelt haben müsse, der von Philadelphia in nordöstlicher Richtung nach Boston gewandert war. So entwickelte er seine Vorstellung von der Bewegung der Stürme.

Eine Ungereimtheit bei dieser Theorie, die Franklin selbst nie schlüssig löste, war, daß in der Sturmnacht von Philadelphia der Wind aus Nordost blies, also aus der genau entgegengesetzten Windrichtung, die man annehmen mußte, wenn der Sturm nach Boston gewandert wäre. Eine Lösung dieses Problems zeichnete sich erst im September 1821 ab, nachdem ein Hurrikan durch das südliche Neuengland gezogen war. William Redfield aus Cromwell in Connecticut reiste durch Connecticut, Rhode Island und Massachusetts und zeichnete die Lage der von dem Hurrikan gefällten Bäume auf. Nach eingehenden Studien veröffentlichte Redfield die Theorie der sich bei Sturm drehenden Winde.

Als Franklins Sturm über Philadelphia hinwegzog, hatte Franklin Nordostwind als Teil der Drehströmung um das Sturmzentrum festgestellt. Heute nennen wir diese Drehung zyklonisch und den dazugehörigen Sturm einen Zyklon. James Espy wies Redfields Theorie zurück. Er behauptete, die Luft würde direkt in das Sturmzentrum, das ein Gebiet niedrigen Luftdrucks darstellte, gezogen, dann infolge von Erwärmung aufsteigen und sich abkühlen, so daß ihre Feuchtigkeit zu Wolken und Regen kondensiere. Dies war nach Espys Ansicht die Ursache für solche Stürme. Wie sich später herausstellte, war sowohl die Theorie von Redfield als auch die von Espy teilweise richtig.

1918 entdeckten der norwegische Physiker Vilhelm Bjerknes und sein Sohn Jakob, daß zahlreiche Wettererscheinungen sich aus dem Aufeinandertreffen von warmen und kalten Luftmassen ergeben. Ihre Theorie verknüpfte Luftmassen, Fronten und Zyklonbildung miteinander. 1939 entdeckte ein Mitarbeiter des Wetteramtes der Vereinigten Staaten, Carl-Gustaf Rossby, den Jetstream der mittleren Breiten in der nördlichen Hemisphäre, der in einer Höhe von 10 bis 13 km nach Osten treibt und maßgeblich für die Ostbewegung des Wetters verantwortlich ist. Mit dieser Entdeckung war das moderne Verständnis der Zirkulation der Atmosphäre im wesentlichen geboren.

Heute können wir mit Hilfe von Höhenballons, Radar, Satelliten und leistungsstarken Computern Bewegung und Verhalten der Atmosphäre erstaunlich genau aufzeichnen und das Wetter mit wachsender Genauigkeit vorhersagen. Unser Verständnis vom Wetter unterscheidet sich erheblich von den religiösen Mythen der Nomadenstämme, die einst in den Great Plains jagten. Und dennoch sind die Auswirkungen oft nicht weniger majestätisch als die wolkenbekleideten Wakinyan, deren Donner immer noch aus den Black Hills in Süddakota grollt.

(SEITE 43): **Der mächtige Vulkankegel des Mount Edgecumbe erhebt sich strahlend über dem nebelbedeckten Sitkasund.**

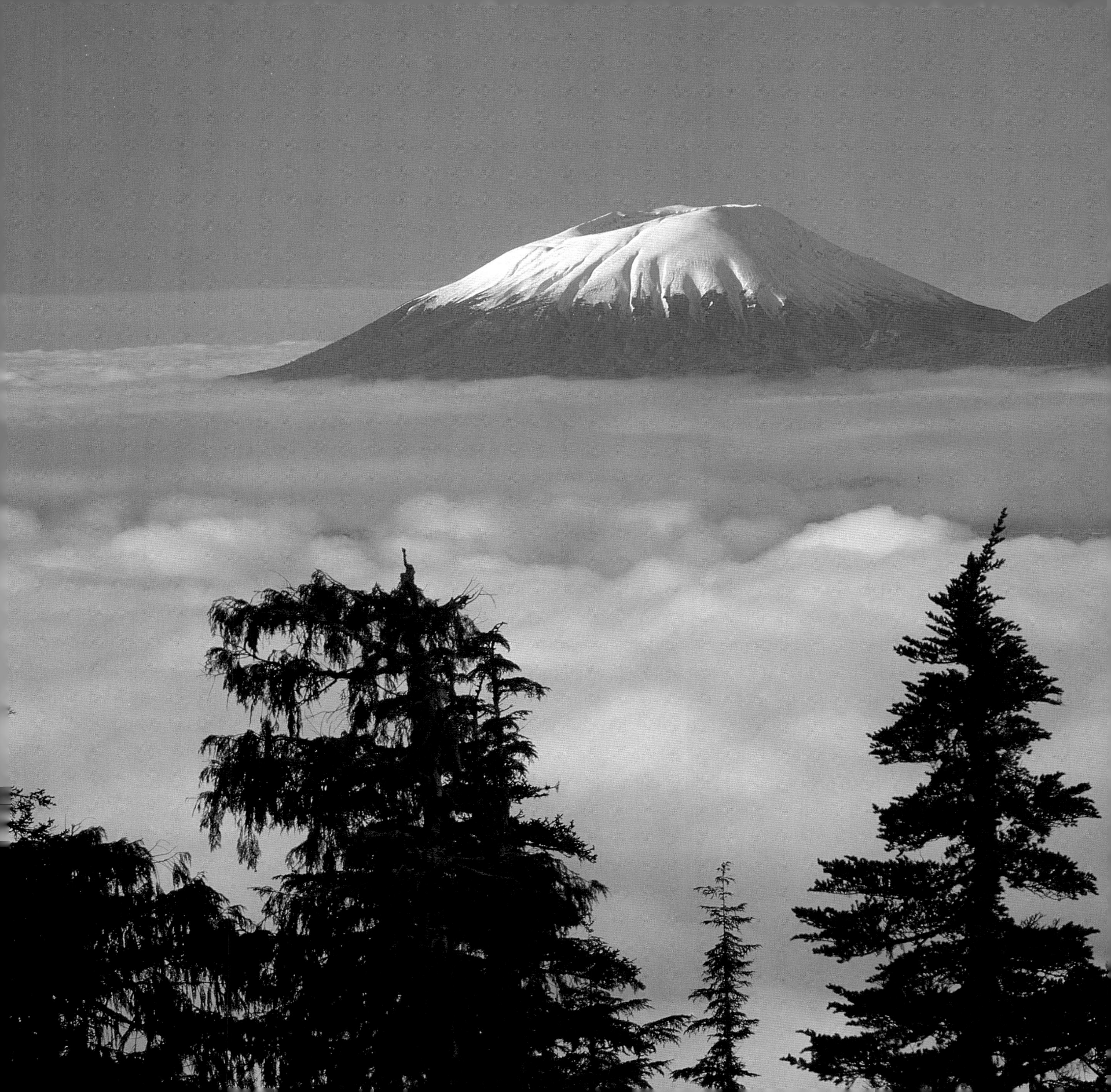

2
FELDER UND STRÖME AUS LUFT: LUFTMASSEN

GETRIEBEN VON KRÄFTEN, DIE DURCH DIE ERDROTATION und durch Luftdruckunterschiede in der Atmosphäre entstehen, schieben sich kühle, feuchte Luftmassen vom Nordpazifik zu den nebelumwallten, felsigen Westküsten Kanadas und Südalaskas. Bei ihrem Aufstieg entlang der Küstengebirge gibt die feuchte Meeresluft viel von ihrer Feuchtigkeit in Form von Regen ab – häufige Schauer sind die Ursache für einige der reichsten und üppigsten Waldgebiete der nördlichen Halbkugel, das riesige Gebiet gigantischer Nadelwälder entlang der Nordwestküste Nordamerikas.

Nach Überquerung mehrerer Gebirgsketten, wobei jedesmal Feuchtigkeit abgegeben wird, gleitet die pazifische Luft die östlichen Abhänge der Rocky Mountains hinab und breitet sich über dem weiten Land dahinter aus. Hier, im Windschatten der Berge, die sie gerade überwunden hat, beginnt die Luft sich über den Ebenen zu stauen und baut eine ungeheure Kuppel aus Luftmassen auf, die Hunderttausende, manchmal gar Millionen von Quadratkilometern bedeckt. In dem Maße, in dem diese Kuppel wächst, verlangsamt sich die sie nährende Luft allmählich bis zum Stillstand. Die Kuppel schwillt zu einem ungeheuren, unbewegten, kilometerhohen Luftreservoir.

Was genau treibt die westlichen Winde, die die Luft vom Pazifik zum trockenen Hinterland Kanadas transportieren? Da die Erde sich langsam von West nach Ost um ihre eigene Achse dreht, wird alles, was sich vom Äquator wegbewegt, sowohl auf der nördlichen wie auf der südlichen Hemisphäre nach Osten abgelenkt. (Das gilt sogar für eine abgeschossene Gewehrkugel.) Die auf das Äquatorgebiet niedergehende Sonnenstrahlung erwärmt die Luft, die nun aufsteigt und polwärts zieht. Die Coriolis-Kraft – so nennt man die ablenkende Kraft der Erdrotation – zwingt den Luftstrom allmählich nach Osten, und mit der Zeit gelangt er zum 30. Grad nördlicher Breite – das entspricht auf der nördlichen Halbkugel etwa der Höhe von Houston, Kairo, Neu-Delhi und Shanghai. Wo die Luft ursprünglich Richtung Nordpol drängte, fließt sie nun nach Nordosten. Sie bildet damit eine stete Strömung von Südwest nach Nordost in den mittleren Breiten der nördlichen Halbkugel. Als westlicher Jetstream fließt sie in einer Höhe von etwa 13 Kilometern über

(SEITE 45): **Ein Hochdruckgebiet über dem White River National Forest in Colorado bedingt die klare, frische und windstille Witterung.**

(SEITE 46–47): **Feuchte, wolkenreiche Luft fließt vom Pazifik ostwärts über den Kamm der Cascade Range in Oregon und regnet sich dort ab. Wenn diese Luft das Flachland hinter den Bergen erreicht, wird sie klar und trocken sein.**

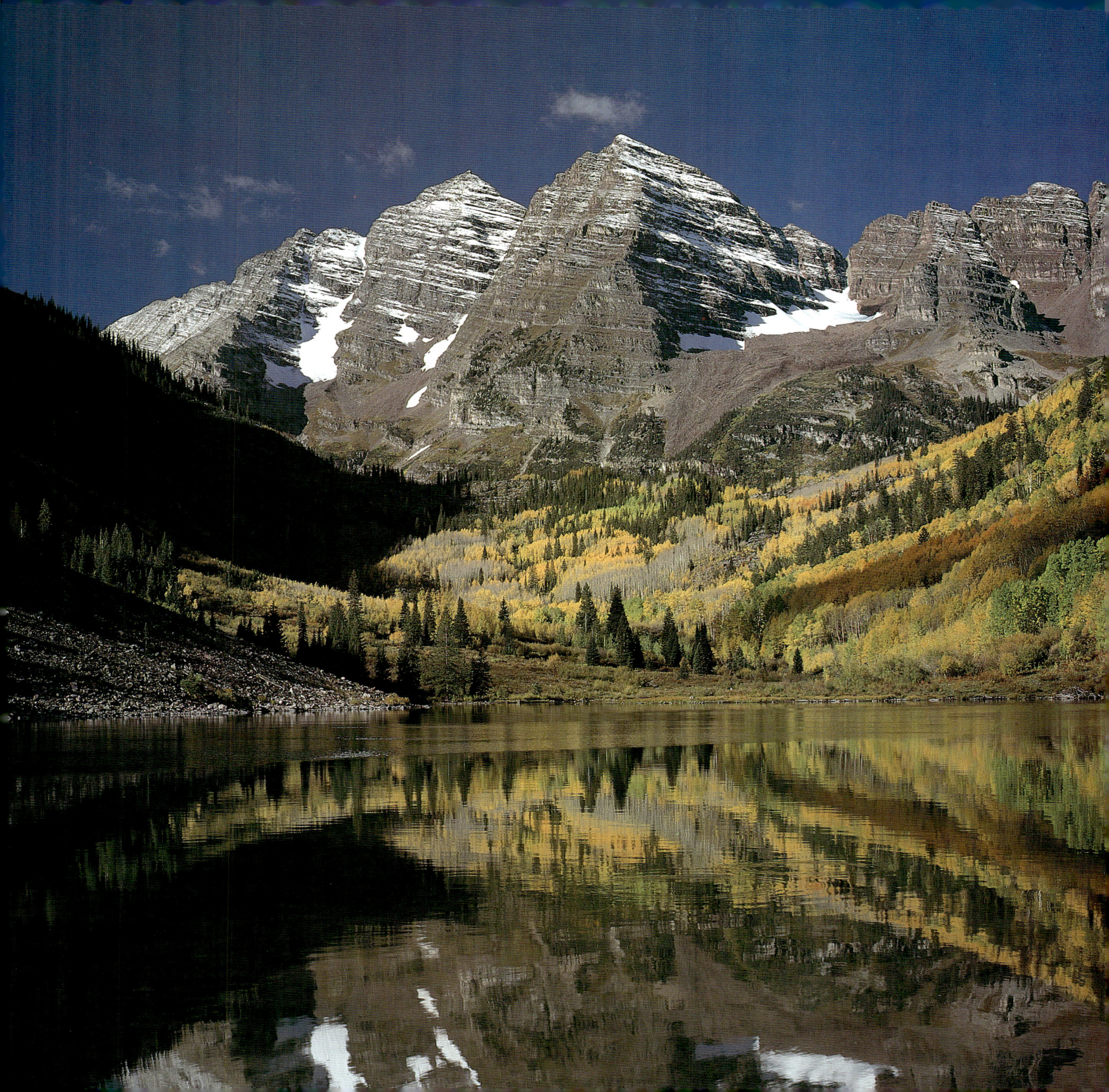

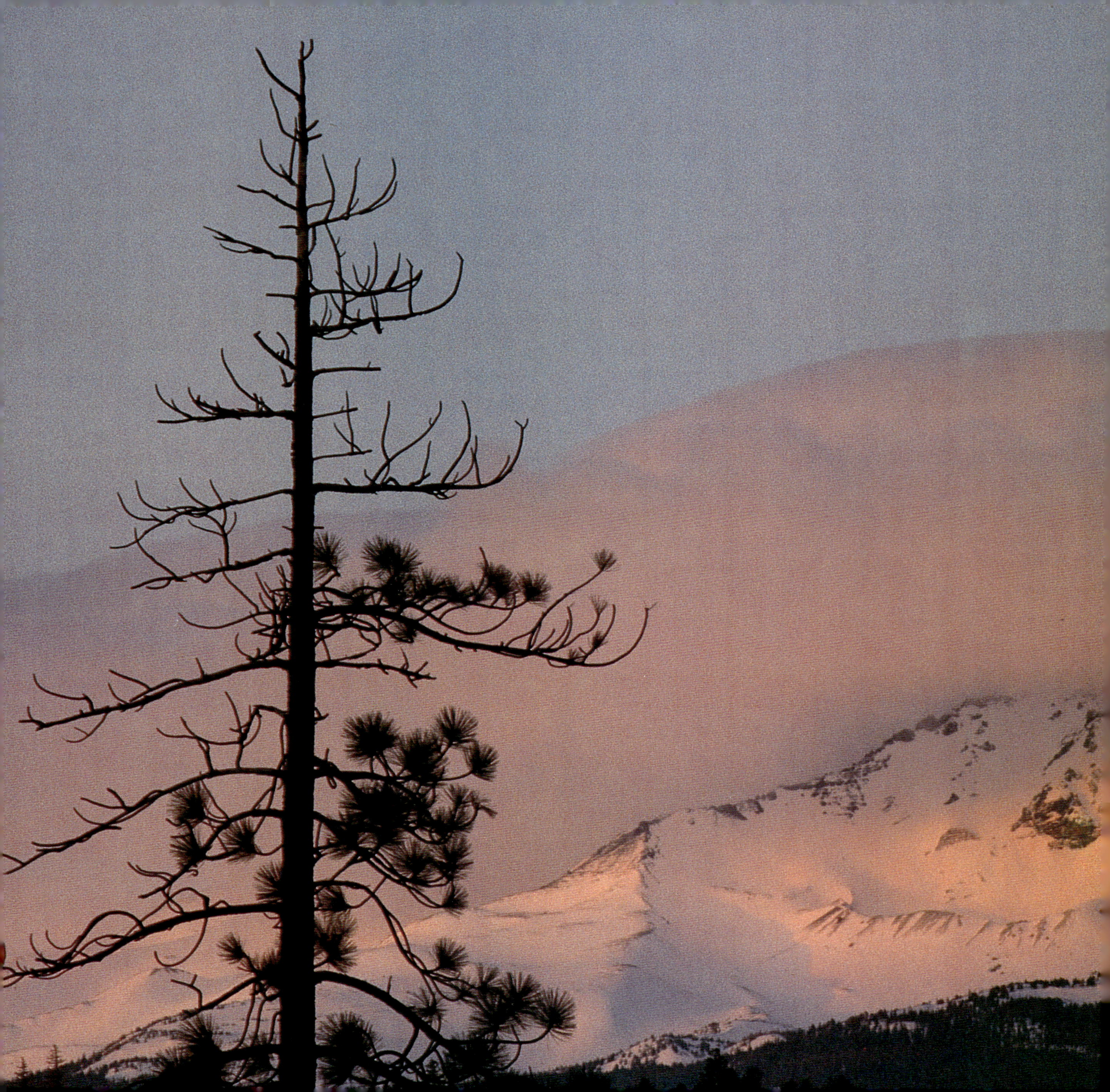

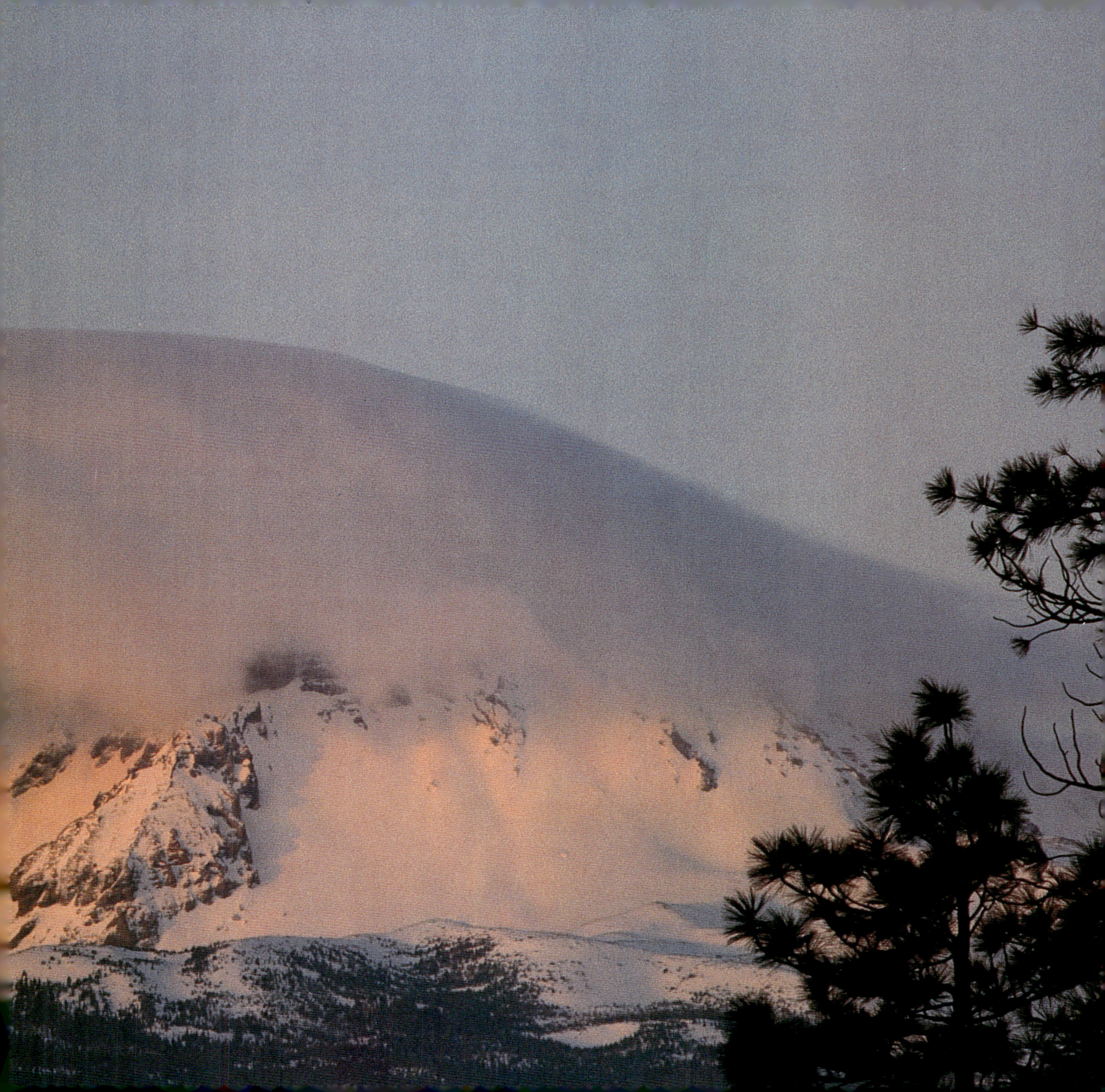

dem Meeresspiegel mit einer durchschnittlichen Geschwindigkeit von 160 Stundenkilometern, wobei zuweilen sogar über 1300 km/h gemessen wurden. Auch auf der südlichen Halbkugel fließt ein entsprechender Jetstream ostwärts. Diese großen Ströme lenken selbst die größten Luftmassen auf östlichen Kurs. Es ist die durch die Sonnenwärme noch verstärkte Kraft des nördlichen Jetstreams, die die Luft vom Pazifik nach Osten und ebenso vom Nordatlantik an Europas Küste treibt.

Noch ein weiteres Paar von Jetstreams – die subtropischen – fließen auf der Höhe des 30. Breitengrades. Sie haben jedoch weniger Kraft als die nördlichen Jetstreams.

Auf der nördlichen Halbkugel lenken Kontinente den steten Fluß westlicher Luftströmungen ab. Unter Umständen leiten bestimmte geographische Gegebenheiten die Luftmassen um oder unterbrechen ihren Fluß, wie es zum Beispiel bei den Luftmassen östlich der Rocky Mountains der Fall ist. Auf denselben Breitengraden der südlichen Halbkugel überwiegen die Meere, wodurch die *Roaring Forties* entstehen, die Seewinde, die stetig und ungehindert aus West wehen. Seeleute haben diese rauhen, jedoch verläßlichen Winde seit jeher für ihre Weltumseglungen genutzt. Heute weiß man, daß Magellan falsch herum, nämlich gegen den Wind gesegelt ist.

Wie alle zum Stillstand gekommenen Luftmassen auf der nördlichen Halbkugel gehorcht auch die Luftkuppel über Kanada immer noch denselben Kräften und dreht sich langsam im Uhrzeigersinn um ihr Zentrum. (Die entsprechenden Luftmassen auf der südlichen Halbkugel drehen sich entgegengesetzt dem Uhrzeigersinn.) Darunter erstreckt sich die ungeheure Ebene des kanadischen Binnenlandes, einer Region mit Prärien, Grasland, riesigen Wäldern, kalten Seen und Flüssen, die sich vom Fuß der Rocky Mountains bis zum Atlantik erstreckt. Ein Luftmassiv kann hier tage-, wenn nicht sogar wochenlang liegen, wobei dann die weite kanadische Landschaft allmählich den Charakter der über ihr liegenden Luft prägt. Die einst frische, kühle und feuchte ozeanische Luftströmung ist nun kalt, trocken und klar. Während seines langen Aufenthalts nimmt das große Luftmassiv typische Eigenschaften an. Aus dem ehemaligen Strom ist eine mehr oder weniger ruhige Luftmasse geworden. Über dem kalten Inland Alaskas geboren, nennt man diese Luftmasse polare Festlandsluft, eine der rund zwanzig definierten Luftmassen.

Die Luft hat sich jetzt zu einer enormen, unsichtbaren Kuppel verdichtet, deren Zentrum schwerer ist als ihre dünneren Ränder. Dieses Gewicht, Luftdruck genannt, verleiht der Luft eine gewisse physikalische Kraft. Im Zentrum der Kuppel ist der Luftdruck sehr hoch, was diesen Luftmassen den Namen Hoch oder Hochdruckgebiet verleiht. Eine solche Luftmasse heißt außerdem Antizyklone, weil ihre Drehung entgegen der Drehung eines Sturmsystems oder Zyklons erfolgt. Luftmassen breiten sich oft weit aus, und ihr Gewicht zwingt kleinere Luftmassen, sie zu umgehen. Selbst Stürme – sofern sie nicht besonders stark sind – können sich nicht mit großen Luftmassen messen. Somit bleibt das Wetter unter einer solchen riesigen Antizyklone oder einem Hochdruckgebiet für gewöhnlich klar und

(SEITE 49): **Während eine Kuppel kalter Herbstluft über dem Glacier-Nationalpark liegt, treibt ein leichter Wind die Luft so hoch, daß sich eine kleine Wolke am ansonsten klaren Himmel bildet.**

(SEITE 50–51): **Dieses trockene Grasland in Saskatchewan liegt im „Regenschatten" der kanadischen Rocky Mountains. Die Luft, die vom Pazifik hierher gelangt, hat ihre Feuchtigkeit längst in den Bergen abgeregnet.**

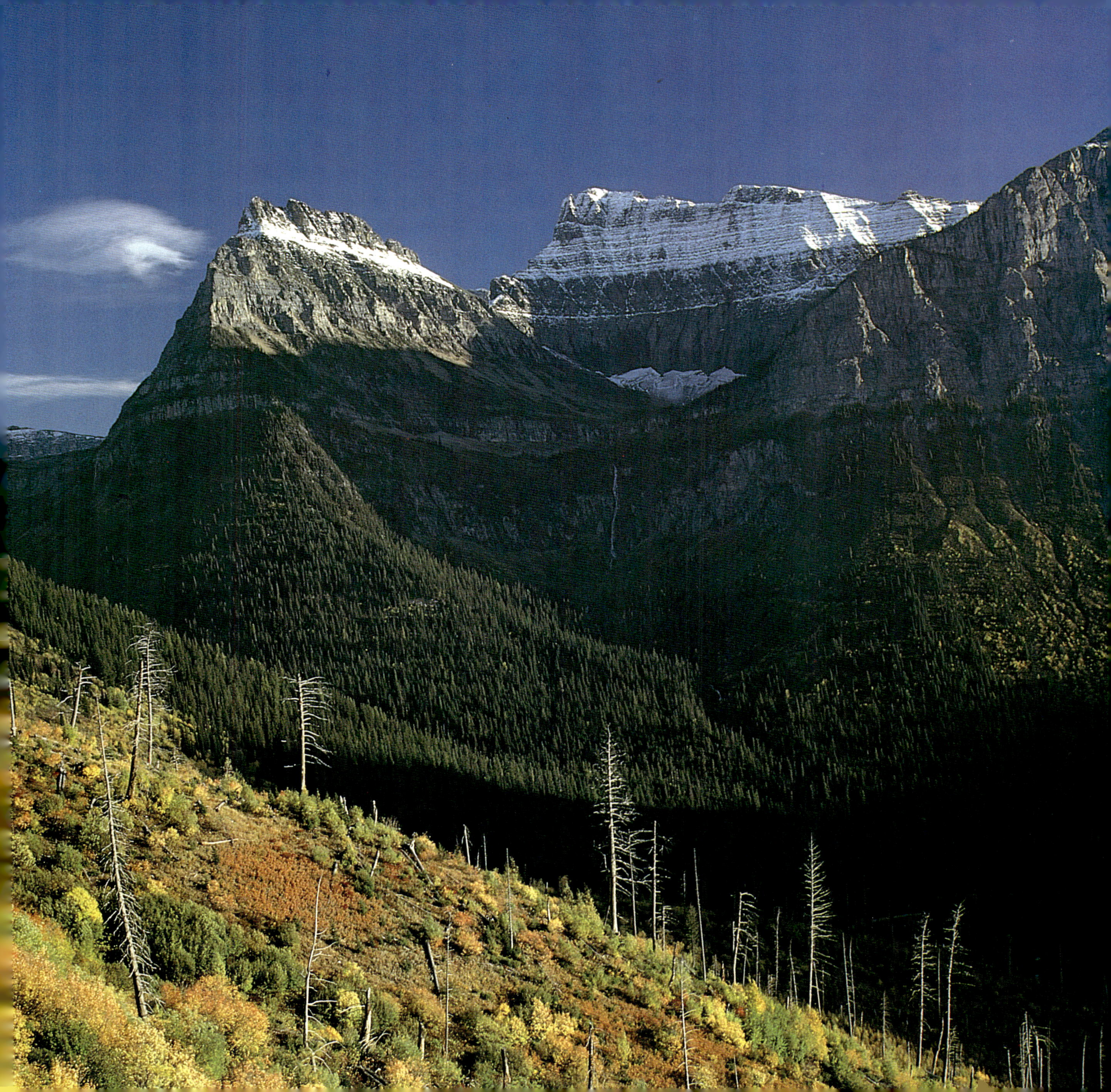

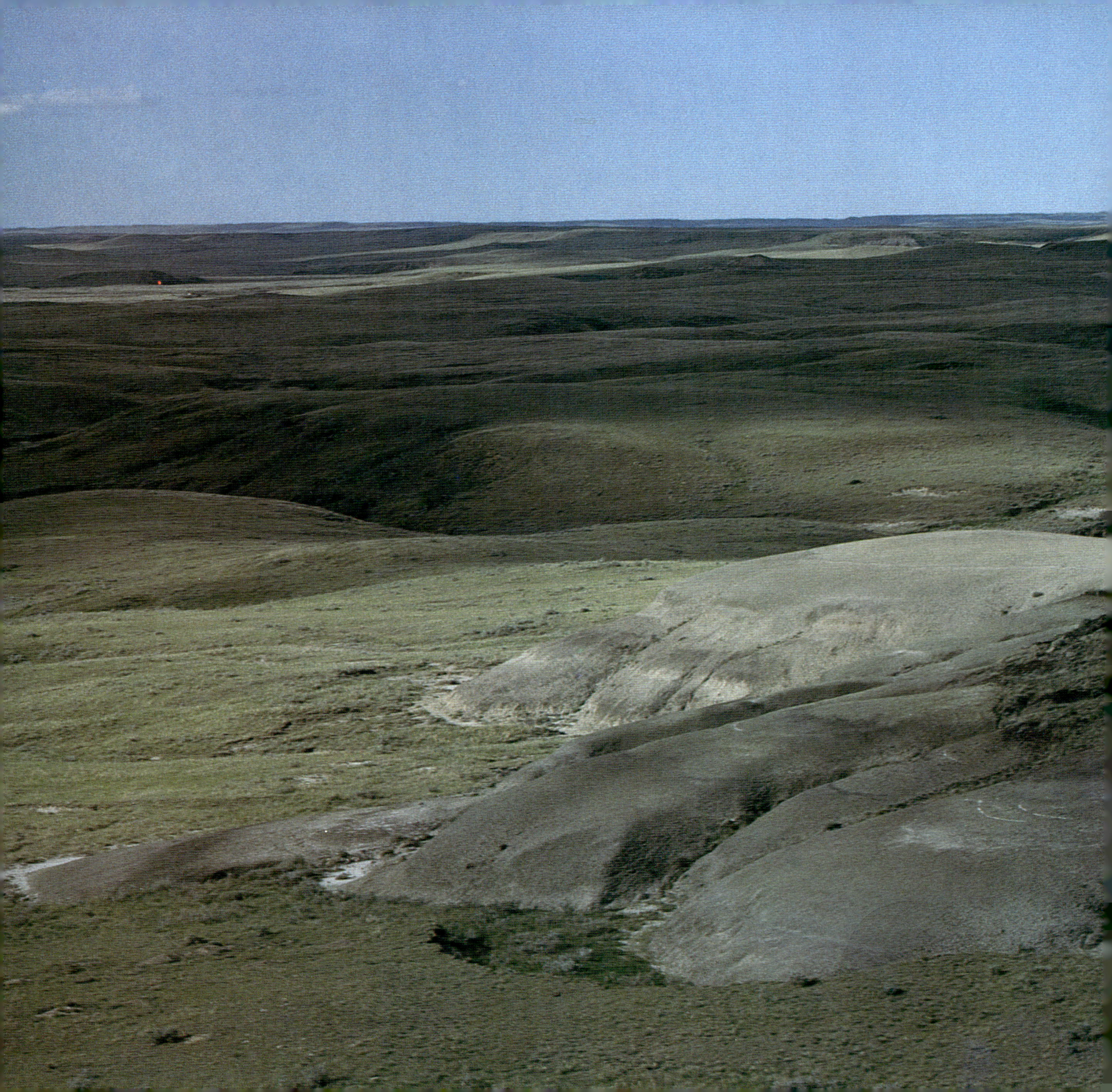

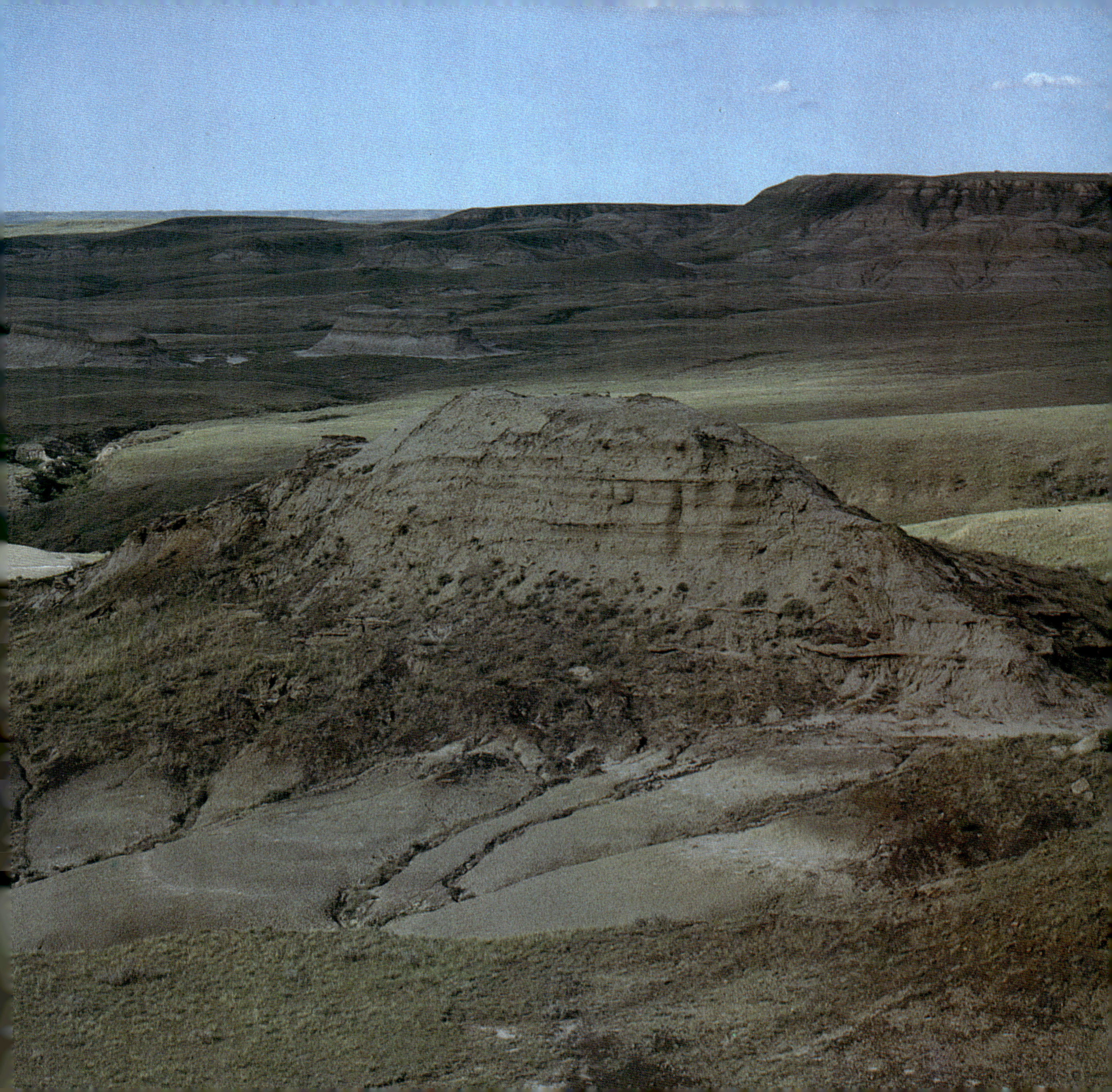

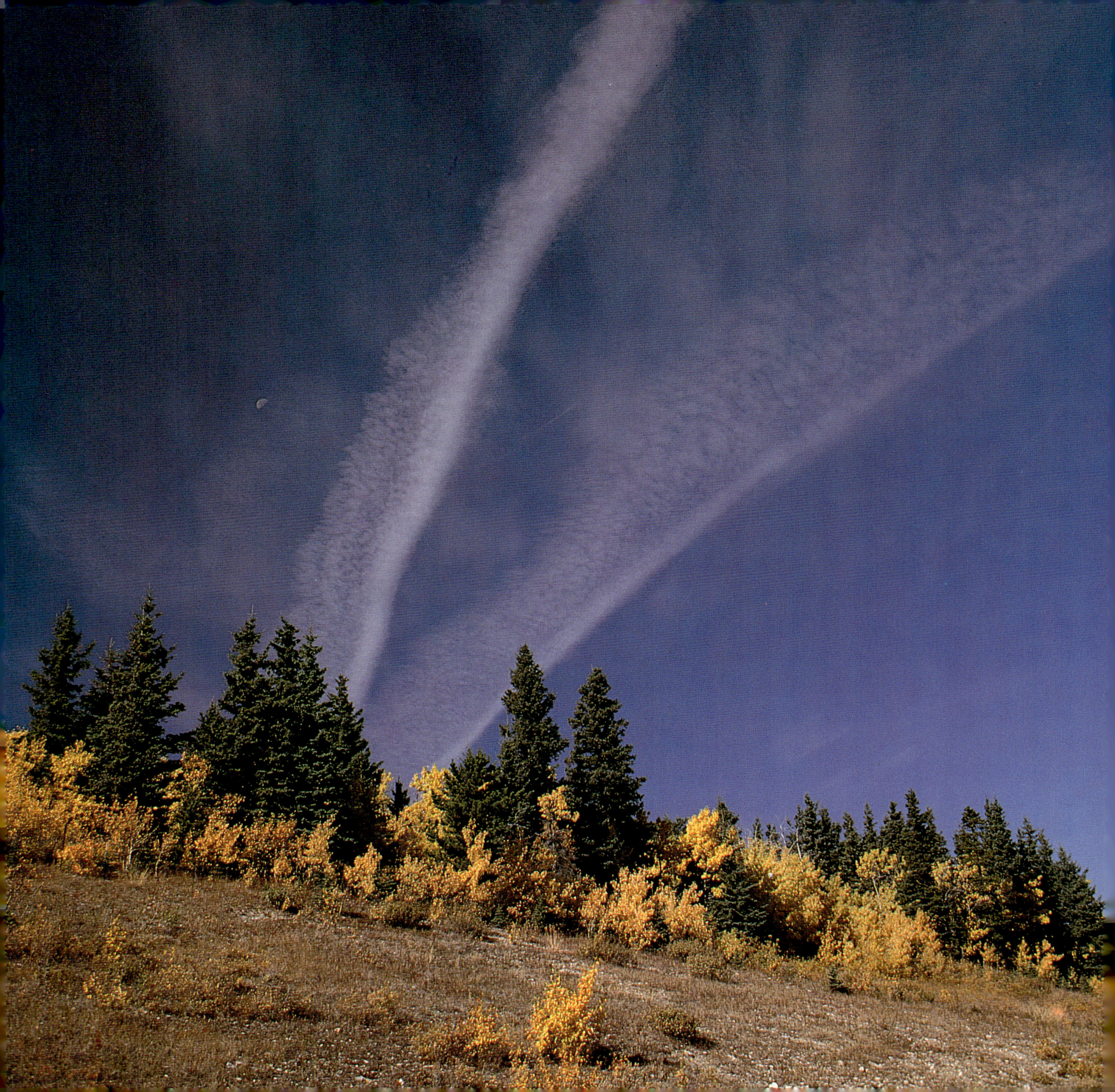

übt eher auf andere meteorologische Elemente Einfluß aus, als daß es sich von jenen beeinflussen läßt.

Die Luft in der Atmosphäre fließt also zu jedem Zeitpunkt ostwärts, sammelt sich jedoch hier und da zu großen, sich langsam drehenden Luftmassen. Einige, wie die polare Festlandsluft, formen sich über Landschaften, während andere über relativ warmen Meeresgebieten entstehen. Festlandsluftmassen sind für gewöhnlich kalt und trocken, während Meeresluftmassen wärmer und feuchter sind. Ein dritter Typ, die Arktikluft, bildet sich über den Polargebieten. Ihre frostige und sehr trockene Luft fließt langsam südwärts in die gemäßigte Zone.

Obschon diese Hochdruckgebiete das Wetter beeinflussen, hat eine neugebildete polare Festlandsluftmasse wenig Einfluß auf das Wetter in anderen Gegenden, solange sie still über Kanada liegt. Und hier kann sie, vor allen Dingen im Winter, tagelang liegen bleiben. Früher oder später jedoch wird die Luftmasse unter dem Einfluß der westlichen Strömung ihren geschützten Liegeplatz verlassen und sich in Bewegung setzen. Wie alle Hochdruckgebiete auf der nördlichen Halbkugel bewegt sich die polare Festlandsluft normalerweise nach Osten und Süden, während sie auf der südlichen Halbkugel nach Osten und Norden zieht. Die meiste Zeit sorgt die polare Festlandsantizyklone für klare, reine Luft bei einem wolkenlosen oder mit kleinen, flauschigen Cumuluswolken gesprenkelten Himmel. Was nun genau geschieht, wenn sich die polare Festlandsluft aus Kanada auf den Weg macht, hängt davon ab, wohin sie treibt. Nimmt sie Richtung auf den Nordosten der Vereinigten Staaten, macht die dort vorhandene feuchte Luft bzw. der Regen dem klaren Himmel des polaren Festlandshochs mit seinen kühlen, nordwestlichen Winden Platz, die häufig noch den Duft der kanadischen Fichten- und Föhrenwälder mitbringen. Wenn die Luft im Winter über die Großen Seen fließt, nimmt sie, sofern die Seen nicht zugefroren sind, Feuchtigkeit auf, und es entstehen Wolken und Schneegestöber. Wenn diese Luft sich nach dem Überqueren der Großen Seen ostwärts den Appalachen zuwendet, kann es im Gebirge erneut zu Schneegestöbern kommen, bevor das Hochdruckgebiet zur Ostküste und zum Atlantik weiterwandert.

Wenn sich die polare Festlandsluft nach Süden zum Golf von Mexiko ergießt, was auch hin und wieder vorkommt, dringt sie in ein Gebiet warmer, feuchter Luftmassen aus den tropischen Meeren ein. Schwere Schauer drohen, wenn diese beiden so unterschiedlichen Luftmassen aufeinanderprallen. Seltener kommt es im Winter vor, daß das polare Festlandshoch nach Südwesten, über die Great Plains, die Rocky Mountains und die Sierra Nevada, möglicherweise bis an die Küste Kaliforniens vordringt. Da die Luftmasse während dieser langen Reise kein offenes Wasser überquert hat, ist die Luft immer noch trocken und sehr kalt. Das Auftauchen solcher polarer Festlandsluft an der milden Küste Südkaliforniens kann einen plötzlichen Frosteinbruch bringen und damit für die Landwirtschaft zu einer Katastrophe führen, die die Preise für Zitrusfrüchte und andere typische Früchte dieser Region weltweit in die Höhe treibt.

Die polare Festlandsluft ist eine der drei Luftmassen, die das Wetter in Nordamerika östlich der Rocky Mountains beeinflussen. Zwei weitere sind die atlantische und die afrikanische Tropikluft. Sie formen sich über der ruhigen See südlich der Vereinigten Staaten und sind ausschlaggebend für das warme, sonnige Wetter, das jedes Jahr Tausende von Touristen in die

---

(SEITE 52): **Daß die Kondensstreifen der Düsenjets am Himmel über dem Glacier-Nationalpark nur zögernd verschwinden,** zeigt, daß die Luft in dieser Höhe mehr Feuchtigkeit enthält, als es vom Boden aus erscheint.

Karibik lockt. Wenn jedoch solche feuchtigkeitsgeladene Luft im Winter nach Norden über Land treibt, hat das Wolken, Nieselregen und zuweilen Nachtnebel zur Folge.

Im Sommer verhalten sich diese beiden Meeresluftmassen beim Auftreffen auf die Küste der Vereinigten Staaten unterschiedlich. Bei beiden ist die Luft warm und feucht. Da das Land, das sie überqueren, sogar noch wärmer ist, bilden sich häufig nachmittags Gewitter. Wenn afrikanische Tropikluft die westlichen Great Plains erreicht und an den Rocky Mountains hochsteigt, treten plötzliche Wolkenbrüche auf. Feuchte atlantische Tropikluft kann im Sommer die heiße, grün bewachsene Landschaft Neuenglands an der Ostküste der Vereinigten Staaten mit Gewittern überziehen. Wenn dieselbe Luft jedoch auf die Küste auftrifft, anstatt über Land zu ziehen, verursacht das kühlere Meerwasser dichte Nebelbänke, von denen jeder Einwohner dort ein Lied singen kann.

Westlich der Rocky Mountains bestimmen zwei feuchte Meeresluftmassen – die polare und die tropische Meeresluft – das Wetter. Die tropische Meeresluft liegt während des Frühlings, des Sommers und des Frühherbstes über dem Ozean. Die im Uhrzeigersinn wehenden Winde an den Rändern dieser Luftmasse versorgen die kalifornische Küste mit einer ständigen feuchten Brise aus Nordwest. Wenn diese Meeresluft jedoch im Winter einen Ausflug über Land unternimmt, wird sie durch den kälteren Untergrund abgekühlt, so daß es regnet. Die tropische Meeresluft vom Pazifik dringt selten weiter als bis zu den Rocky Mountains nach Osten vor. Im Unterschied zu der tropischen Meeresluft dringt die polare Meeresluft nicht nur im Winter, sondern zu jeder Jahreszeit an die Küste vor. Wegen ihres hohen Feuchtigkeitsgehalts löst sie für gewöhnlich Regen oder Schneefälle aus, wenn sie ostwärts über Land zieht. Wenn jedoch diese kühle, feuchte Luft die Atlantikküste im Frühling oder Herbst erreicht, ist sie normalerweise bereits trocken und mild.

Zu den das Wetter für Europa bestimmenden Hochdruckgebieten gehören u. a. die atlantische Tropikluft, die afrikanische Tropikluft und die nordsibirische Polarluft. Die atlantische Tropikluft ähnelt im großen und ganzen der tropischen Meeresluft vom Pazifik. Sie entsteht über dem Nordatlantik und übt als maritime Luftmasse einen mäßigenden Einfluß auf das Wetter aus. Sie gelangt zu jeder Jahreszeit an die Küste und bringt häufig Regen mit sich. In Europa ähnelt die sibirische Polarluft sehr der pola-

Die meisten Kiefern benötigen den feuchten Boden an den Westhängen der Berge.
Die Goldkiefer verträgt jedoch mehr Trockenheit und wächst auch an Osthängen, wo nur selten Regen fällt, wie hier im Coconino National Forest in Arizona.

ren Festlandsluft Kanadas, wird doch auch sie über dem trockenen Inland eines Kontinents geboren. Wenn jedoch diese kalte Luft im Winter von Skandinavien nach England zieht, nimmt sie Feuchtigkeit aus der Nordsee auf, so daß sich Wolken bilden. Dieses Wetter nennen die Briten den „Schwarzen Nordost". Zuweilen dringt diese Luftmasse bis nach Südeuropa vor. Dort trifft sie auf afrikanische Tropikluft, die mit einer Zyklone aus Afrika über das Mittelmeer gelangt ist. Prallen diese beiden so unterschiedlichen Luftmassen über dem Meer zusammen, kommt es zu heftigen Schauern.

Nicht alle diese großen Luftmassen wandern das ganze Jahr hindurch. Einige bleiben während des Winters, andere während des Sommers an einem Ort, und einige liegen sogar ständig an derselben Stelle über der Erde. Die polare Festlandsluft bleibt im Winter am Ort, sendet jedoch häufig Kaltluftwellen an die Ostküste oder zu den nördlichen Great Plains. Die tropische Meeresluft vor der Küste Kaliforniens bleibt während der warmen Monate für gewöhnlich am Ort. Man nennt diese Luftmasse auch Pazifik-Hoch. Die Winde, die das Pazifik-Hoch im Uhrzeigersinn umziehen, führen auf ihrem Weg Stürme mit sich, so wie im

Ein wolkenloser Himmel und kristallklare Luft sind typische Wettererscheinungen beim Durchzug eines Hochdruckgebietes.

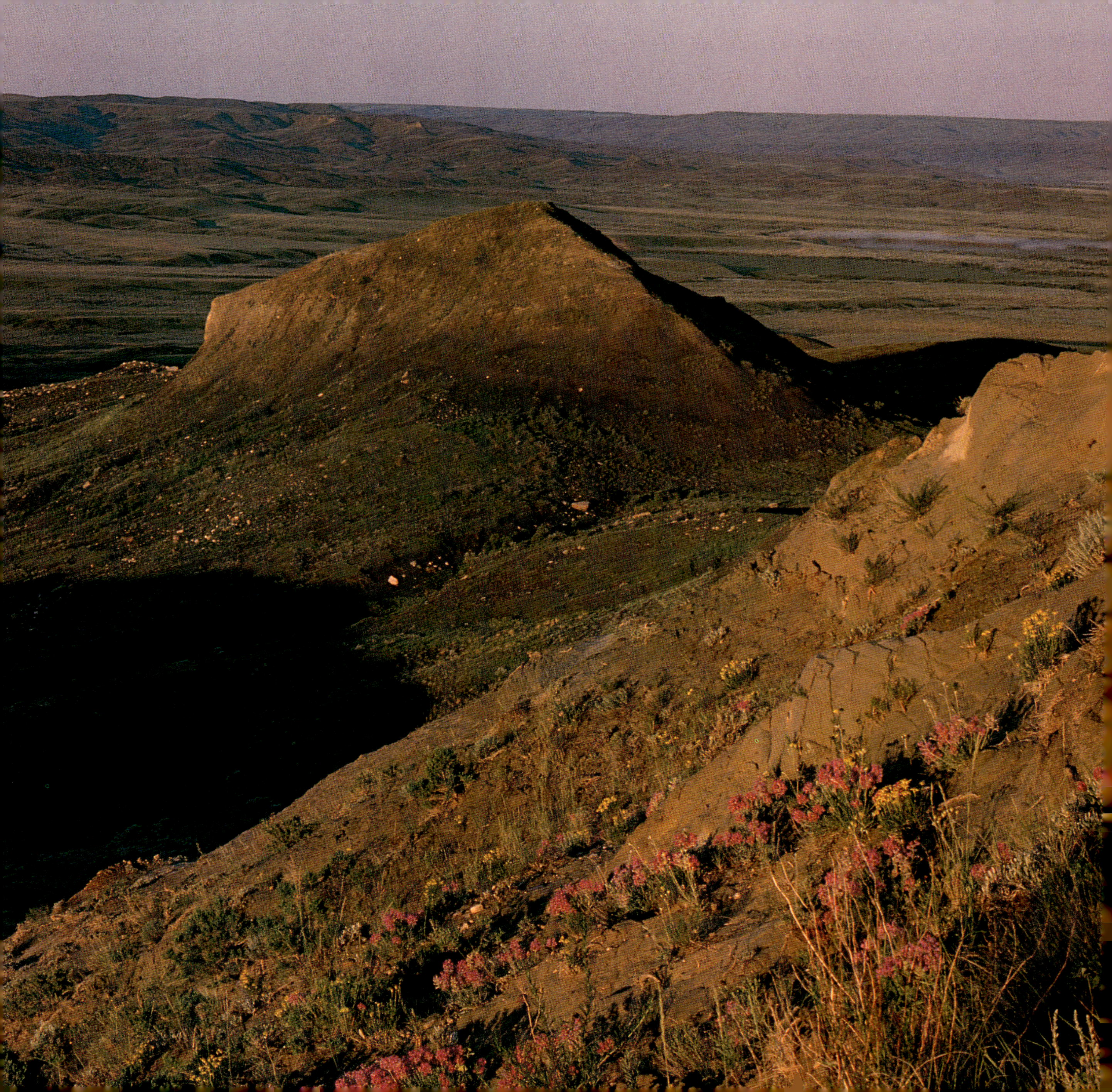

Spätsommer und Herbst die Ströme um das bekannte Bermuda-Hoch im tropischen Atlantik Hurrikans zur Karibik und sogar zur Küste der Vereinigten Staaten lenken. In Eurasien dringt die oft sibirisches Hoch genannte Polarluft aus Rußland im Sommer ab und zu bis nach Europa vor. Alle diese am Ort verweilenden Hochdruckgebiete sorgen für einen klaren Himmel über dem Land oder der See. Sie werden von Winden im Uhrzeigersinn umströmt, die Stürme auslösen oder deren Richtung bestimmen können.

Luftmassen und ihre Eigenschaften lassen sich in gewisser Weise mit Wein vergleichen. So wie ein Kenner das Anbaugebiet, die Lage und den Jahrgang am Geschmack eines Weines bestimmen kann, so kann ein Kenner der Luftmassen an einem sonnigen Morgen aus dem Haus treten, tief einatmen und die Eigenschaften der ihn umgebenden Luft feststellen. „Polare Festlandsluft" mag er erkennen, wenn er Kühle, Trockenheit und eine scharfe, prickelnde Klarheit feststellt, vielleicht eine Spur kleiner, bauschiger Wolken hoch oben am Himmel und eventuell sogar einen Hauch des Duftes von Fichten und Föhren – alles Eigenschaften dieser besonderen Luftmasse aus Kanada. An der Westküste der Vereinigten Staaten mag er feststellen: „tropische Meeresluft", wenn ihn feuchte, warme Luft umgibt und je nach Jahreszeit der Himmel quasi wolkenlos, aber leicht dunstig oder bedeckt und regnerisch ist. Zu jeder Jahreszeit liegt ein Salzgeruch vom fernen Pazifik in der Luft. In England erkennt der Fachmann vermutlich die atlantische Tropikluft – kühl, feucht, oft von See her Regen bringend.

Überall in der Welt spielen die Luftmassen eine wetterbestimmende Rolle. Unter dem Einfluß eines am Ort verweilenden Hochdruckgebiets ist das Wetter gewöhnlich konstant und allgemein klar – feucht über dem Meer und trocken über dem Land. Bei einem wandernden Hochdruckgebiet ist das Wetter eher wechselhaft – je nachdem, ob die Luftströmung Gebirge überquert, sich in Täler ergießt, in Böen und Stürmen voranpresct, sich verlangsamt oder stillsteht, die Temperatur ändert, Feuchtigkeit aus Seen, Flüssen und Meer aufnimmt oder Feuchtigkeit als Regen, Schnee, Graupel oder Hagel abgibt. Wenn zwei Luftmassen zusammentreffen, was häufig geschieht, bildet sich eine Wetterfront. Entlang einer solchen Front sind fast alle Wettererscheinungen möglich.

Eine polare Festlandsluft kann, wie jede andere, viele Wege gehen und unterschiedliches Wetter bringen. Mit Ausnahme einiger Ausflüge zum Golf von Mexiko oder nach Kalifornien führt der Weg einer polaren Festlandsluft jedoch früher oder später zum Atlantik. Wenn sie auf das Meer hinauszieht, nimmt sie Feuchtigkeit auf, und bald verliert die Luftmasse ihre typischen Eigenschaften im Wirbel der von Westen wehenden Luftströmungen, die den Erdball ständig umgeben, und die in diesen gemäßigten Breiten nicht von Festland unterbrochen werden. Ein Teil der Luft mag in die polare Meeresluftmasse gesogen werden. Aber selbst, wo sich diese polare Festlandsluft in der allgemeinen Zirkulation über dem Meer auflöst oder sich einer anderen Luftmasse anschließt, wiederholt sich stets derselbe Zyklus. Tausende von Meilen entfernt im westlichen Kanada fließt mehr polare Pazifikluft zur Küste, gleitet die Osthänge der Rocky Mountains herab und bildet die Wiege für die Entstehung einer neuen polaren Festlandsluftmasse.

(SEITE 56): **Baumlose, karge Hänge sind das typische Erscheinungsbild der trockenen Regionen der weiten kanadischen Tiefebene, über der sich Luftmassen bilden, die klares, freundliches Wetter in den Osten Nordamerikas bringen.**

(SEITE 58–59): **Nach dem Durchzug einer winterlichen Sturmfront glitzert der Schnee strahlend weiß auf den Bergen in Westwyoming in dem hellen Sonnenlicht eines neuen Hochdruckgebietes.**

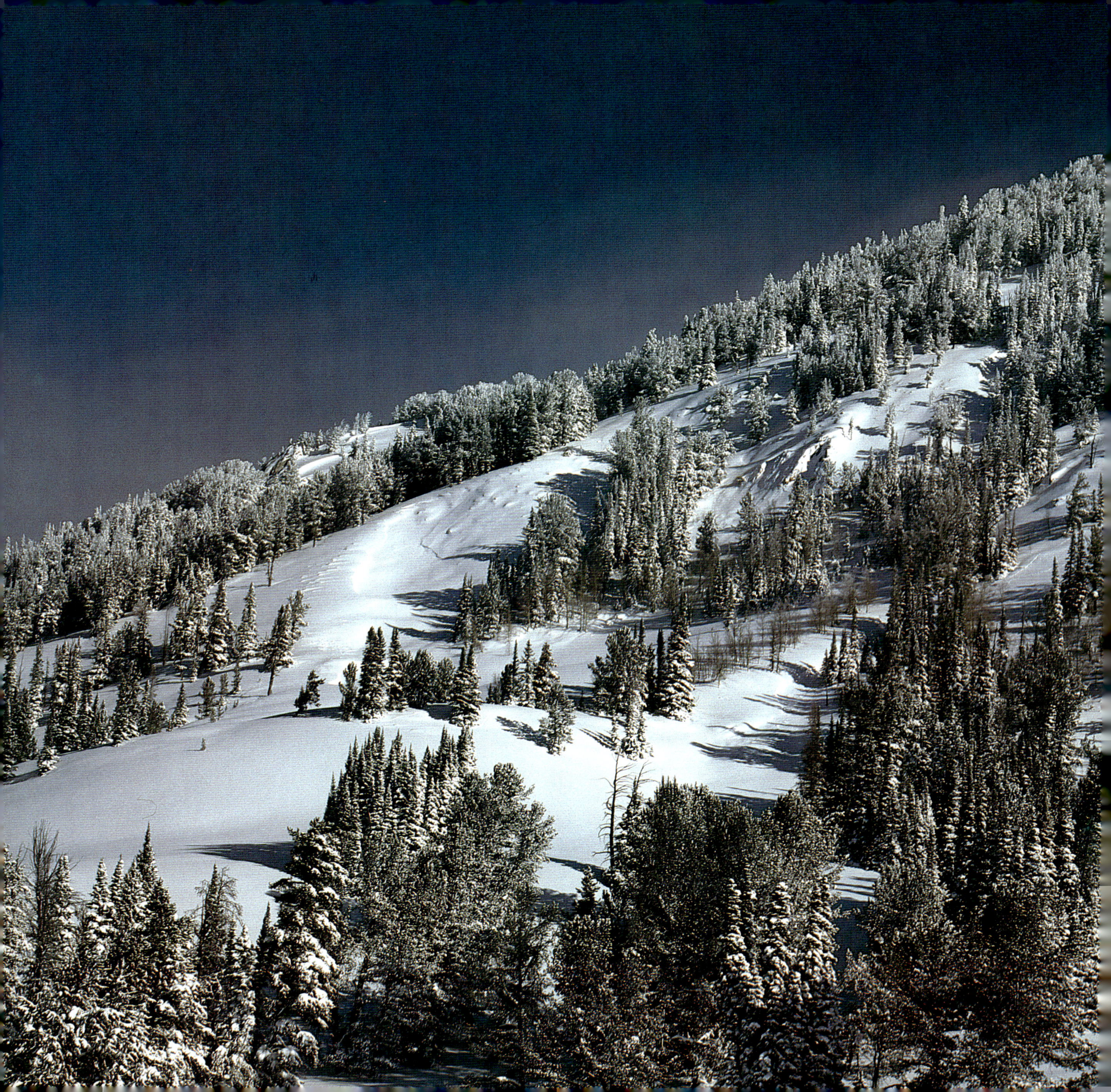

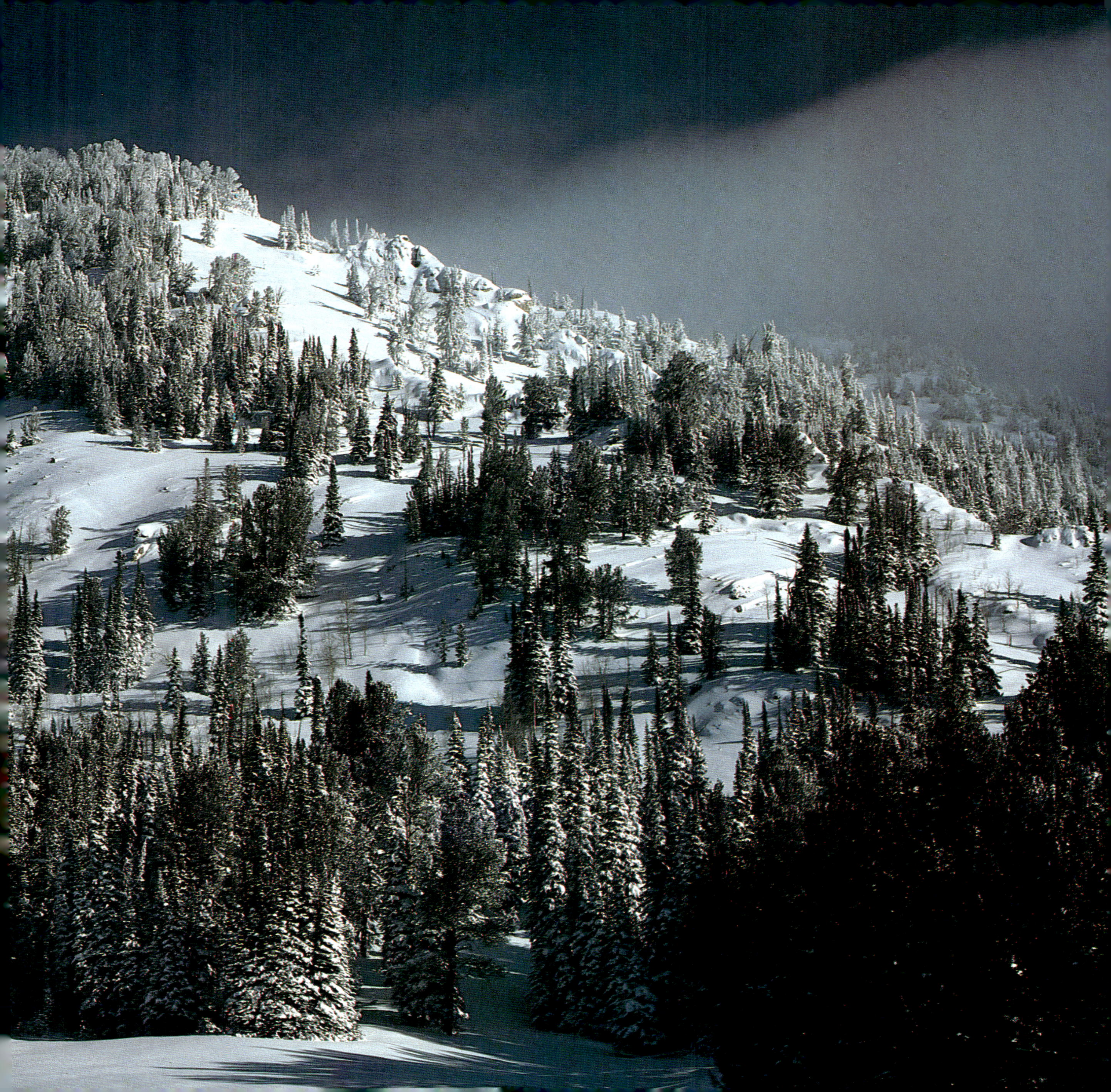

3
GRENZFLÄCHEN:
KALTFRONTEN UND WARMFRONTEN

WIE EINE SIEGREICHE ARMEE GEGEN DEN ZURÜCKWEICHEN- den Feind vorstößt, so treiben die Ränder einer großen Luftmasse die Luft ständig vor sich her. Das Wort Front als Bezeichnung der beweglichen Grenze zwischen zwei Luftmassen wurde der Militärsprache kaum zwei Jahre nach dem I. Weltkrieg entlehnt. Vergleichbar mit einer Schlacht zwischen zwei Armeen spielt sich auch das Geschehen zwischen Wettersystemen größtenteils entlang der Front ab, die häufig eine scharf abgegrenzte Linie bildet, dort wo die beiden unterschiedlichen Luftmassen aufeinandertreffen.

Es gibt Kaltfronten und Warmfronten, und die Wetterveränderungen, die wir beobachten, hängen davon ab, was für eine Front vorüberzieht. Wenn eine Front sich nähert, wird die warme Luft angehoben, sie dehnt sich aus, und der Luftdruck am Boden verringert sich. Das fallende Barometer zeugt also von der Annäherung einer Front.

Die meisten Fronten können wir jedoch an deutlicheren Hinweisen als am fallenden Barometer erkennen. Die Wolken ballen sich zusammen, der Wind frischt auf, häufig fällt Regen oder Schnee, und wer sich nicht im Haus aufhält, nimmt für gewöhnlich eine Änderung der Temperatur und der Windrichtung wahr, während die schmale Trennlinie zwischen der alten und der neuen Luftmasse vorüberzieht. Sowohl Kalt- als auch Warmfronten zeigen diese Eigenschaften. Sie unterscheiden sich allerdings erheblich in der sie begleitenden Wolkenformation, in ihrer Geschwindigkeit und in der Zeit, die das Wetter braucht, um vorüberzuziehen.

Kaltfronten wandern schneller und kommen darum überraschender als Warmfronten. Da kalte Luft dichter und deshalb schwerer ist als warme, schmiegt die Kaltfront sich an den Boden, pflügt wie ein Keil vorwärts und drängt die warme Luft vor sich nach oben. Trifft warme Luft auf eine Kaltfront, steigt sie. Beim Aufsteigen kühlt sie ab, und ihre Feuchtigkeit kondensiert zu Wolken. Diese Wolken bilden den Rand der Front. Sie kündigen als erstes sichtbares Zeichen vom Annähern einer Front. Bei einer Kaltfront sehen wir als erstes Cumuluswolken. Diese werden bei Annäherung der Front flacher und breiter. Im Sommer türmt sich eine Cumulonimbusbewölkung auf, die häufig Gewitter und schwere Regenfälle mit sich bringt.

Auch die ausweichende Warmluft ist Teil einer Luftmasse. Kommt eine kalte Luftmasse aus Nordwesten, wie es in der gemäßigten nördlichen Zone meistens der Fall ist, fließt die Luft im Uhrzeigersinn um die

(SEITE 61): Auf diesem Satellitenfoto der NASA markieren Wolken den Standort einer Front über dem Mittelmeerraum, wo trockene Festlandsluft von der Sahara auf kältere und feuchtere Luft aus Europa trifft. Ein ähnliches Frontgeschehen läßt sich auch über Südafrika beobachten, wo tropische und polare Seeluftmassen zusammentreffen.

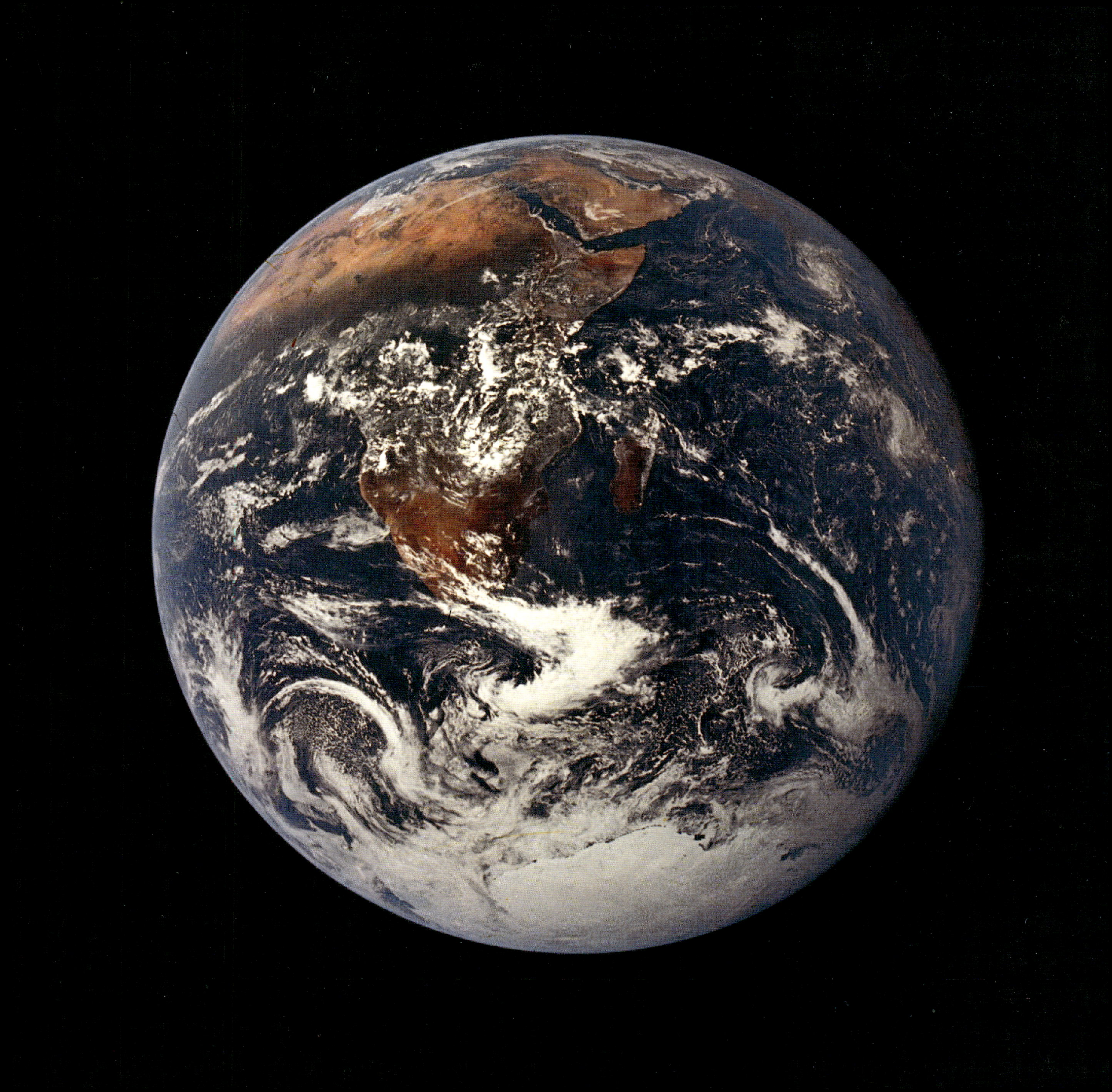

Ränder der aufsteigenden wärmeren Luftmasse herum und dann von Südwest her parallel zur vorrückenden Front. Nähert sich nun die Front, von Regenschauern begleitet, sinkt die Temperatur, und der Wind dreht abrupt auf Nordwest und spiegelt so die Vorwärtsbewegung der ankommenden Luftmasse wider. Der plötzliche Temperatursturz und die Änderung der Windrichtung zeigen an, daß die Front vorübergezogen und die Kaltluft eingetroffen ist. Der Luftdruck sinkt nicht weiter, sondern er steigt wieder, wenn die dichtere Luft der neuen Luftmasse Einzug hält. Die dichte Wolkenbank zieht ab, und mit dem fortdauernden Fluß kühler, trokkener Luft klart der Himmel auf. Nur ein paar Cumuluswolken bilden die Nachhut. Die Kaltfront ist somit mit einer Geschwindigkeit von 40 Stundenkilometern oder mehr innerhalb weniger Stunden vorübergezogen.

Eine Warmfront bewegt sich langsamer, und das sie begleitende Wetter ist normalerweise milder und hält

Über weitem Land oder auf offener See — wo der Himmel weit überschaubar ist — ist das Heraufziehen einer Front zuweilen deutlich sichtbar.

länger an. Dringt eine warme Luftmasse in ein Gebiet ein, legt sie sich über die dichte Kaltluftmasse vor ihr. Viele Kilometer vor der Front kriecht feuchte Luft, oft tropischen Ursprungs, allmählich über die kalte Luft am Boden. Noch mehrere hundert Kilometer vor der eintreffenden Warmluft kann die Luft trocken erscheinen und der Himmel klar sein. Man bemerkt nicht, daß die Luft weiter oben bereits recht feucht ist.

Meistens kondensieren zarte Cirruswolken, sogenannte Federwölkchen, in der kälteren Luft. Im Gegensatz zu den meisten Wolken, die sich aus Wassertröpfchen bilden, entstehen Cirruswolken in großer Höhe von 10 bis 16 oder mehr Kilometern über der Erde aus Eiskristallen. Kondensstreifen von Düsenflugzeugen, die sich in trockener Luft rasch auflösen, bleiben nun längere Zeit erhalten, da sie in der feuchten Luft nicht verdampfen können. Manchmal ist der Himmel kreuz und quer gestreift von solchen Kondensstreifen. In diesem Stadium kann die Warmfront, die sich vielleicht mit 25 Stundenkilometern nähert, noch bis zu

Das allmähliche Absinken und Verdichten dieser Wolken über der Küste Südfloridas prophezeien die Ankunft einer Warmfront.

(SEITE 64–65): Hoch über der weiten Wildnis Alaskas ist die Luft so kalt, daß sich winzige Wassertröpfchen in zarte Eiskristalle verwandeln: Cirruswolken, die vor einer anrückenden Front herziehen.

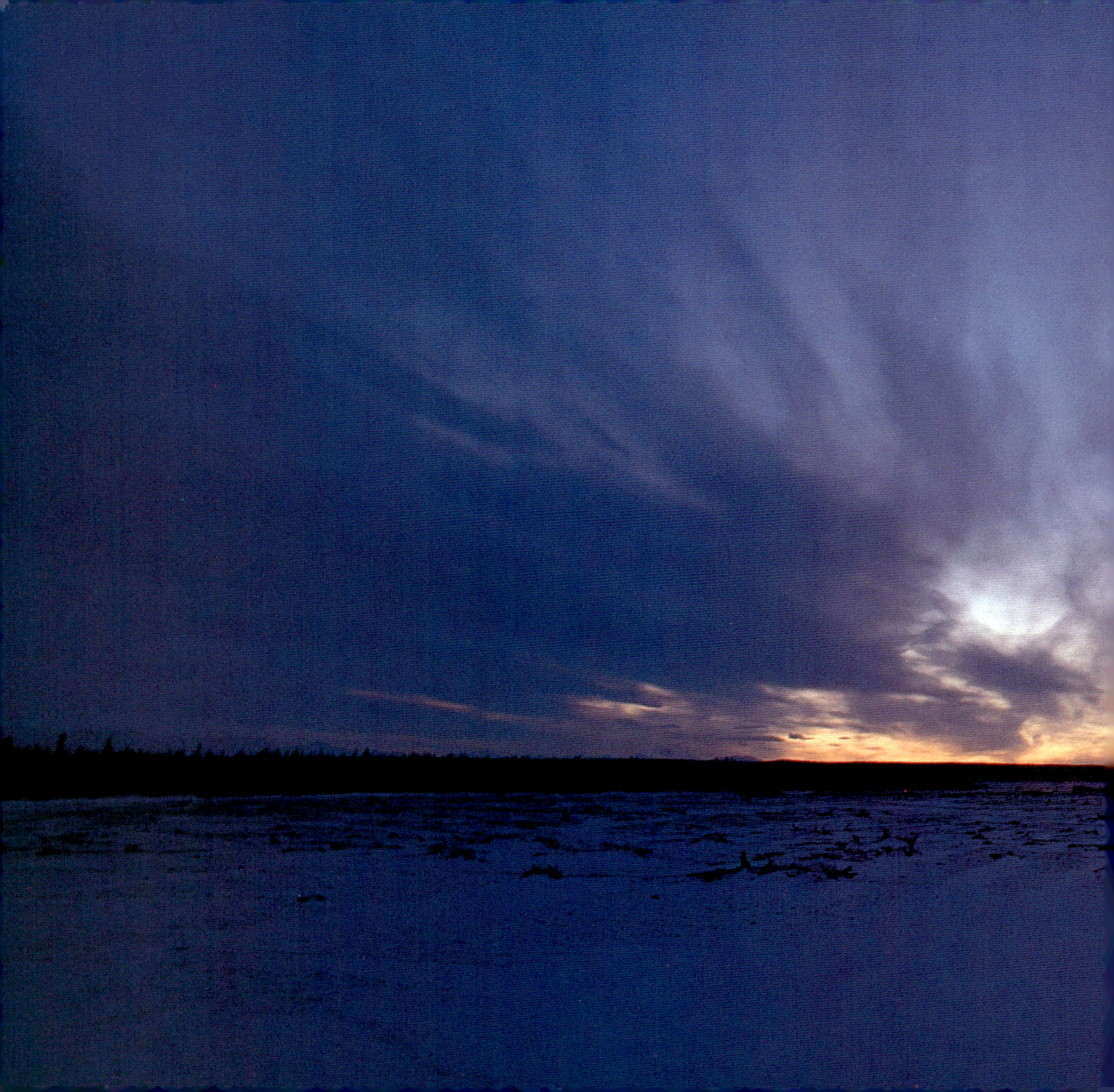

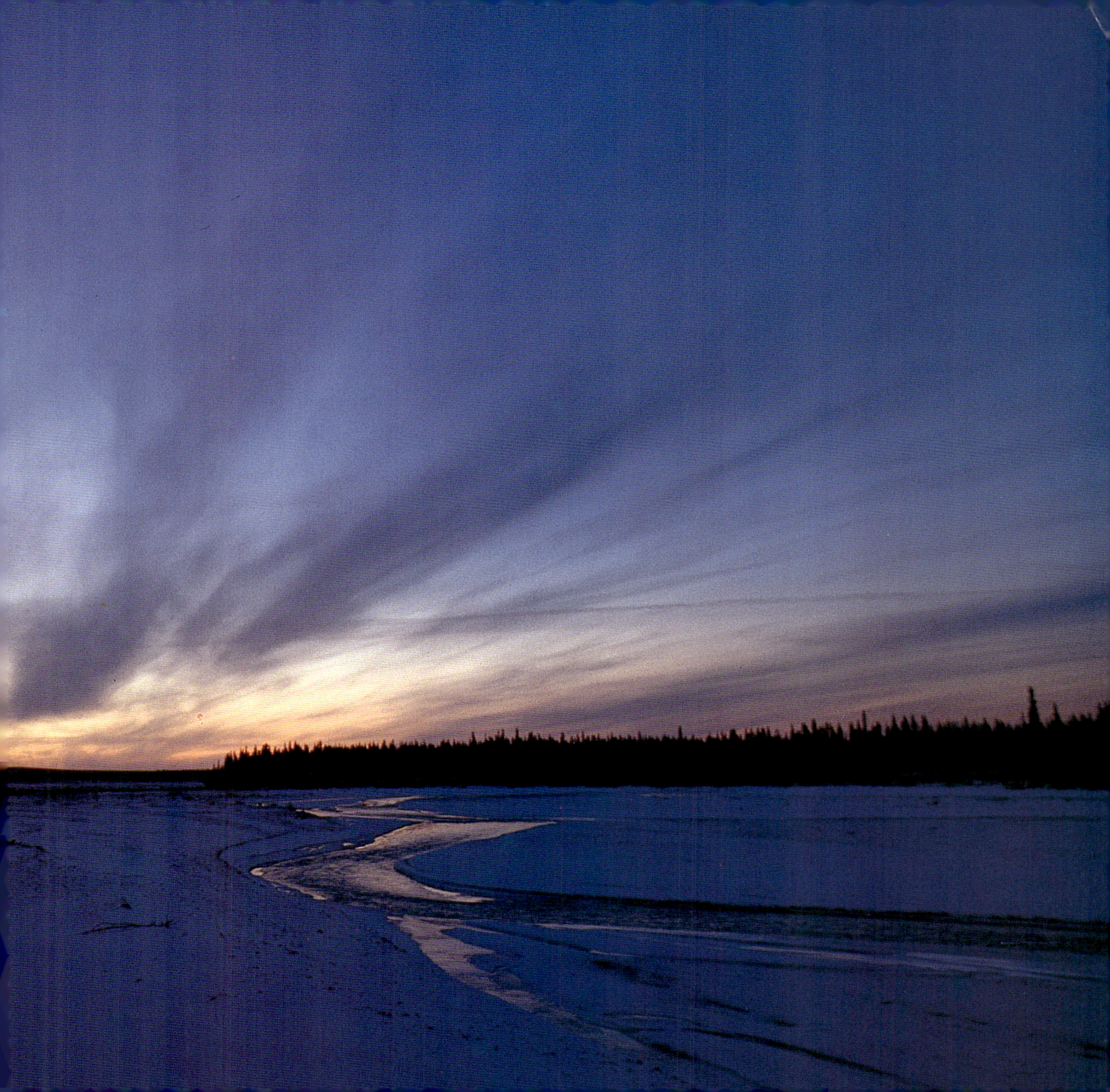

1600 Kilometer – und bis zu drei Tagen – entfernt sein.

Cirruswolken und Kondensstreifen kündigen nicht zwangsläufig die Ankunft einer Warmfront an. Erst im nächsten Stadium können wir sicher sein, daß ein Wetterwechsel bevorsteht. Wenn tatsächlich eine Warmfront in Anmarsch ist, verdichten sich die Cirruswolken allmählich und verlieren an Höhe. Die zarten Cirruswolken werden durch eine dünne, graue Decke von Altostratuswolken ersetzt. Auf dieser mittleren Höhe können sich sowohl Wolken aus Wassertropfen als auch aus Eiskristallen bilden. Der Himmel ist nun von einer gemaserten Wolkenschicht überzogen, durch die die Sonne jedoch immer noch sichtbar ist. Zuweilen bildet sich um die Sonne oder den Mond ein Hof. Die Wolkendecke wird immer mächtiger und sinkt weiter, und bald verdeckt eine dichte, dunkle Decke aus Nimbostratuswolken die Sonne, und ein stetiger Regen oder Schneefall setzt ein.

Ein solcher milder, ergiebiger Regen kann Stunden andauern, bevor endlich mit Winden aus Süd bis Süd-

Im Gefolge hoher Cirruswolken bringt eine von links nach rechts ziehende Warmfront (hier im Querschnitt) anhaltenden Dauerregen.

west oder West die Warmfront eintrifft. Bei gleichbleibender Wolkendecke und fortdauerndem Regen oder Schneefall kündet die Winddrehung zusammen mit steigendem Luftdruck vom Durchzug der Front. Während des Rückzugs der Kaltluft nach Norden blies der Wind aus Süden, die südwestlichen oder westlichen Winde jedoch fließen im Uhrzeigersinn um die Ränder der eintreffenden wärmeren Luftmasse. Die Niederschläge können Stunden, ja sogar einen ganzen Tag lang dauern, vielleicht wird aber auch die Wolkendecke dünner und bricht auf, und wir befinden uns inmitten der neuen Luftmasse.

Den Durchzug von Kalt- und Warmfronten kann man am häufigsten in Nordamerika und Eurasien erleben. Ähnliche Fronten gibt es allerdings auch auf der südlichen Halbkugel, wo die Luft gegen den Uhrzeigersinn um die Luftmassen zieht und ein Spiegelbild der Ereignisse auf der nördlichen Halbkugel abgibt. (Kaltfronten bewegen sich nordwärts oder fließen auf die Küste zu, wenn kalte Meeresluft vom Ozean her-

Rasch ziehender und abrupt endender schwerer Regen begleitet eine Kaltfront (hier im Querschnitt), die sich von links nach rechts bewegt.

überströmt; Warmfronten ziehen nach Süden.) Da in den gemäßigten Breiten der südlichen Halbkugel viel weniger Land existiert als auf der nördlichen, übt dort das Meer einen mäßigenden Einfluß auf das Wetter aus. Innerhalb eines einige Breitengrade starken Gürtels bildet die aufsteigende Luft eine relativ ruhige, frontenarme Zone. Die Fronten der nördlichen Halbkugel kennen zwei Spielarten. Zuweilen legt sich eine vorrückende Front parallel zu dem polaren Jetstream. In diesem Fall kann die Luftströmung die Front nicht weiter vorantreiben, und die Front kommt langsam zum Stillstand. Ebenso kann eine Front an einer Gebirgskette, die sie nicht überqueren kann, zum Stillstand kommen. Eine solche Front nennt man stationäre Front. Liegt sie von Ost nach West, legt sich die warme Luft aus dem Süden auf die kältere Luft aus dem Norden, und aus den Wolken ergießt sich Regen oder Schnee, bis sich die Front entweder auflöst oder ihr die Überquerung des Gebirges doch noch gelingt, oder aber bis der Jetstream ihre Richtung ändert.

Eine andere Spielart ist die geschlossene Front. Da Warmfronten langsamer ziehen als Kaltfronten, überholt zuweilen eine Kaltfront eine Warmfront und schiebt sich unter die warme Luft. Als Ergebnis kann es tagelang regnen oder schneien. Eine geschlossene Front kann an ihrer Stirnseite eine Zyklone, ein Tiefdruckgebiet, mitbringen. Hoch über den Fronten fließt der polare Jetstream. Wo er in den mittleren Breiten nach Osten zieht, kann sich eine Tiefdruckrinne, d. h. eine langgestreckte Zone mit niedrigem Luftdruck bilden. Solche Tiefdruckrinnen wechseln mit Zwischenhochs. Am unteren Rand einer Tiefdruckrinne sinkt der Luftdruck, während er im Umfeld eines Zwischenhochs steigt. Diese Druckwechsel beeinflussen die sie umgebende Luftzirkulation. Dort, wo der Druck sinkt, entwickelt sich ein Luftwirbel im entgegengesetzten Uhrzeigersinn und bewirkt eine Zyklone. Wenn eine Tiefdruckrinne mit einer solchen Frontalzyklone über einer Front liegt, kann sie einen Teil der Front als Kaltfront in südlicher Richtung beschleunigen, während ein anderer als Warmfront nach Norden gedrängt wird. Im späten Stadium einer solchen Frontalzyklone kann die vorrückende Kaltfront sich unter die Luft hinter der Warmfront schieben, sie hochheben und so eine geschlossene Front erzeugen.

Die Luftzirkulation um das Zentrum einer Frontalzyklone dreht nach innen wie das Wasser im Abfluß. Im Gegensatz zu dieser Wasserspirale kann jedoch die Luft nicht unbegrenzt abfließen. Umgeben vom Druck der Wirbelränder kann die Luft nur nach oben und beginnt folglich zu steigen. Ist sie hoch genug gestiegen und hat sich ausreichend abgekühlt, kondensiert ihr Wasserdampf zu Wolken. Es beginnt zu regnen oder zu schneien. In einer Luftmasse jedoch dreht sich die Luft spiralförmig nach außen und braucht folglich nicht zu steigen. Sie steht nicht unter Druck, sondern kann sich ausdehnen. Während sie sich zu den Rändern der Luftmasse hin ausdehnt, sinkt sie zu Boden und wird erwärmt. Mit zunehmender Erwärmung steigt ihr Aufnahmevermögen für Wasserdampf. Der Wasserdampf kann nicht zu Wolken kondensieren, so daß klarer Himmel und fehlender Niederschlag für das Wetter bei Luftmassen typisch sind.

Eine Zyklone nennt man auch Depression, Tief-

(SEITE 69): **Eine rasch wandernde Wand aufgewühlter dunkler Wolken begleitet den Rand einer Kaltfront.**

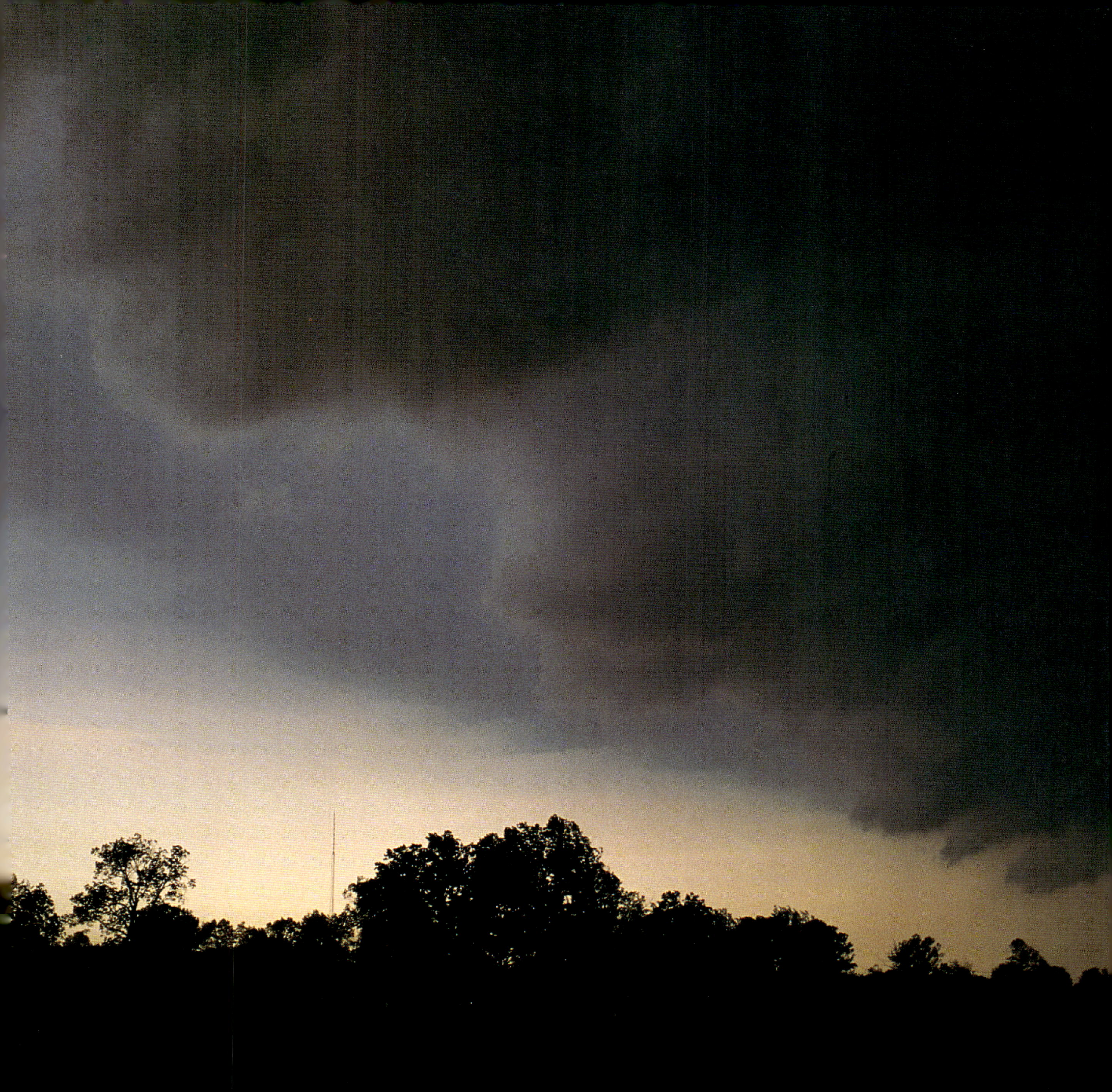

druckgebiet oder einfach Tief. Zyklonen sind eine für unser Wetter unverwechselbare Erscheinung. Sie können sich nach ihrer Bildung unabhängig vom Frontensystem bewegen. Für gewöhnlich wandern sie mit den Tiefdruckrinnen, die sie gebildet haben, nach Osten und folgen dem polaren Jetstream. In Nordamerika bilden sich Frontentiefs oft im Windschatten der Rocky Mountains. In Eurasien entstehen sie häufig im Windschatten der Gebirgsketten in China. Auf ihrem Weg nach Osten können sich solche Tiefs zu mächtigen Sturmsystemen entwickeln und Gewitter und Wirbelstürme hervorrufen.

Während eine Zyklone sich von Ost nach West bewegt, führt sie häufig eine Tiefdruckrinne mit sich, die südlich vom Zentrum eines größeren Tiefdruckgebietes liegt. Kleinere, durch örtliche Gegebenheiten gebildete Tiefdruckwellen bewegen sich entlang dieser Tiefdruckrinne nach Norden. Wenn eine solche Rinne im östlichen Nordamerika den Atlantik oder im östlichen Asien den Pazifik erreicht, kann es zum Stillstand der

Die Wolken, die den schmalen Rand einer Kaltfront über dieser Landstraße in Minnesota markieren, werden schwere Regenfälle und vermutlich ein Gewitter bringen.

Zyklone kommen, und eine Reihe kleiner Folgetiefs bewegen sich nacheinander entlang dieser Tiefdruckrinne. Es können Tage vergehen, bis die Tiefdruckrinne endlich aufs Meer hinaus abzieht, sich auflöst und klarem Wetter Platz macht.

Frontentiefs finden wir in den mittleren Breiten, wo der polare Jetstream um die Erde fließt. Eine andere Art von Zyklonen entsteht in den Tropen. Sie bilden sich an den Begegnungslinien der Passatwinde, zwischen 10 und 30 Grad nördlicher und südlicher Breite, wo auf beiden Seiten des Äquators die subtropischen Jetstreams nach Osten fließen. Genau wie sein Gegenstück in den gemäßigten Breiten beginnt ein tropischer Zyklon als kleiner Wirbel. Unter entsprechenden Bedingungen kann er sich jedoch zu einem der stärksten Stürme, die die Erde kennt, entwickeln. Solche Stürme haben in den verschiedenen Gegenden der Welt unterschiedliche Namen. Im Indischen Ozean heißen sie tropischer Zyklon, sie sind jedoch eher bekannt als Taifun oder Hurrikan.

Nach einer Front, die gerade die Felsenküste der Halbinsel Olympic im Staat Washington passiert hat, trifft eine neue Luftmasse ein. Der Himmel ist wieder klar und strahlt im Licht der untergehenden Sonne.

(SEITE 72–73): Jedes Jahr gehen in der Gegend von Tucson, Arizona, über 30 Gewitter nieder. Selten jedoch kann man ein solch spektakuläres Feuerwerk aus Blitzen erleben.

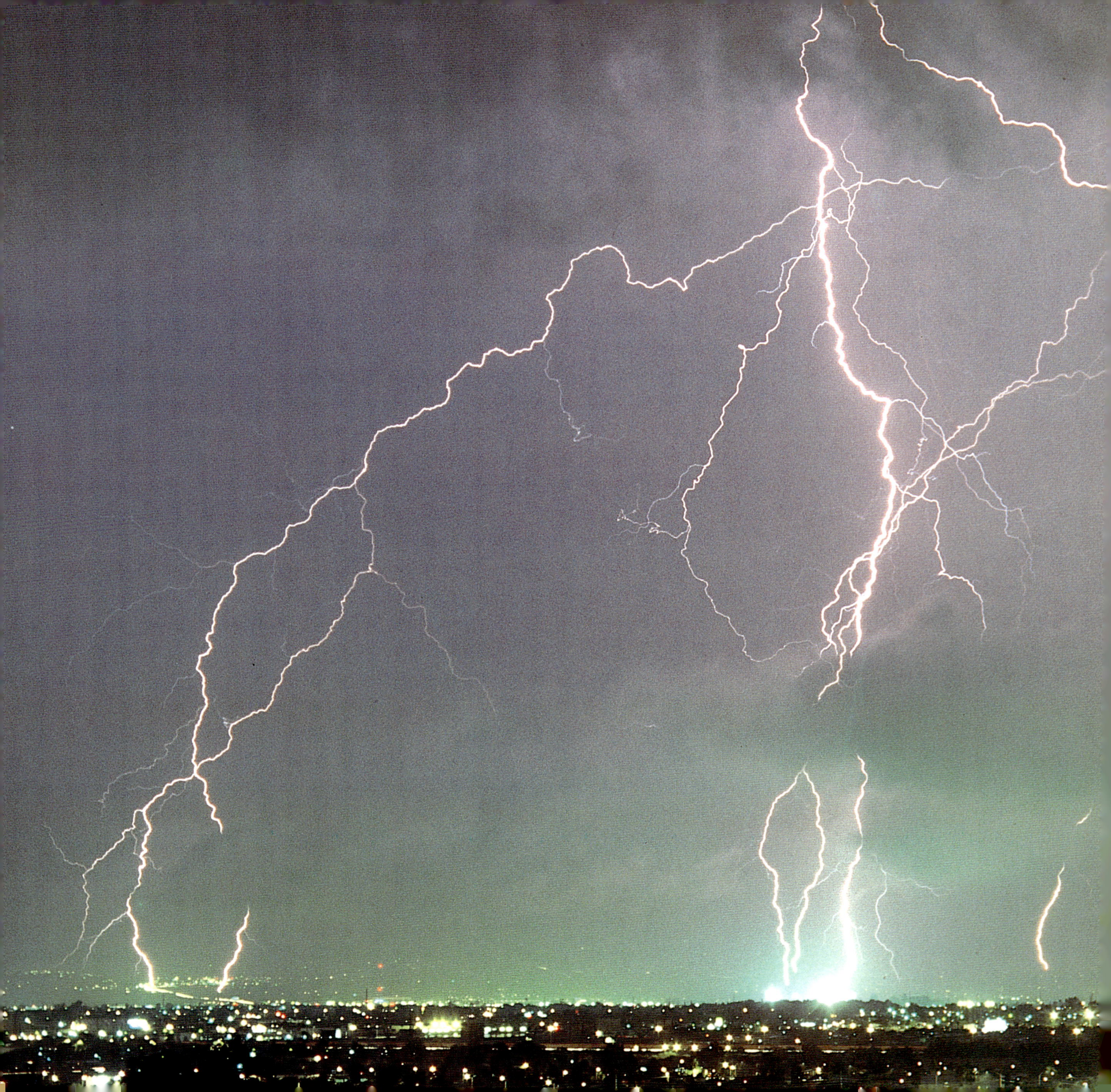

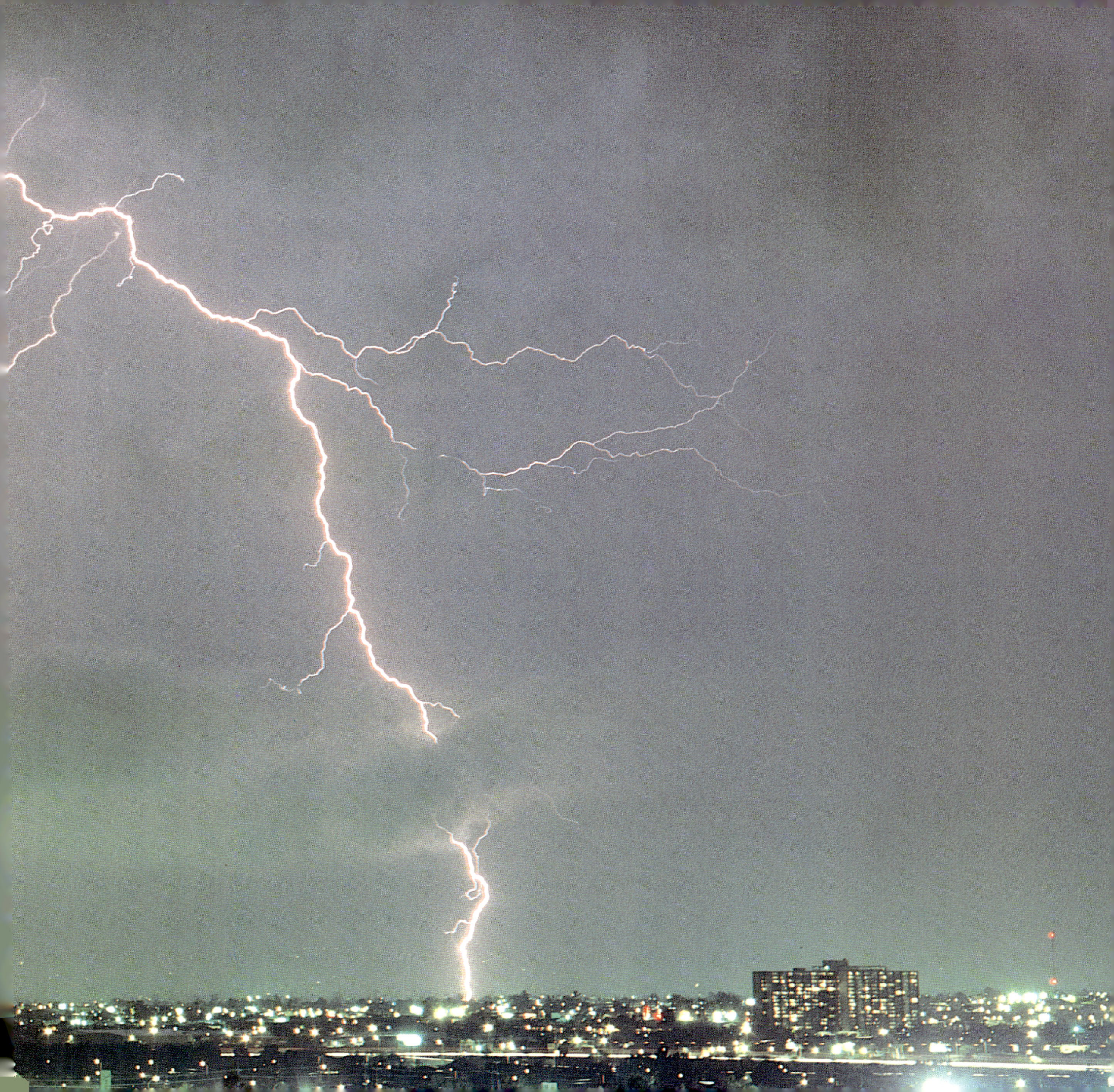

4
DER MARMORIERTE HIMMEL: WOLKEN

UNSERE ERDE WIRD UNTER ANDEREM DER WÄSSRIGE PLANET genannt. Vor allen Küsten als Ozeane und Meere gelegen, über das Land verteilt als Seen und Teiche, in Flüssen und Strömen fließend, die Hochgebirge und Polargebiete mit Gletschern und Eiskappen überziehend: Wasser. Nahezu 530 000 Kubikkilometer dieses einzigartigen, lebensspendenden Stoffes bedecken mit einem Gesamtgewicht von rund 15 Trillionen Tonnen über 70 Prozent der Erdoberfläche und geben unserem Planeten die strahlend blaue Farbe, die man vom Weltraum aus sieht.

Auch die Atmosphäre enthält Milliarden Tonnen Wasser. Ein Teil des Oberflächenwassers absorbiert Sonnenenergie, die auf die Erde niederstrahlt, und verdampft zu Wassermolekülen – unsichtbarer Wasserdampf. In der Luft befindet sich ständig Wasserdampf. Selbst in den trockensten Wüsten, wo die Luft am klarsten ist, macht Wasserdampf immer noch rund ein Zehntel eines Prozentes der Atmosphäre aus. Solange die Temperaturen hoch sind und der Wasserdampf in seinem gasförmigen Zustand bleibt, ist er unsichtbar. Die meisten Leute nehmen ihn nicht einmal wahr. Wenn er aber aufsteigt und sich abkühlt, verlangsamt sich die Bewegung der Wassermoleküle. Sie hängen sich an mikroskopische Staubteilchen und bilden winzige Tröpfchen. So entwickeln sich Trauben von Tropfen, die man – wenn sie groß genug sind – schließlich als Wolke erkennt.

Selbst bei klarstem Wetter kondensiert durch das Aufsteigen erwärmter Luft ab einer gewissen Höhe das Wasser der Luft zu einer sich türmenden weißen Wolke mit abgerundeten Spitzen und abgeflachter Basis, die oft die Gestalt eines Blumenkohls annimmt. Hier entsteht eine Cumulusbewölkung, deren Name sich wie alle Wolkennamen vom Lateinischen ableitet: *cumulus* bedeutet Haufen. Am späten Vormittag eines schönen, warmen Tages kann man häufig kleine Flotten solcher Haufenwolken über das Land treiben sehen, begleitet von ihren Schatten am Boden.

Im Laufe des Tages können diese Cumuluswolken

(SEITE 75): Helle Cumuli – „Schönwetterwolken" – haben sich aus warmer, feuchter Luft gebildet, die von den Hawaii-Inseln aufgestiegen ist, und treiben nun mit dem Wind (OBEN). Während des Durchzugs eines Hochdruckgebiets segelt eine Flotte gerade entstandener Cumuli über ein Goldrutenfeld im Mittelwesten der Vereinigten Staaten (UNTEN).

(SEITE 76–77): Dichter Cumulus congestus entsteht in der feuchten Luft, die der Wind über die Antilopenberge von Nevada treibt.

(SEITE 78–79): Um die Mittagszeit haben sich große Cumuluswolken zusammengeballt. Eine von ihnen türmt sich vielleicht bald zu einem Cumulonimbus auf.

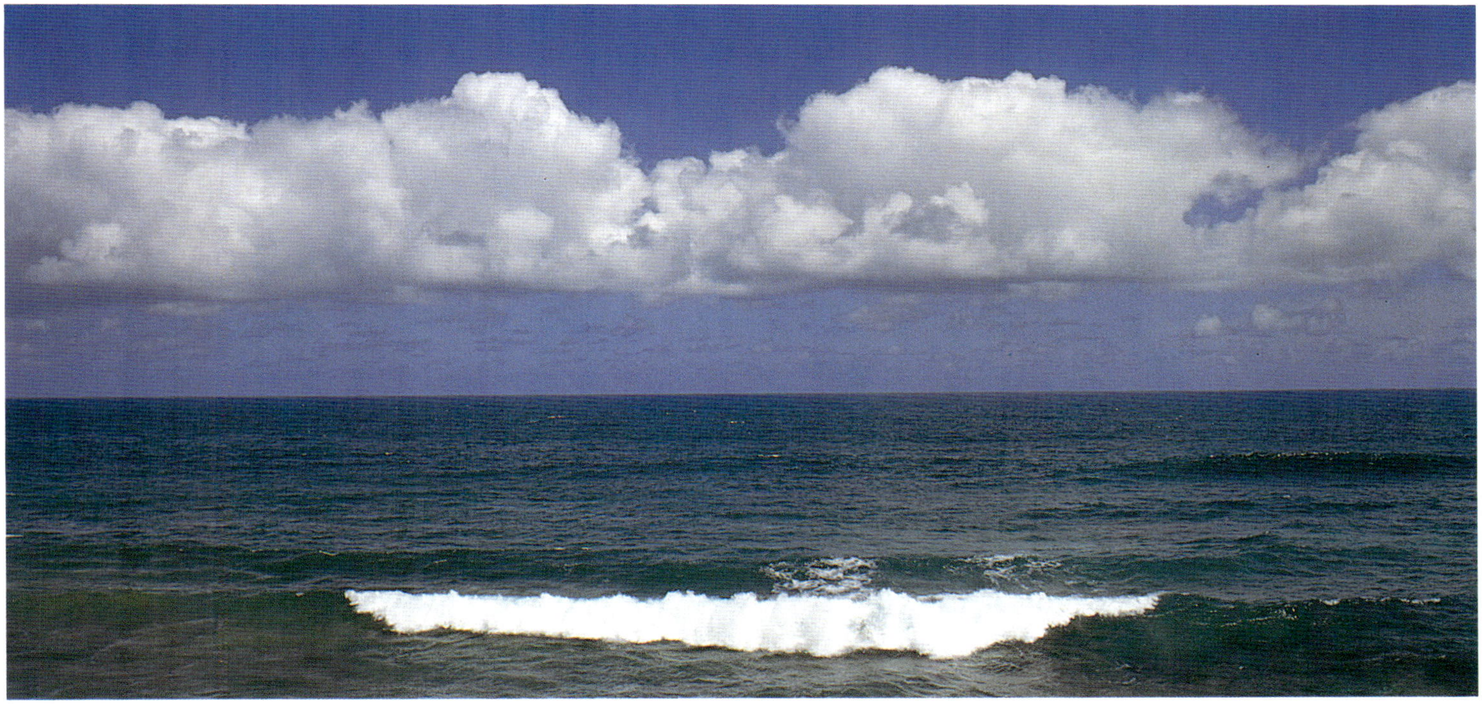

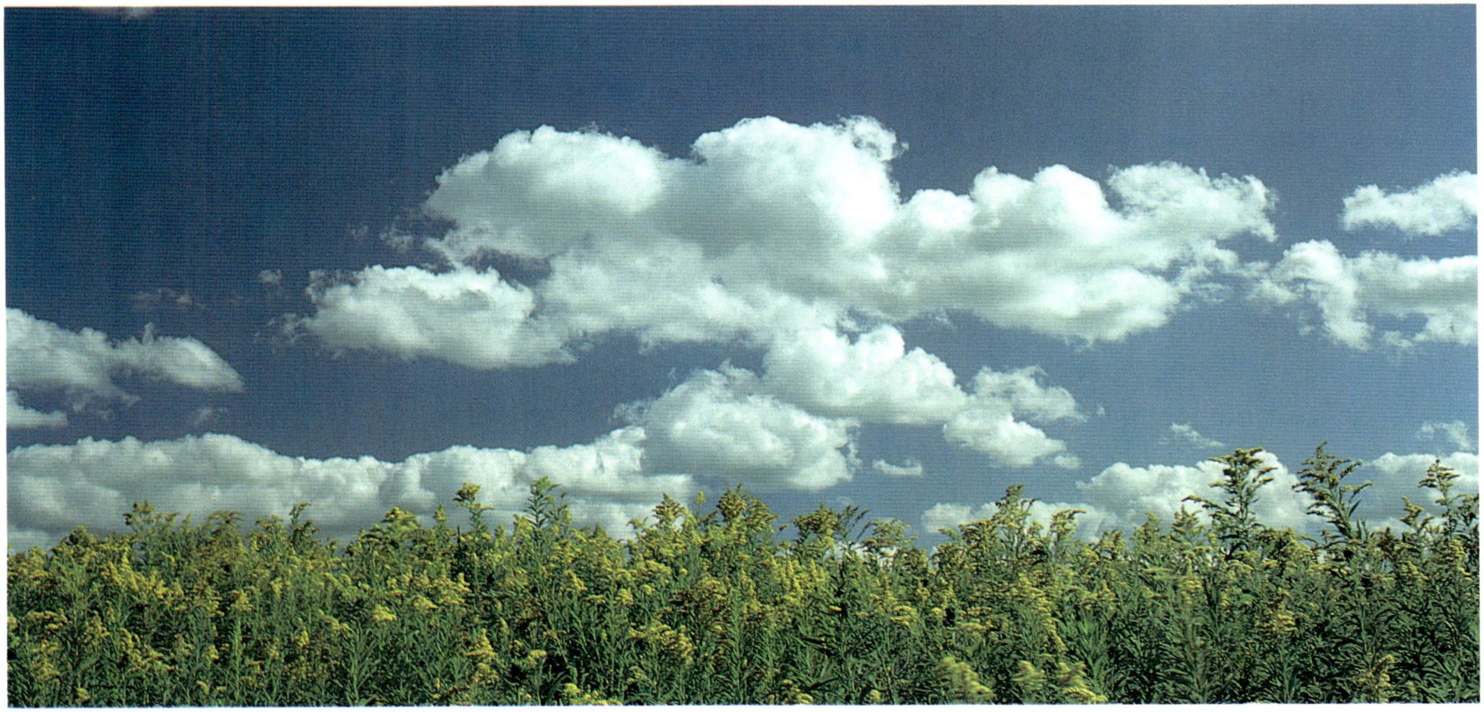

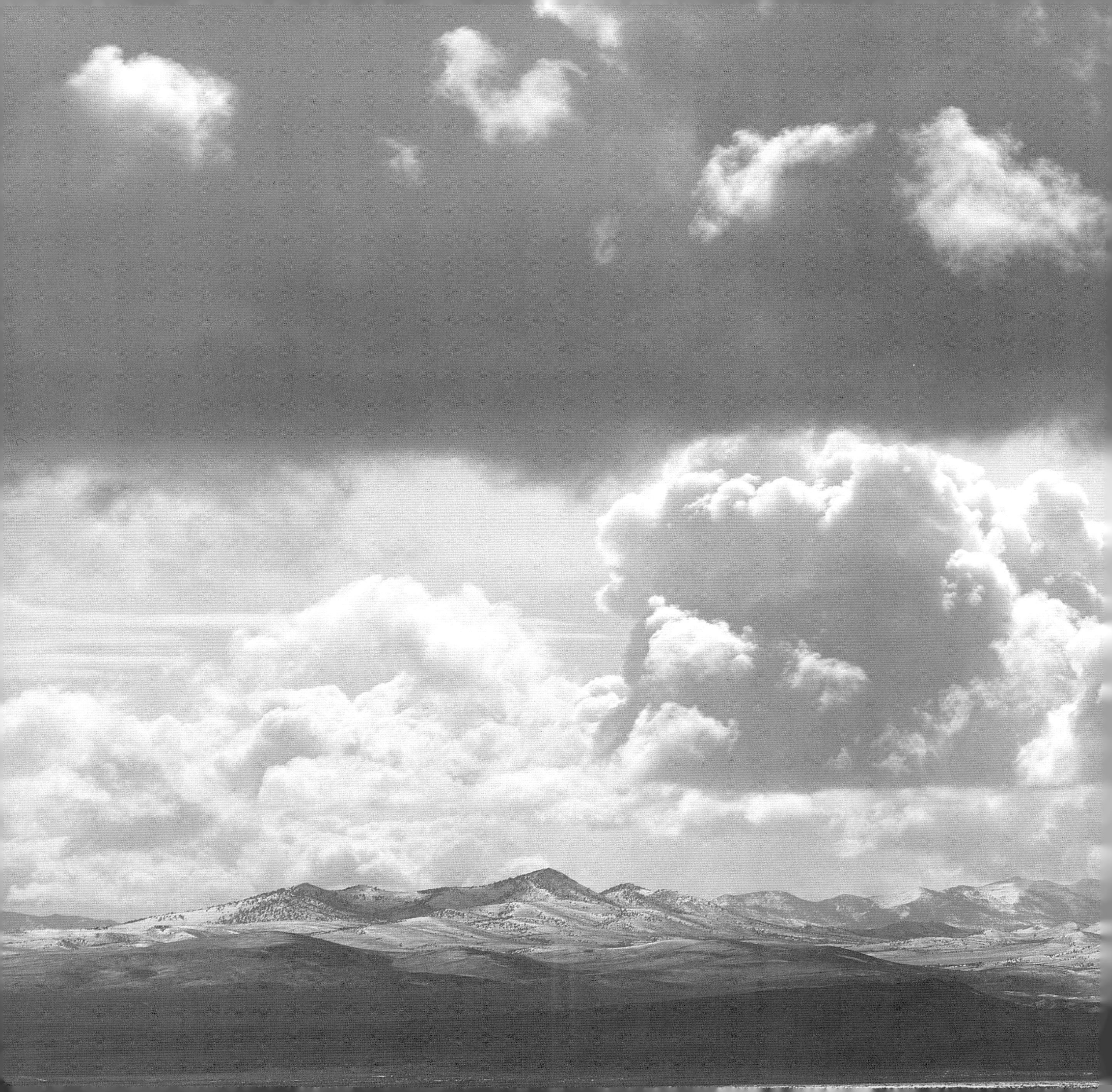

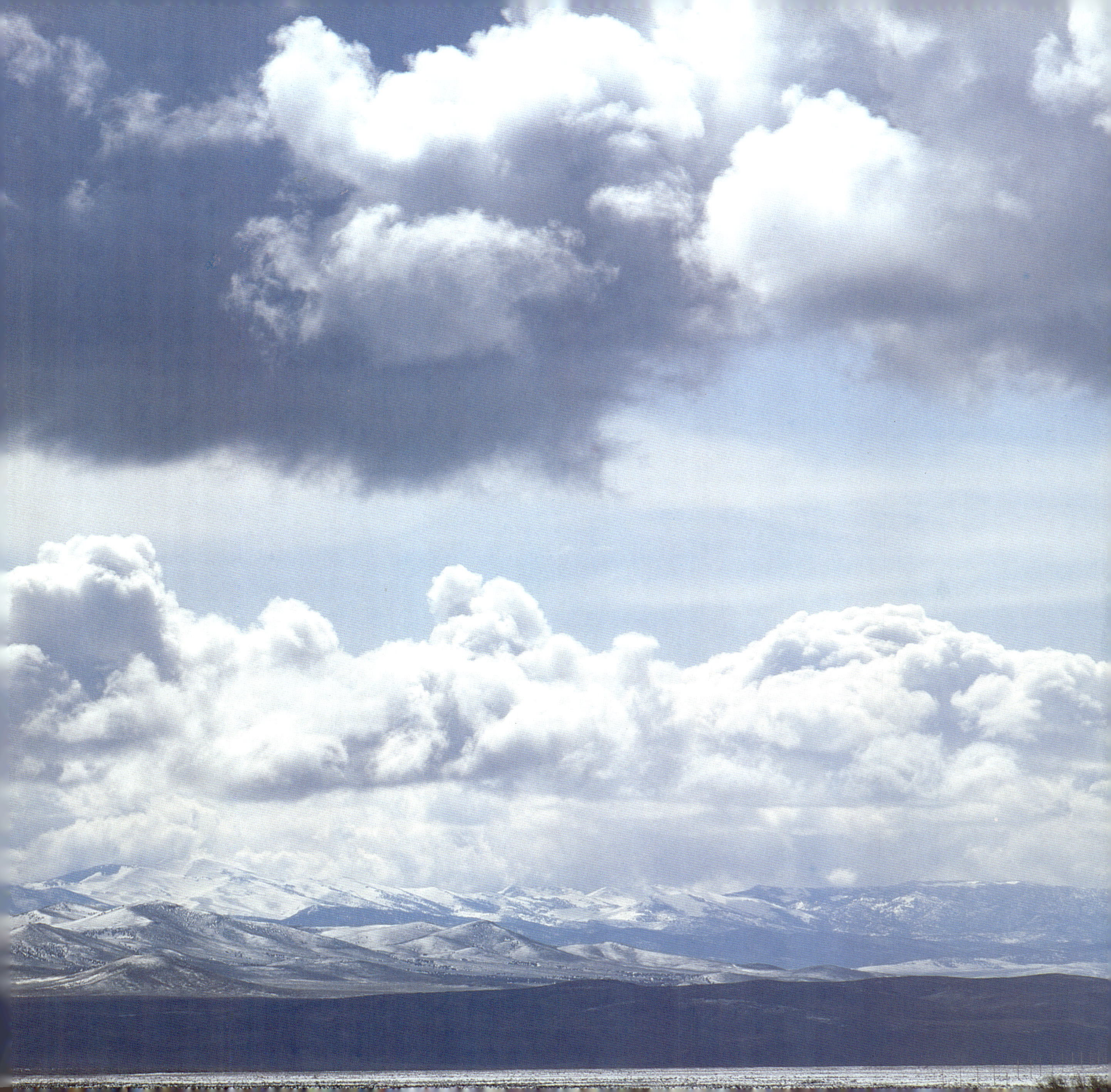

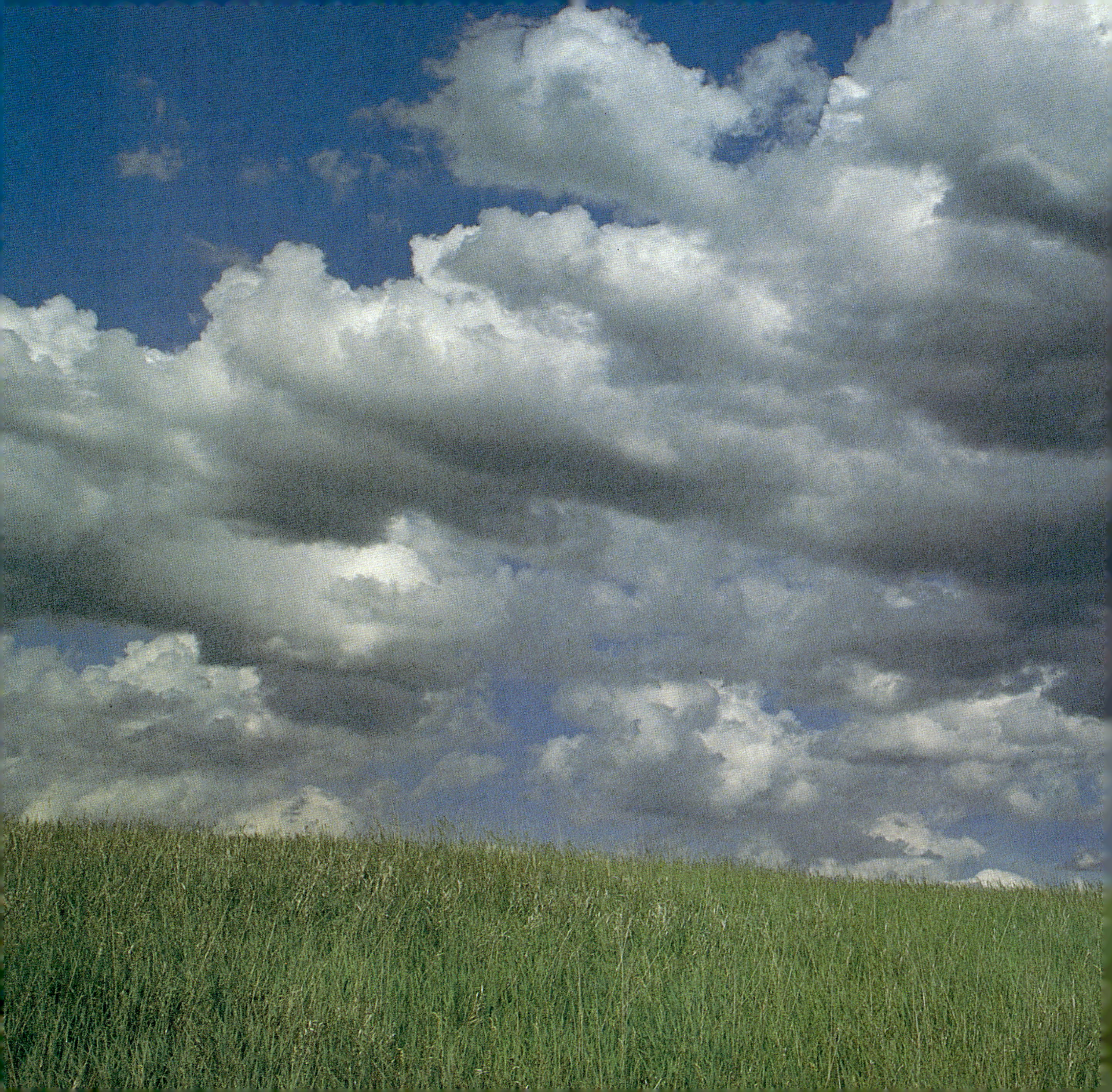

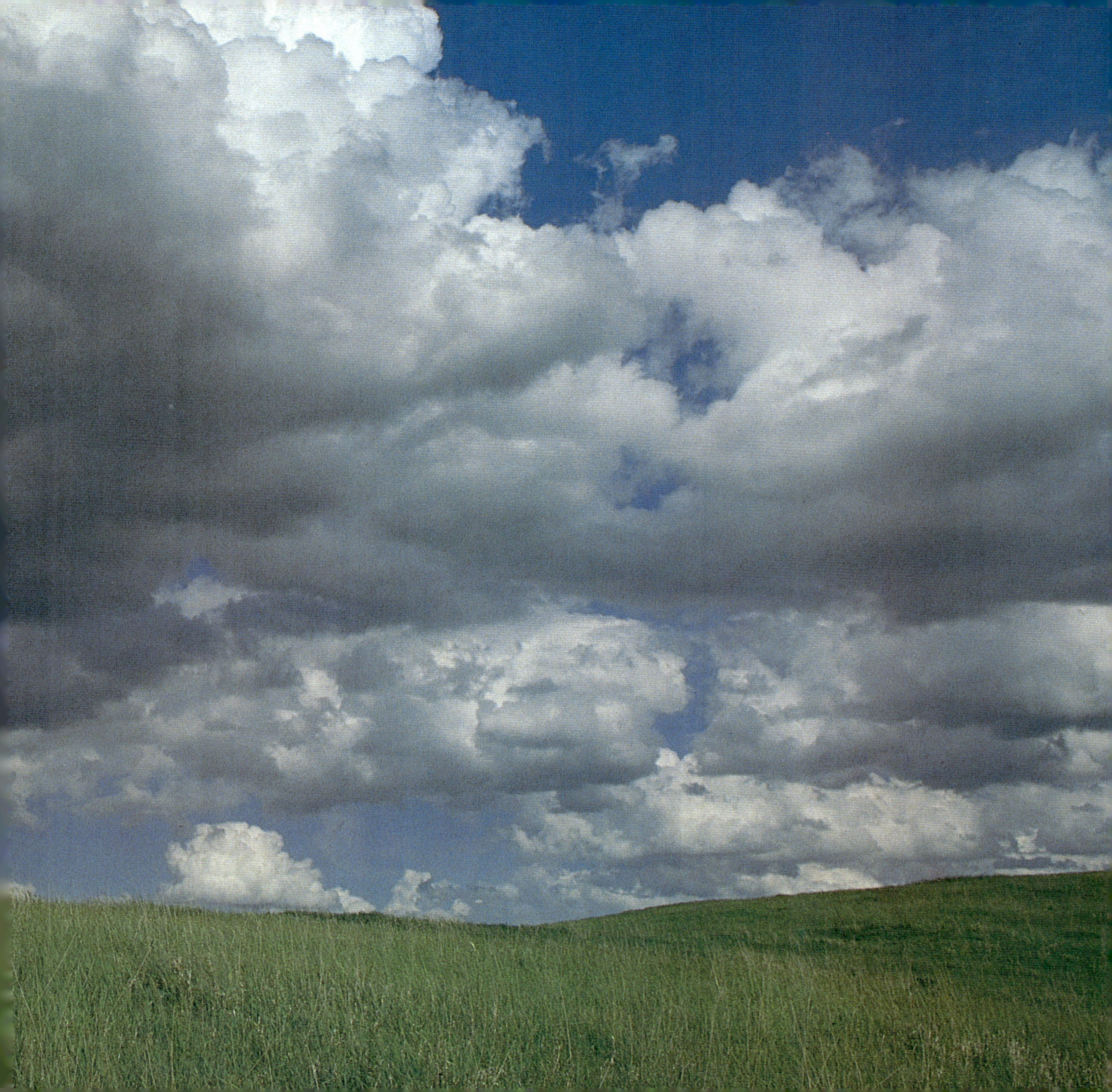

wachsen. Bis zum Nachmittag haben sie sich oft zu einer großen, dichten Masse mit majestätischen Gipfeln und tiefen Tälern entwickelt, eben diese Art Wolken mit einer dunklen Basis, die eine eigene leuchtende Landschaft bilden und die wir oft vom Flugzeug aus bewundern. Eine solche ausgewachsene Cumuluswolke nennt man Cumulus congestus, was soviel bedeutet wie „zusammengeballt". Ein Cumulus congestus kann einen Turm von 7000 Metern Höhe bilden, viel höher also als die Haufenwolken, die sich früher am Tag entwickelt hatten. Oft überlebt er sogar die Abkühlung der Nacht. Cumuluswolken verdanken ihre Existenz ausschließlich den durch die Sonne erwärmten aufsteigenden Luftmassen. Wenn also die Sonne kräftig auf die Erde scheint und die Luft rasch erhitzt und himmelwärts treibt, dann wachsen die Cumuluswolken um so stärker und türmen sich um so höher auf. Während ihre Unterseite nur noch einen Kilometer über der Erdoberfläche liegt, können sie insgesamt bis zu 11 Kilometern hoch sein und mit 10 bis 12 Kilometern Höhe die Region des Jetstreams erreichen. Hier scheren die Winde die Spitze der Wolke zur Form eines Ambosses. Zarte Fahnen von Eiskristallen, die auch falsche Cirren genannt werden, ziehen mit dem Wind davon.

So freundlich eine solche Wolke dem Betrachter erscheinen mag, sie ist längst keine harmlose Ansammlung von Wassertröpfchen mehr, sondern ein turbulentes System aus Strömungen, kraftvollen Auftrieben und Wirbeln. Die Reibung zwischen Wassertropfen oder Eiskristallen lädt die Wolke elektrisch auf. Dabei steht die positive Aufladung an der Spitze der negativen an der Basis gegenüber. Die in einem solchen gigantischen Gebilde aufsteigende Luft dehnt sich weiter aus und kühlt noch mehr ab.

Die einst so harmlose Cumuluswolke ist somit zu einer gefährlichen Gewitterwolke geworden und heißt jetzt Cumulonimbus, wobei *nimbus* im Lateinischen soviel wie Regen oder Gewitter bedeutet. Gezackte Blitze können von nun an aus dem Untergrund der Wolke zur Erde zucken. Jedem Blitzschlag folgt ein Donner. In Wüstengegenden, wo die Basis eines Cumulonimbus höher über der Erde steht als in feuchterem Klima, richten sich die Blitze nicht immer direkt gegen die Erde, sondern sie strecken teilweise kilometerlange Blitzfinger aus, die die Erde an einer weit entfernten Stelle treffen. Weit von dem Gewittersturm entfernt kann der Himmel klar und wolkenlos sein, wenn ein solcher Blitz ohne Vorwarnung wie der sprichwörtliche Blitz aus heiterem Himmel einschlägt. Schwerer Regen prasselt aus dem Wolkenboden. Wenn das Gewitter seinen Höhepunkt erreicht, folgt anstelle der Aufwärtsströmung der Luft innerhalb der Wolke eine Abwärtsströmung. Dadurch wird die Zufuhr von Wärme und Feuchtigkeit, die die Regenproduktion in der Wolke genährt hatte, abgeschnitten, und die Gewitterwolke bildet sich zurück. Der Donner wird unregelmäßig und erstirbt schließlich, der Blitz verliert an Intensität, anstelle der schweren Regenfälle treten leichte Schauer. Schließlich treibt der erschöpfte Cumulonimbus davon und löst sich auf.

Cumulonimbuswolken bilden sich meistens am späten Nachmittag, wenn die erwärmte Luft vom Boden aufgestiegen ist. Aber sie können auch vorrückende Kaltfronten begleiten, wo warme, feuchte Luft in die Höhe gehoben wird.

Oder sie bilden sich im Gebirge, wo der Wind feuchtwarme Luft an den Hängen emporschiebt. Wenn der Wind, der den Berghang hinaufsteigt, sehr stark ist, wird die Luft nach Erreichen des Gipfels nicht leewärts den Abhang wieder hinunter fließen, sondern weiter nach oben steigen, so daß sich über dem Gipfel Wolken bilden. So entsteht eine wachsende Cumuluswolke, die sich eventuell sogar zu einem Cumulonimbus entwickelt. Dann grollt der Donner durch das Gebirge.

Obwohl Blitze sehr gefährlich sein können, richten die meisten Gewitter wenig Schaden an. Ein besonders starkes Gewitter kann jedoch zerstörerische Stürme oder Hagelstürme hervorbringen, und in Wüstengebieten können Wolkenbrüche Überschwemmungen verursachen. Je schwerer ein Gewitter ist, desto größer ist die Wahrscheinlichkeit, daß es von einem Tornado begleitet wird.

Cumulus, Cumulus congestus und Cumulonimbus werden als vertikale Wolken eingeordnet, da sie sich aus vertikalen Luftströmungen bilden und in jeder Höhe vorkommen können. Andere häufig vorkommende Wolkenarten findet man nur in bestimmten Höhen, deshalb ordnet man sie der Höhe nach als hohe, mittelhohe oder tiefe Wolken ein.

Die Spitze eines großen Cumulonimbus kann eine Höhe von 19 Kilometern erreichen, während sogenannte hohe Wolken normalerweise 10 bis 11 und in Polarregionen sogar nur gut 6 Kilometer über dem Erdboden liegen. In diesen kalten Regionen enthalten sie Eiskristalle. Die bekannteste der hohen Wolken ist die Cirruswolke, die man an ihrer fransigen oder faserigen Gestalt erkennt, die ihr den lateinischen Namen gegeben hat, der soviel wie Haarsträhne bedeutet. (Man kennt sie im Deutschen als Federwolke.) Cirruswolken entstehen in großer Höhe durch Winde, die die Wolken in feine, weiße Fähnchen reißen, deren Ende sich manchmal wie eine Locke aufdreht. Solche Wolken können das erste Anzeichen für einen heranrückenden Sturm oder eine nahende Warmfront sein. Sicher kann man jedoch nur sagen, daß sie ein Zeichen für Feuchtigkeit in großer Höhe sind. Zwar werden Cirruswolken durch starke Winde angetrieben, aufgrund ihrer Höhe erscheinen sie uns jedoch fast bewegungslos. Mit ihrer leichten, flockigen Gestalt gehören sie zu den schönsten aller Wolken.

Ebenfalls zu den hohen Wolken gehört der Cirrocumulus, der aus einer zarten Schicht weißer Eiskristalle besteht, welche in regelmäßige Streifen oder schmale Büschel zerrissen ist. Man nennt diese Erscheinung auch Schäfchenwolken. Sie entstehen durch steigende Luftströmungen, die auf horizontale Winde stoßen, die auch Cirruswolken hätten hervorbringen können. Wie Cirrusbewölkung kann auch eine Schicht von Cirrocumuluswolken einen Sturm ankündigen. Sicher ist jedoch lediglich, daß die Luft unstabil ist und daß aufsteigende Luftströmungen die dünne Wol-

Von der Ferne aus gesehen erkennt man deutlich die Amboßform dieses Cumulonimbus über dem flachen Süden Arizonas. Irgendwo darunter regnet es.

(SEITE 82–83): Mit einigen hohen Cirruswolken als Vorboten trifft ein Gewitter über dem Crescent Lake in den White Mountains von Arizona ein.

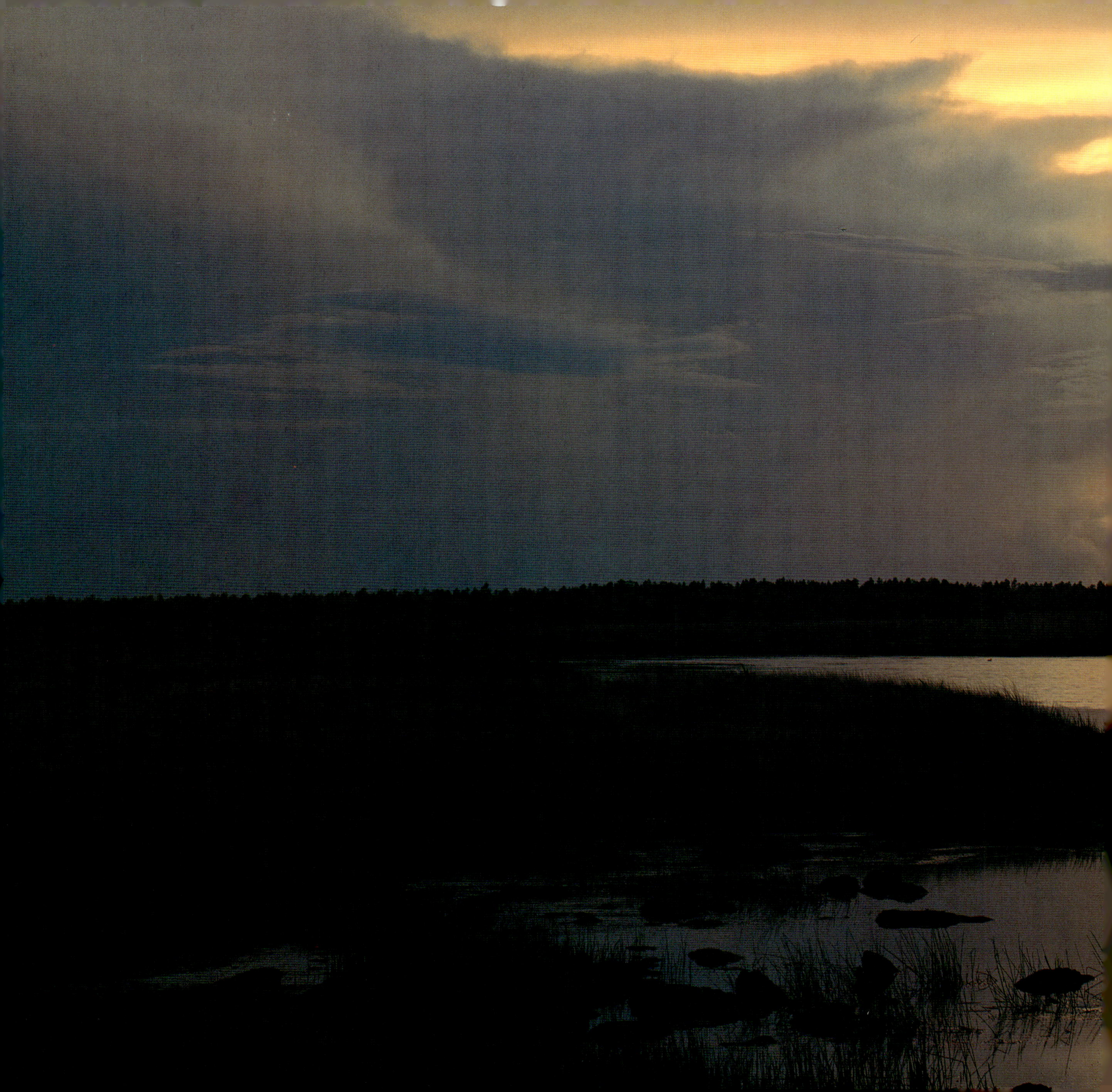

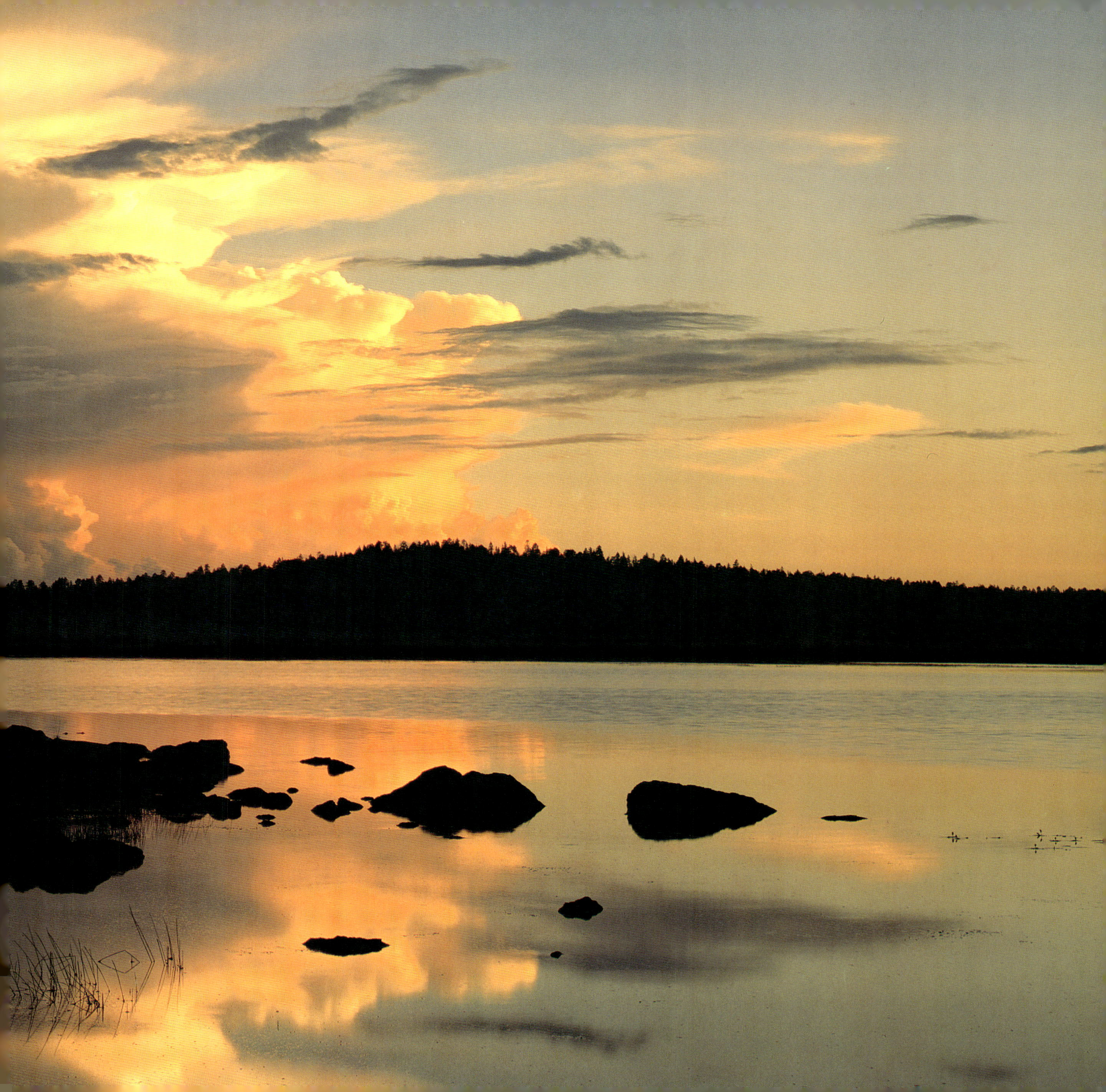

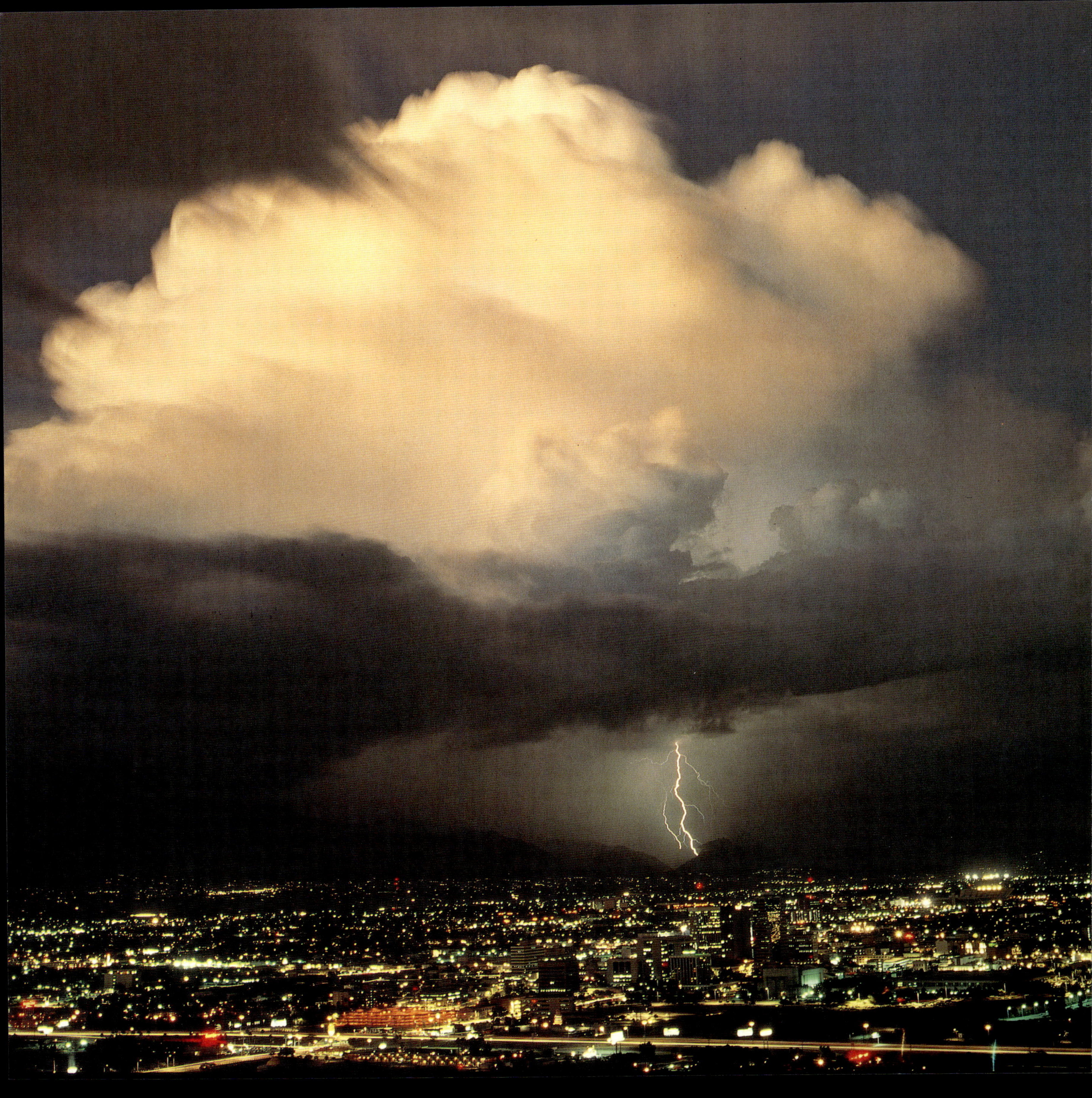

Noch ist diese Gewitterwolke nicht hoch genug aufgestiegen, um durch den Jetstream die typische Amboßform zu erhalten, aber es hat bereits zu regnen begonnen, und ein Regenbogen ist entstanden.

(SEITE 84): Der Abend bricht herein, und in Tucson sind schon die Lichter angezündet. Die Spitze des Cumulonimbus liegt jedoch hoch genug, um noch im Sonnenschein zu strahlen.

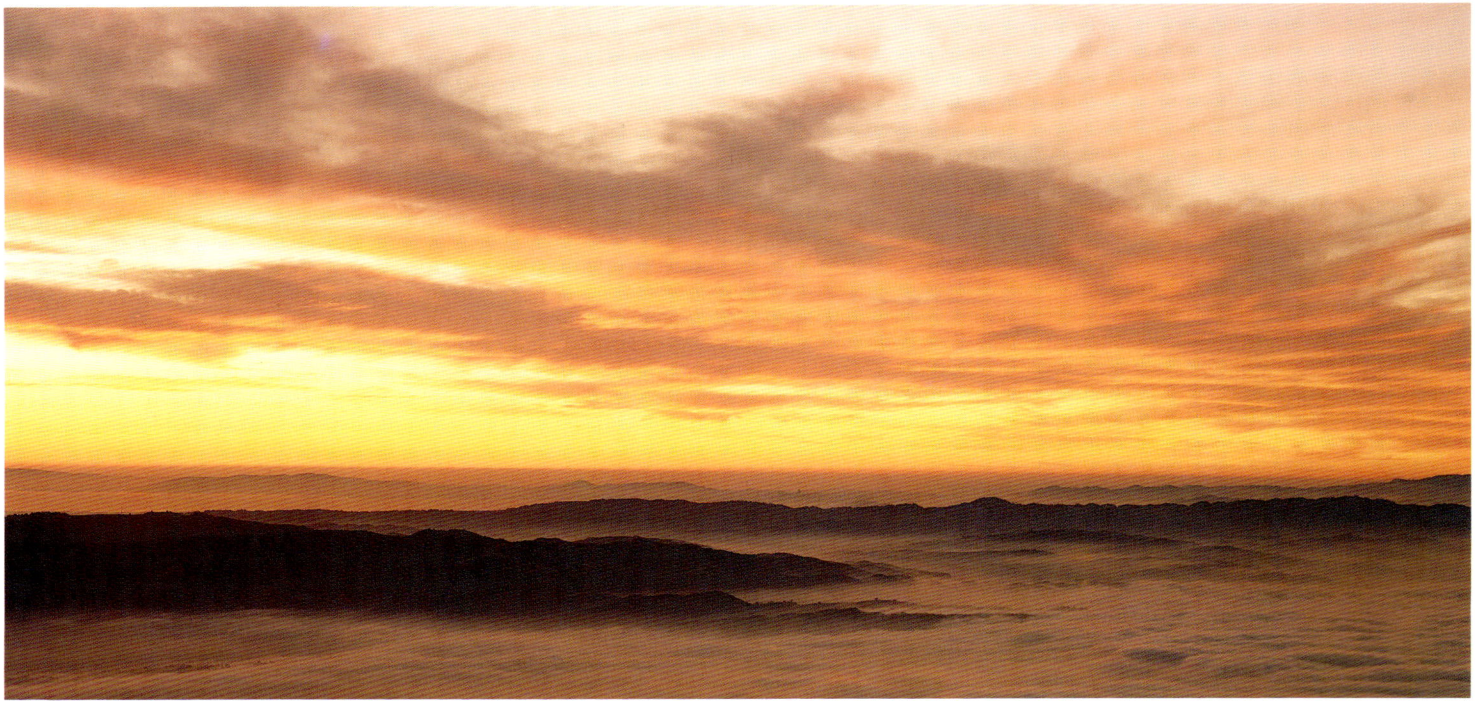

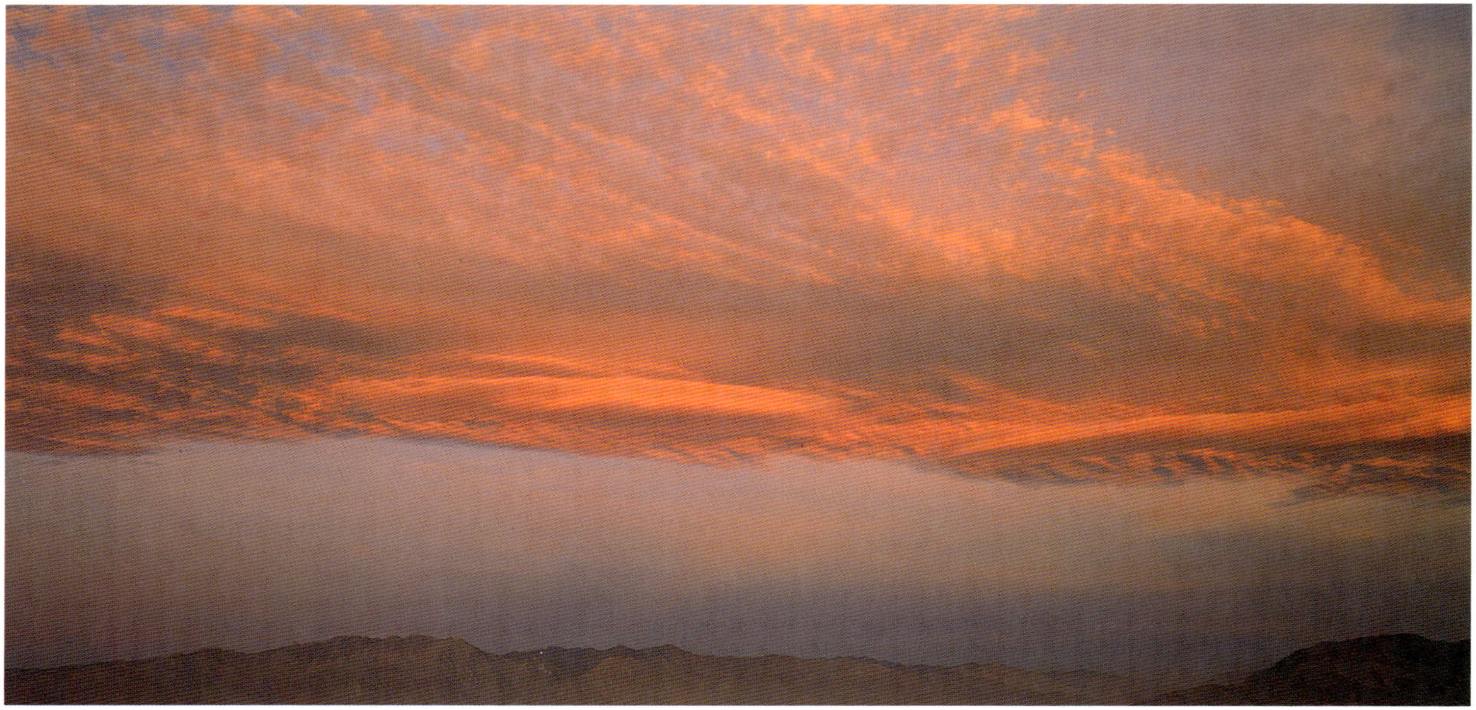

kendecke in schmale, unregelmäßige Fetzen zerrissen haben.

Wenn sich tatsächlich eine Warmfront nähert, weichen Cirrus- oder Cirrocumuluswolken gegebenenfalls einer Cirrostratusbewölkung. Der Cirrostratus (Schleierwolke) ist ein milchiger Wolkenschleier, der aus Eiskristallen besteht und sich in derselben Höhe wie Cirruswolken bildet, wenn der Feuchtigkeitsgehalt der Luft steigt. Cirrostratus ist weiß oder blaßgrau. Er läßt Sonnen- und Mondlicht durchscheinen. Durch eine Schicht von Cirrostratus haben Sonne und Mond oft einen Hof. Wenn ein Sturm oder eine Front näherrückt, nimmt der Cirrostratus an Dicke zu.

Mittelhohe Wolken finden wir in 5 bis 7 Kilometern Höhe. Sie bestehen aus Eiskristallen oder Wassertröpfchen. Bei einem näherrückenden Sturm senkt und verdickt sich der Cirrostratus zu einer grauen, unstrukturierten Schicht, die als Altostratus bekannt ist. Im Gegensatz zum Cirrostratus ist der Altostratus gewöhnlich so dick, daß die Sonne nicht hindurchscheint. Aus Altostratuswolken kann es regnen oder schneien, aber oft liegen diese Wolken hoch genug, daß der Niederschlag verdampft, bevor er den Boden erreicht. Wenn die Wolkenschicht sich jedoch verdickt und absenkt, kann der Altostratus sich in einen dichten Nimbostratus, eine der tiefen Wolkenarten, verwandeln.

Altocumulus sieht ähnlich aus wie eine Schicht von Cirrocumuluswolken, er liegt jedoch niedriger, ist breiter, und ihm fehlt das zarte Erscheinungsbild des hohen Cirrocumulus. Diese Wolken bestehen eher aus Wassertropfen als aus Eiskristallen. Die Altocumuluswolken können in ähnlichen regelmäßigen Reihen angeordnet sein wie eine Cirrocumulusschicht. Da sie aber viel dicker sind, ist ihre Unterseite dunkler, so daß der Altocumulus stärker strukturiert erscheint und nie rein weiß ist. Obwohl der Altocumulus dicker ist als der Cirrocumulus, läßt er dennoch zuweilen das Sonnenlicht durchscheinen. Entsprechend der Cirrocumulusbewölkung zeugen auch Altocumuluswolken von einem unstabilen Luftaufstieg. Sie prophezeien jedoch nicht unbedingt die Annäherung eines Sturms oder einer Front.

Eine Altocumulusbewölkung kann recht unterschiedlich aussehen und ist wegen ihrer größeren und unregelmäßigeren Wolken schwierig von einer windzerrissenen Stratusschicht oder von einem tiefen, Stratocumulus genannten Wolkentyp zu unterscheiden. Ein Altocumulus-Typ ist jedoch sehr gut erkennbar: der Altocumulus castellanus (von

Die Strahlen der hinter den Matapo-Hügeln in Zimbabwe untergehenden Sonne lassen eine Schicht von Altocumuluswolken in pfirsichfarbenem Licht erstrahlen.

(SEITE 86): Während tiefliegender Nebel noch den Norden der Bucht von San Francisco bedeckt, enthüllt der frühe Morgen die Fahnen der Cirruswolken hoch darüber (OBEN). Über der Anza-Borrego-Wüste in Südkalifornien färbt sich eine dünne Cirrocumulusdecke im Sonnenaufgang zart rosa (UNTEN).

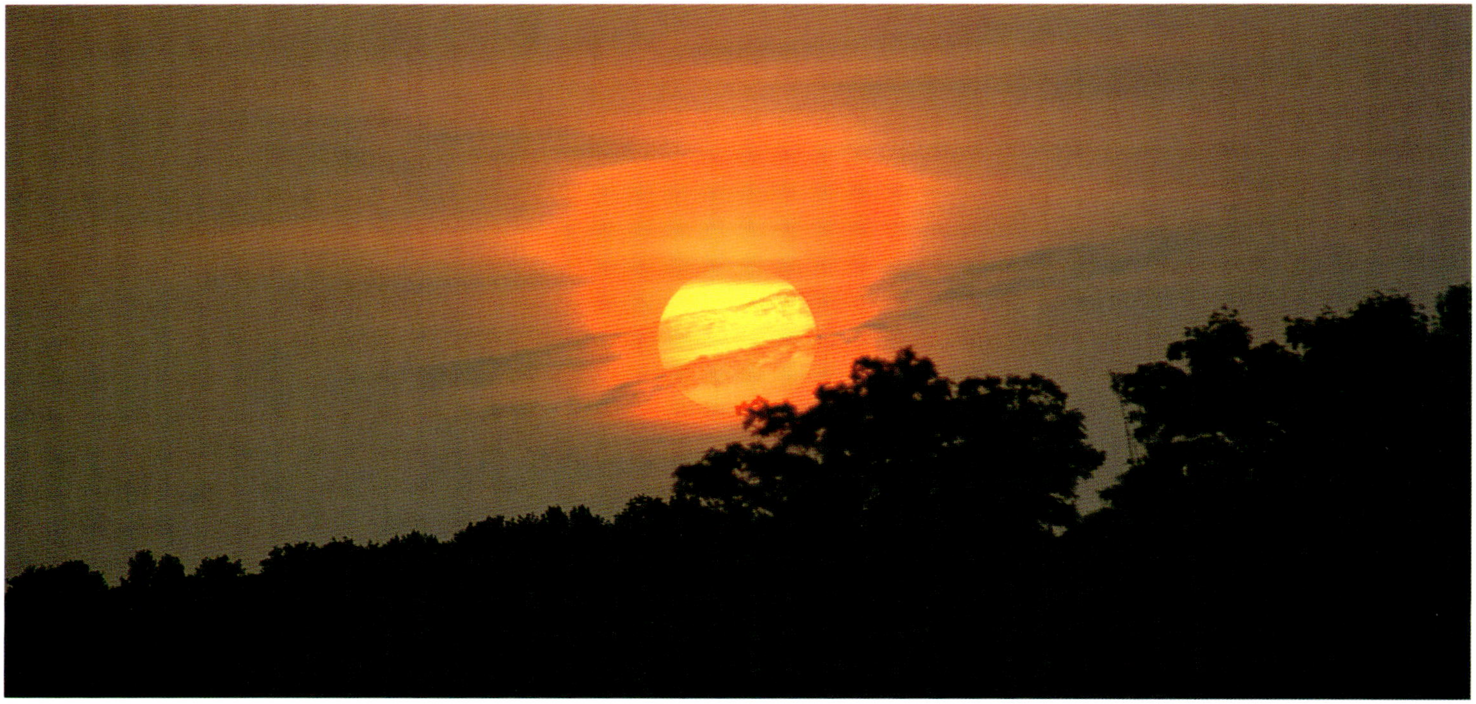

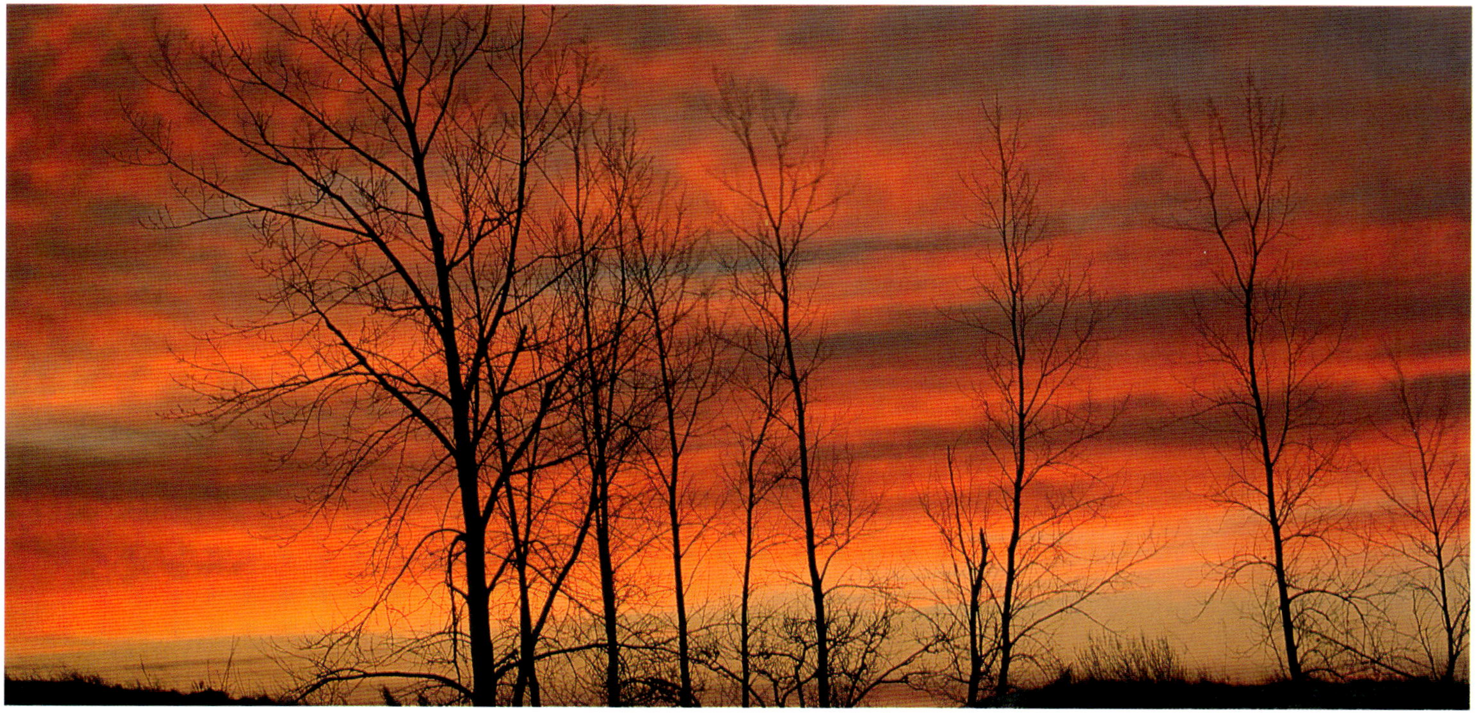

Die in der kalten Luft hoch über der Sonora-Wüste von Südarizona vom Wind gebildeten Streifen von Cirruswolken sehen aus wie Sandriffeln am Strand.

(SEITE 88): Eine Cirrustratusdecke, die so fein ist, daß man die Sonne dahinter klar erkennt, kündigt schlechtes Wetter an (OBEN). In der Abenddämmerung bildet eine Altostratusdecke ein Muster aus Streifen und Wölkchen, ähnlich des Cirrocumulus, jedoch tiefer und dicker (UNTEN).

(SEITE 90–91): Eine Altostratusdecke, die normalerweise aus feinen Eiskristallen besteht, kann so dünn sein, daß sie Licht hindurchläßt, den Blick auf die Sonne jedoch noch versperrt.

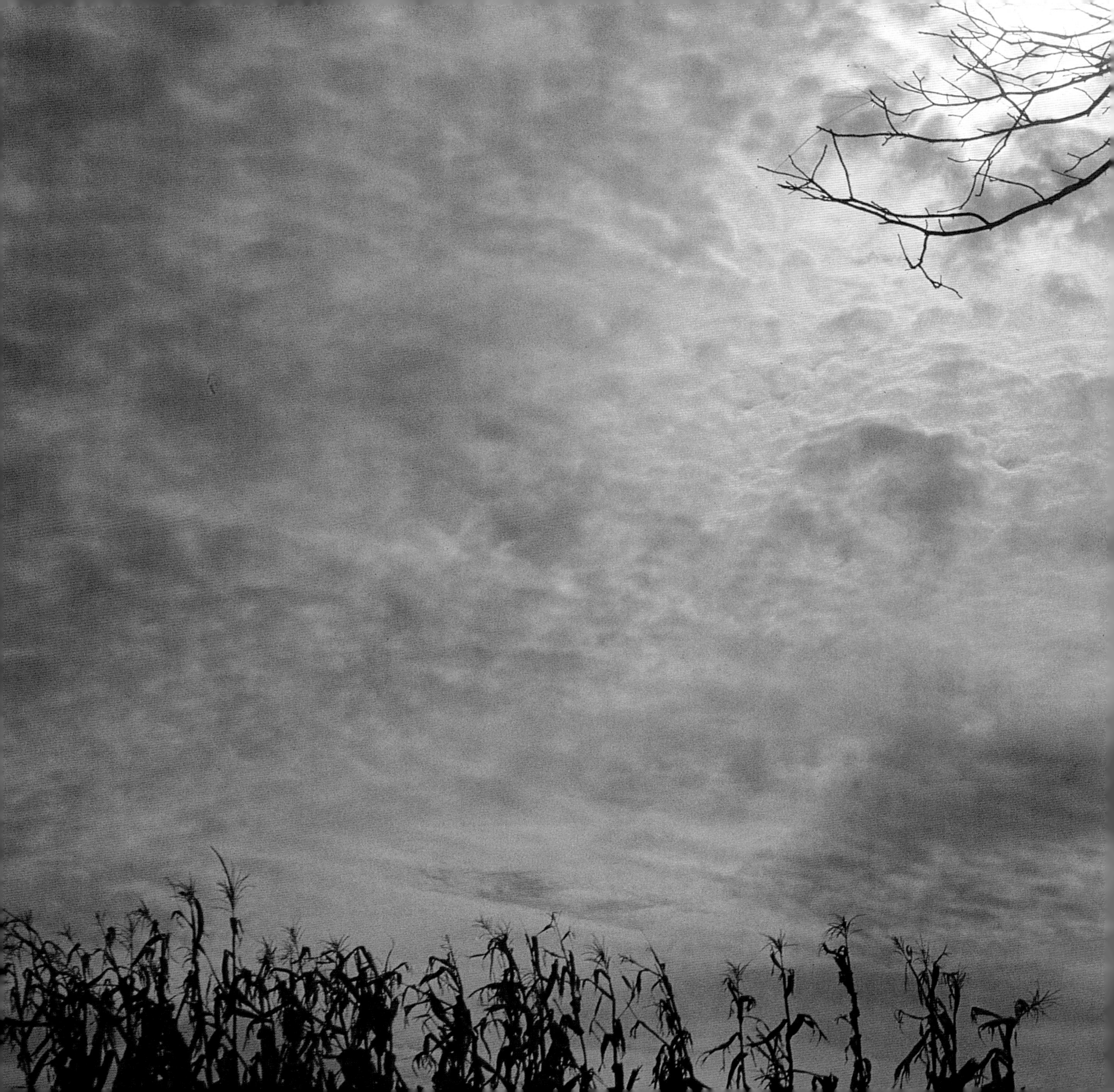

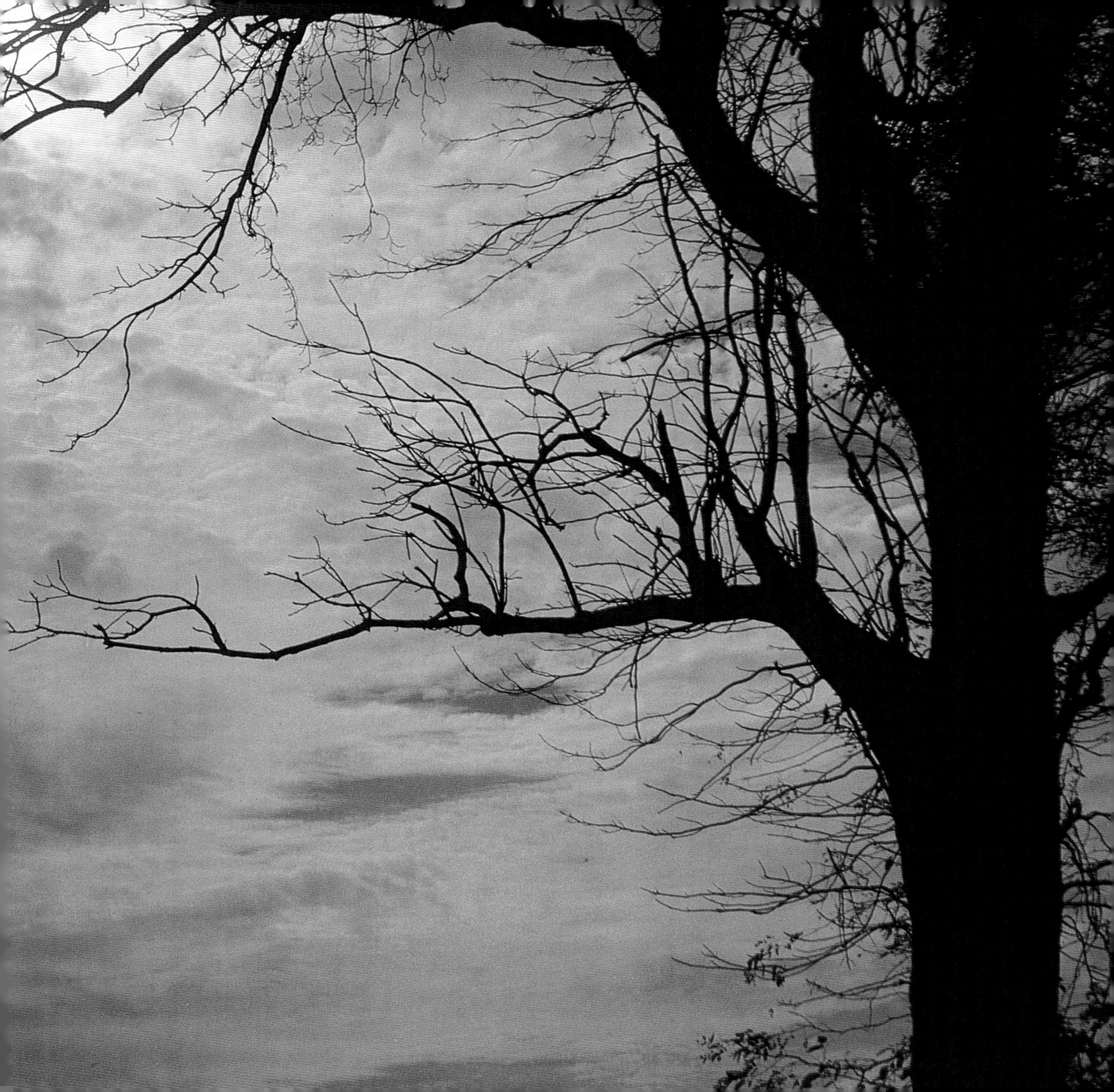

castellanus, die Festung). Wenn sich ein Altocumulus bildet, kann die beim Verdampfen des Wassers freigesetzte Wärme Luft aus der Wolkendecke in die Höhe treiben. Dort bilden sich kleine Wolkentürme, die der Wolkenschicht ein festungsartiges Aussehen verleihen. Altocumulusbewölkung kann bei einem Sonnenuntergang besonders beeindruckend aussehen, dann leuchten ihre Türme rosa oder blaßorange. Zwar taucht dieser Wolkentyp häufig bei unstabiler Luft auf und kann Schauer oder die Bildung eines Cumulonimbus fördern, er selbst gibt jedoch keinen Regen ab.

Von den tiefen Wolken ist der Stratus (Schichtwolke) der bekannteste. Wie bei Cirrostratus und Cumulostratus handelt es sich bei dieser Bewölkung um eine Schicht, die jedoch dicker und grauer ist. Sie schmiegt sich oft sogar an den Boden an und bildet das typische Wolkenbild an dunklen, trüben Tagen mit feinem Niesel- oder Schneeregen. Obwohl es nach starkem Regen aussieht, kommt es nicht dazu. Der Stratus liegt oft bewegungslos über der Landschaft, in weniger

Wenn warme Luft über einen heranrückenden Sturm steigt, bilden sich Türme auf den sich zusammenballenden Altocumuluswolken, denen sie den Namen Cumulus castellanus zu verdanken haben.

als 2 Kilometern Höhe. Er entsteht aus Kondensation in geringer Höhe und ähnelt dem Nebel, bleibt jedoch im Gegensatz zum Nebel nicht auf dem Boden liegen. Normalerweise begleitet ein schwacher Wind die Stratusdecke, zuweilen wird die Unterseite sogar von leichten Böen zerzaust. Bei auffrischendem Wind wird die Decke teilweise zerrissen. Solche windzerfetzte Stratusbewölkung nennt man Fractostratus (*fractus* bedeutet zerbrochen).

Zwar entsteht der Stratus für gewöhnlich in feuchter Luft über flachem Land, er kann aber auch im Gebirge vorkommen. Wird eine feuchtigkeitsgeladene Luftschicht von einem schwachen, jedoch steten Wind über einen Gebirgskamm getrieben, kann das Wasser ab einer bestimmten Höhe zu einer Schicht kondensieren, die über dem Kamm liegenbleibt. Die Luft fließt dann den Leehang hinunter, während die Wassertropfen verdampfen und sich auflösen. Obwohl ein steter Luftstrom über den Kamm weht, ist die Wolkendecke nur über dem Kamm sichtbar. Sie scheint über dem

Über dem Packeis im Norden von Point Barrow in Alaska geht eine strukturierte Cirrocumulusschicht in eine glatte Cirrostratusdecke über.

höchsten Gipfel zu balancieren. Eine solche Stratusdecke über einer Gebirgskette nennt man einen geomorphen Stratus. Er kann für Bergsteiger gefährlich werden, da er die Sicht behindert und bei kalter Luft eventuell Schneefall droht.

Eine weitere tiefe Wolke ist der Stratocumulus. Der Name weist bereits auf Gemeinsamkeiten mit Stratus- und mit Cumuluswolken hin. Stratocumulusbewölkung bildet sich durch das Zerreißen einer niedrigliegenden Stratusschicht, wobei graue und weiße Wolkenmassen ab und zu ein Stück Himmel sichtbar werden lassen. Sie kann sich aber auch in der entgegengesetzten Situation entwickeln, wenn nämlich Cumuluswolken sich zu einer unterbrochenen Wolkendecke zusammenschließen. Jedes Wolkenbild zwischen einer konturlosen Stratusdecke und einer weitverstreuten Flotte von Cumuluswolken zählt zum Stratocumulus, was seine Identifikation zuweilen erschwert. Außerdem trägt die große Ähnlichkeit zwischen Altocumulus und Stratocumulus zur Verwirrung bei. Der Stratocumulus liegt aller-

Die sich immer stärker verdickende Schicht aus Stratuswolken über Port Clyde an der Küste von Maine kündigt eine anrückende Warmfront und Regenwetter an.

dings tiefer über dem Boden, nie höher als 2 Kilometer, und sein weißgraues Muster ist gröber und oft unregelmäßiger als das des Altocumulus.

Die größte der niedriger liegenden Wolken und die einzige, die zu Regen- oder Schneefällen führen kann, ist die Nimbostratuswolke (Regenschichtwolke). Diese sehr dicke, dunkelgraue, strukturlose Wolkenschicht bewegt sich zwischen 1,5 und 5 Kilometern über dem Boden. Normalerweise begleitet sie näherrückende Tiefdruckgebiete. Sie entsteht oft aus sich verdickendem und sinkendem Stratocumulus. Eine Nimbostratuswolke kann direkt unter einer für uns unsichtbaren Altostratusschicht liegen. Häufig treibt der Wind Wolkenfetzen unter einem Nimbostratus her, zuweilen wird jedoch die Basis dieser großen Regenwolke von einem Stratus verborgen. Ein vorübertreibender Nimbostratus kann so weit absinken, daß er die Dächer hoher Häuser oder die Gipfel von Hügeln einhüllt. Wie der Cumulonimbus bringt der Nimbostratus also Regen oder Schnee. Da er sich jedoch langsamer bewegt und ständig von seinem

Noch liegt eine dicke Stratusdecke über San Francisco. Das durchbrechende nachmittägliche Sonnenlicht läßt jedoch darauf schließen, daß das Wetter aufklart.

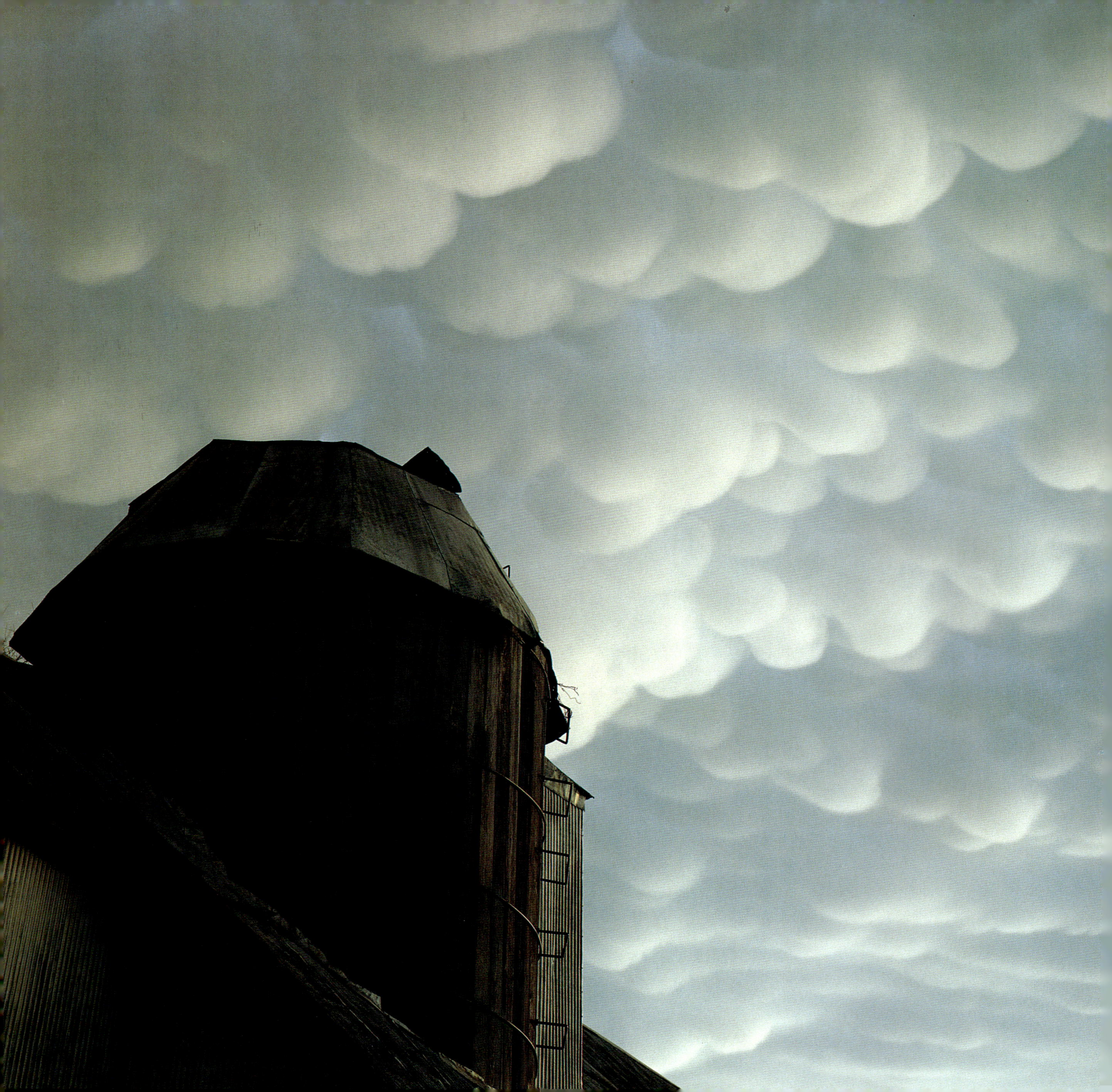

näherrückenden Sturmsystem genährt wird, kann er zu stundenlangen Regenfällen führen, im Unterschied zu den kurzen, heftigen Niederschlägen, wie wir sie von einem Cumulonimbus kennen. Im Winter kann es zu sehr starken Schneefällen kommen, bevor ein Nimbostratus ein Gebiet durchzogen hat.

Die bisher dargestellten Wolkenarten sind die häufigsten und typischsten, die Meteorologen kennen jedoch noch andere, unter außergewöhnlichen Situationen entstehende Wolkenformen. Eine der ungewöhnlichsten Erscheinungen ist die Lenticular- bzw. Linsenwolke. Wenn feuchte Luft einen Berghang hinaufkriecht und auf der anderen Seite wieder herunterfließt, kann sich über dem Bergkamm ein Stratus bilden. Zuweilen verhält sich der feuchte Luftstrom wie Wasser, das über einen Felsblock fließt, der knapp unter der Wasseroberfläche liegt. Das Auge nimmt nur einen Buckel über dem verborgenen Felsen wahr, hinter dem sich das Wasser stark kräuselt, wobei die Bewegungen wellenförmig schwächer werden. Das Wasser fließt weiter, die Wellen bleiben jedoch an derselben Stelle. Ein Luftstrom verhält sich ähnlich: Der Wasserdampf bewegt sich in eine höhere Zone hinein, wo die kühlere Temperatur zur Kondensation führt, und wieder heraus, und wir erkennen eine lange Reihe linsenförmiger Wolken, die vom Berggipfel, wo die Wellenbewegung begonnen hat, wegfließen.

Eine weitere außergewöhnliche Wolkenform entsteht aus Cumuluswolken, die in ein starkes Turbulenzgebiet geraten. Man nennt sie Mammatocumuli (von *mammatus*, mit Brüsten versehen). Es handelt sich um Stratocumuluswolken mit leichten Vorsprüngen über ihrer Unterseite anstelle der oben abgeflachten Basis des typischen Cumulus. Mammatocumuli bilden sich gewöhnlich durch Luftwirbel in den heftigen Turbulenzen, die schweren Gewittern vorausgehen.

Um eine möglichst genaue und differenzierte Terminologie zu erhalten, haben die Meteorologen den Spielarten der bekannten Wolkenformen zahlreiche Namen gegeben. Wenn z. B. eine Altocumulusschicht sehr dünn ist und viel Sonnenlicht durchläßt, wird sie als Altocumulus translucidus bezeichnet, eine Cirrocumulusschicht, in der der Wind eine Reihe von Wellen erzeugt, heißt Cirrocumulus undulatus.

Zwar sind alle diese Bezeichnungen lateinisch oder dem Lateinischen entlehnt, die Römer haben jedoch keine von ihnen benutzt. In Rom nannte man alle Wolken *nube*, was dem Wort *nebula* (Nebel) entspricht. Unsere heutigen lateinischen Bezeichnungen wurden erstmals Anfang der 80er Jahre des 19. Jahrhunderts von Luke Howard, einem Londoner Apotheker, benutzt, der versuchte, die verschiedenen wahrnehmbaren Wolkentypen einzuordnen. Die Namen dienen lediglich der Beschreibung. Sie wurden festgelegt, lange bevor man über die Bewegungsgesetze der Wolken Bescheid wußte. Diese jedoch konnten nur erforscht werden, wenn man die einzelnen Wolkenarten unterscheiden konnte.

(SEITE 96): **Mammatocumuli bilden sich normalerweise in der Nachbarschaft heftiger Gewitter und sind häufig Vorboten von Tornados.**
(SEITE 98–99 UNTEN): **Linsenwolken sind eine seltene Erscheinung. Sie selbst sind bewegungslos, aber der Wasserdampf in ihnen bewegt sich zunächst in einer Schicht kalter Luft, wo er kondensiert, dann zurück in eine wärmere Schicht, wo er verdampft.**
Die spektakuläre Wolken-„Woge" (SEITE 98 OBEN) **hat sich auf dieselbe Weise gebildet.**

(SEITE 99 OBEN): **Eine Schicht geomorpher Stratuswolken über dem Mount Lassen in Nordkalifornien.**
(SEITE 100–101): **Altocumuli lassen sich von Cirrocumuli leicht durch ihre weißen, sonnenbeschienenen Wolken und ihre grauen Schatten unterscheiden.**

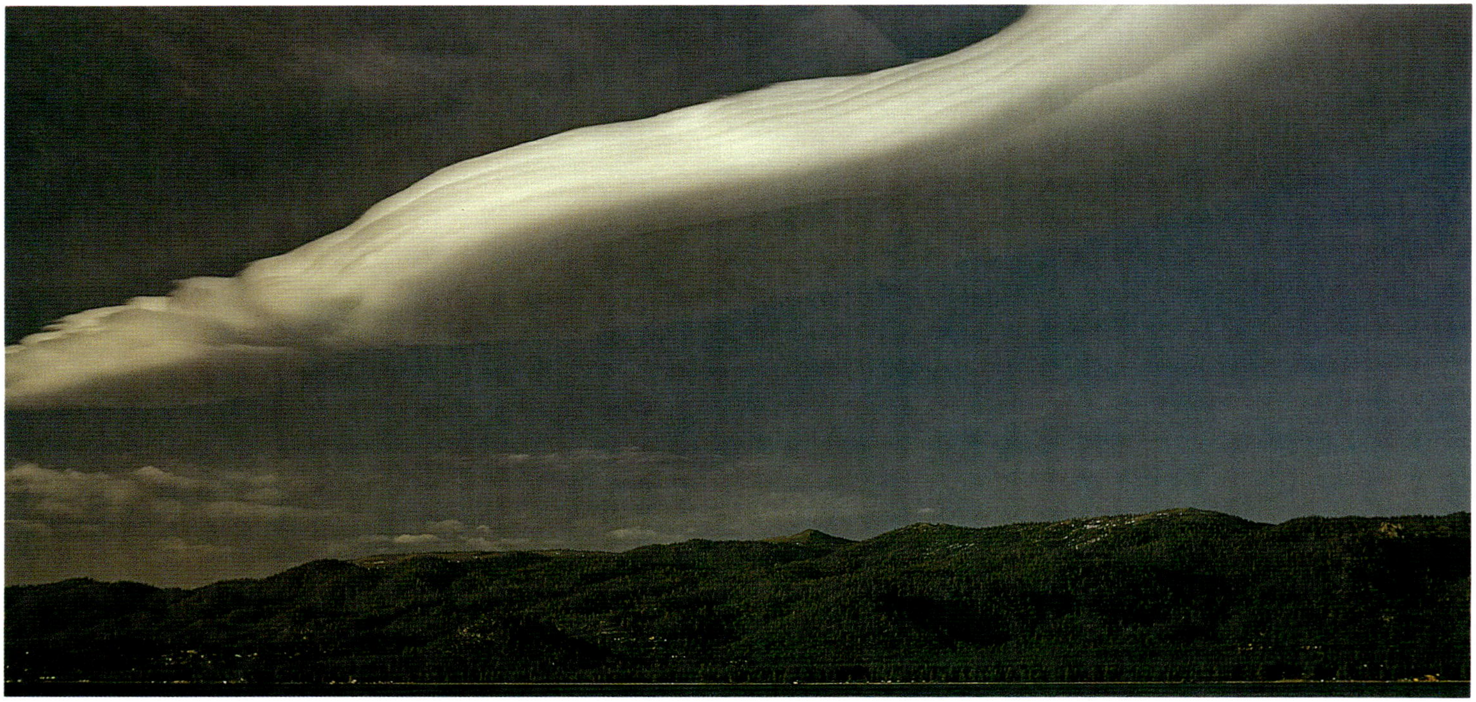

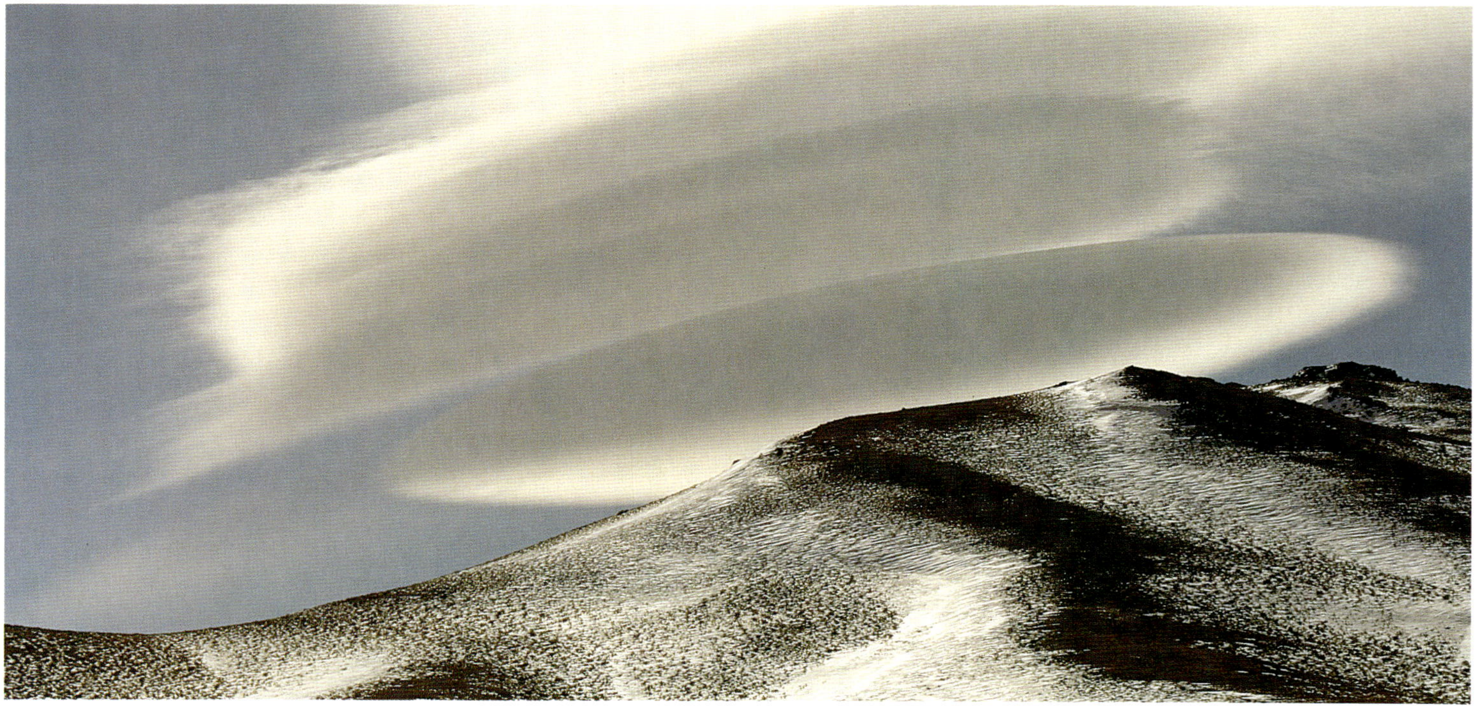

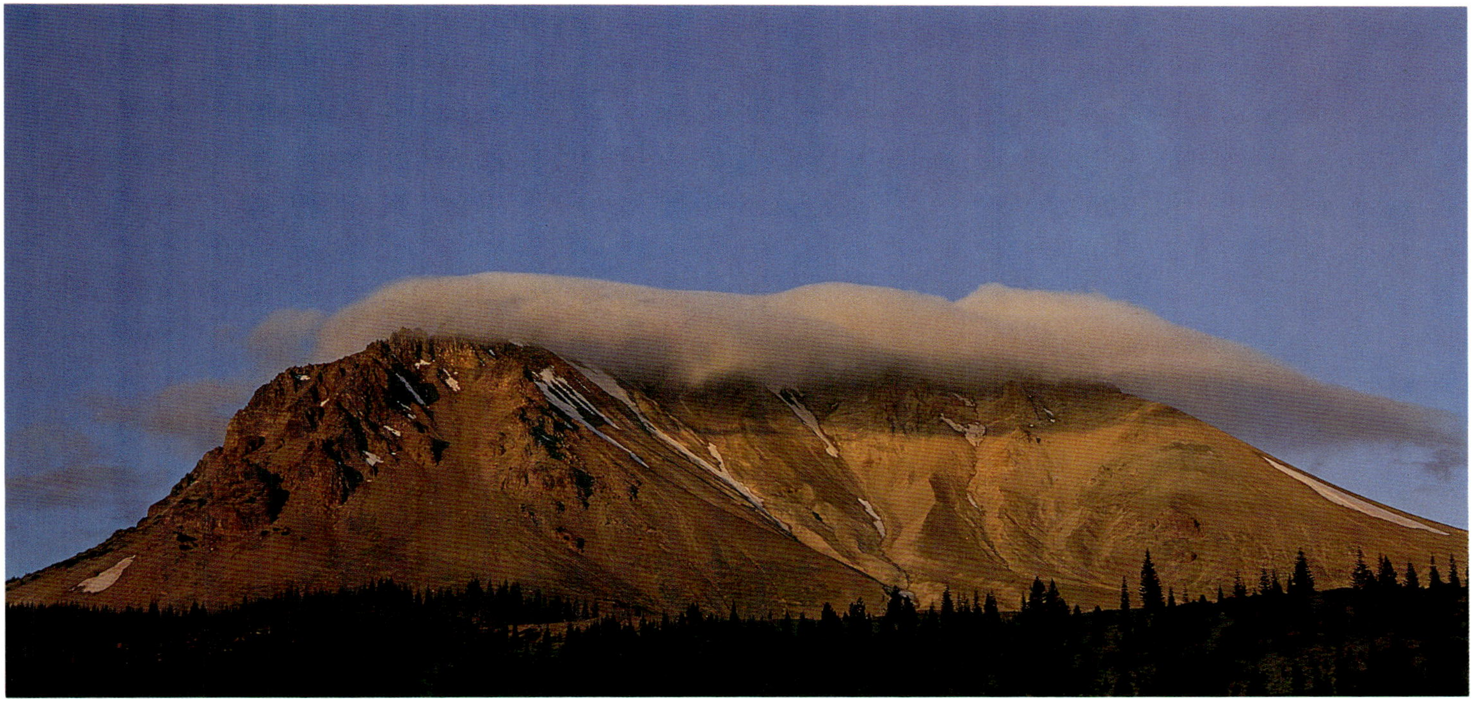

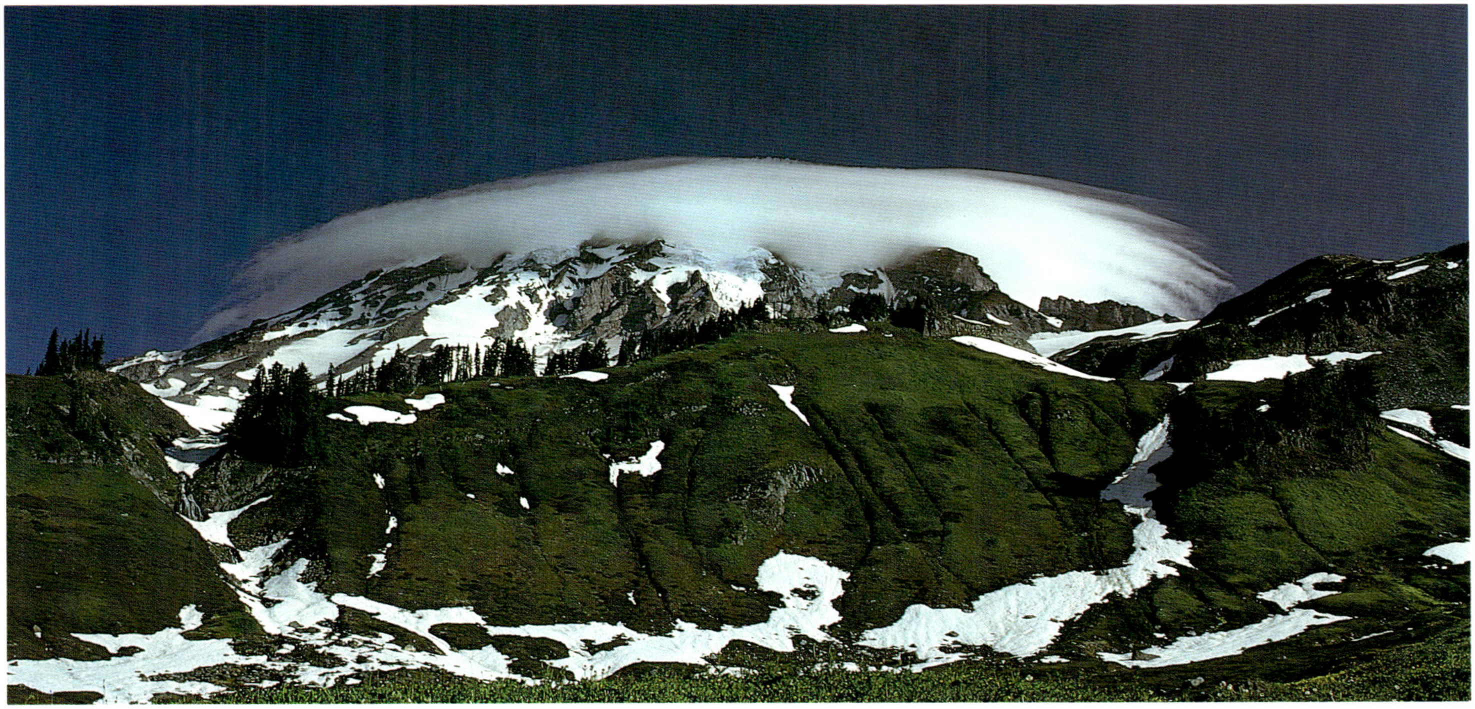

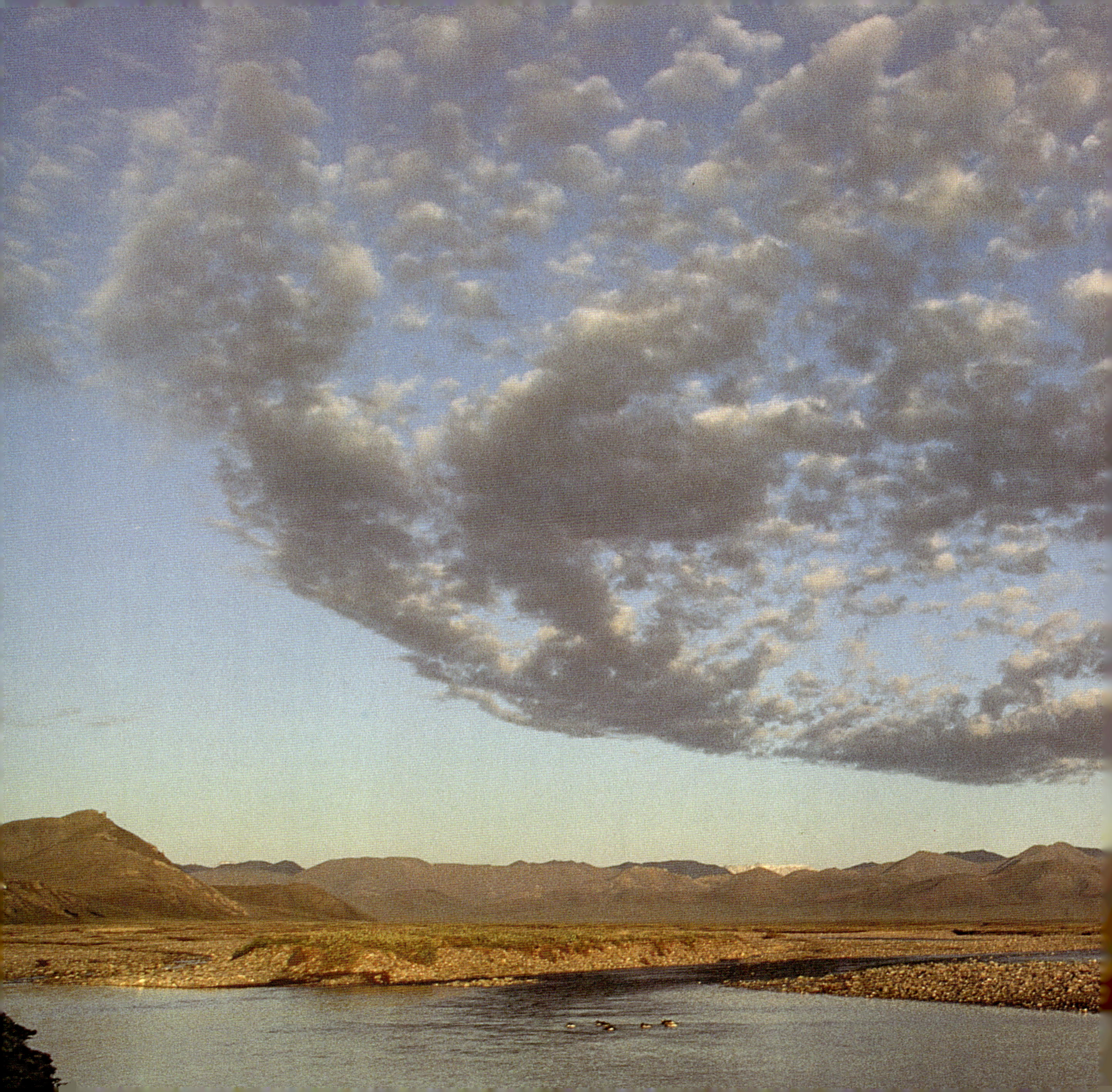

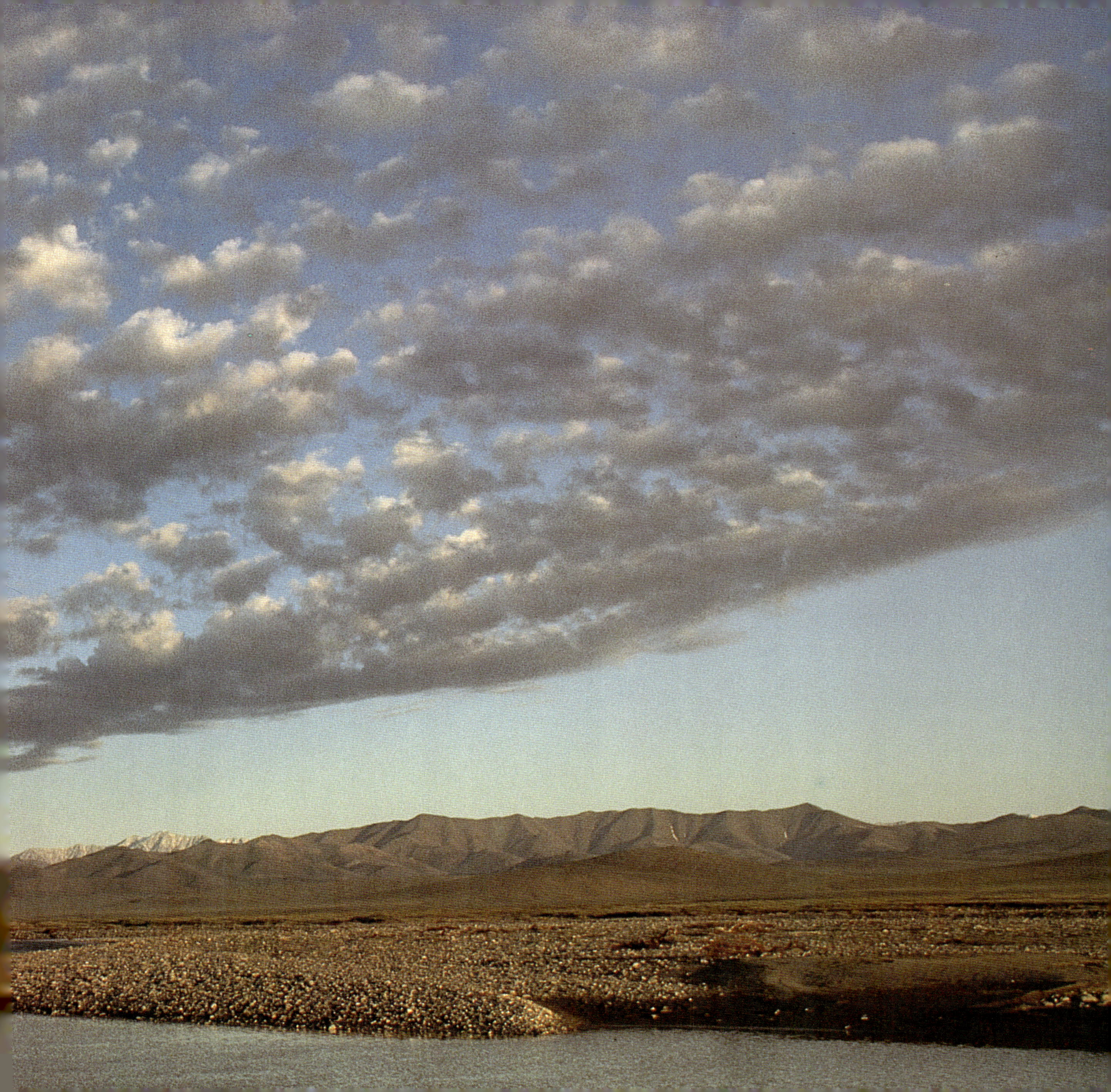

5
Hitzewellen und Kälteeinbrüche: Die Temperatur und ihre Auswirkungen

Aus dem Zentrum des Sonnensystems strahlt die Sonne eine ungeheure Energiemenge nach allen Richtungen ab. Lediglich zwei Milliardstel dieser Sonnenenergie erreichen unseren Planeten nach einer acht Minuten dauernden Reise, in der sie 150 Millionen Kilometer zurücklegen. Die ankommende Energiemenge ist jedoch immer noch enorm, sie beträgt rund 180 Billionen Watt pro Sekunde. Diese Energie besteht nicht nur aus Wärme, sondern aus verschiedenen Formen elektromagnetischer Strahlung, hauptsächlich aus ultraviolettem, infrarotem und sichtbarem Licht. Von der immensen Wärmemenge, die die Erde erreicht, werden 42 Prozent direkt in den Weltraum zurückgestrahlt, 15 Prozent absorbiert die Erdatmosphäre, und die verbleibenden 43 Prozent dringen bis zur Erdoberfläche durch, wo sie entweder absorbiert oder in die Atmosphäre reflektiert werden.

Durch das Absorbieren von Wärme hält unsere Atmosphäre die Temperatur in der Nähe des Bodens in einer Spanne, in der Wasser in flüssiger, dampfförmiger oder fester Form – als Eis – vorkommt und in der Leben existieren kann. Die Atmosphäre schützt die Erde und ihre Lebewesen vor der extremen Hitze der Sonnenstrahlung. In den höheren Regionen der Atmosphäre – bis zu einer Höhe von 80 Kilometern – sind die Gase so dünn, daß die Temperaturmessung, die eigentlich eine Messung des Energieniveaus von Molekülen ist, gegenstandslos wird. Es gibt so wenig Moleküle in solchen Höhenlagen, daß ein Thermometer nutzlos wird. Da in dieser Höhe keine Gase die Sonnenenergie absorbieren, sind alle Gegenstände, einschließlich Thermometern, Satelliten und der Schutzkleidung der Astronauten, der vollen Sonnenstrahlung ausgesetzt.

Die Atmosphäre dämpft auch die Temperaturschwankungen, die sich sonst täglich durch die Erddrehung ergeben würden, wenn ein Teil der Erdoberfläche in den Schatten sinkt. Die Bedeutung dieses mä-

---

(SEITE 103): **Wüstenboden, der von Wasser bedeckt und dann von extremer Hitze ausgetrocknet wurde, zeigt häufig ein Muster geborstenen Schlamms mit Linien, so gerade, wie von Menschenhand gezogen.**

(SEITE 104–105): **Bodennebel beginnt, sich in der wärmer werdenden Luft des Frühlingsmorgens aufzulösen.**
(SEITE 106–107): **Ein warmer Dunst liegt über dem tropischen Regenwald im Monteverde-Nationalpark in Costa Rica.**

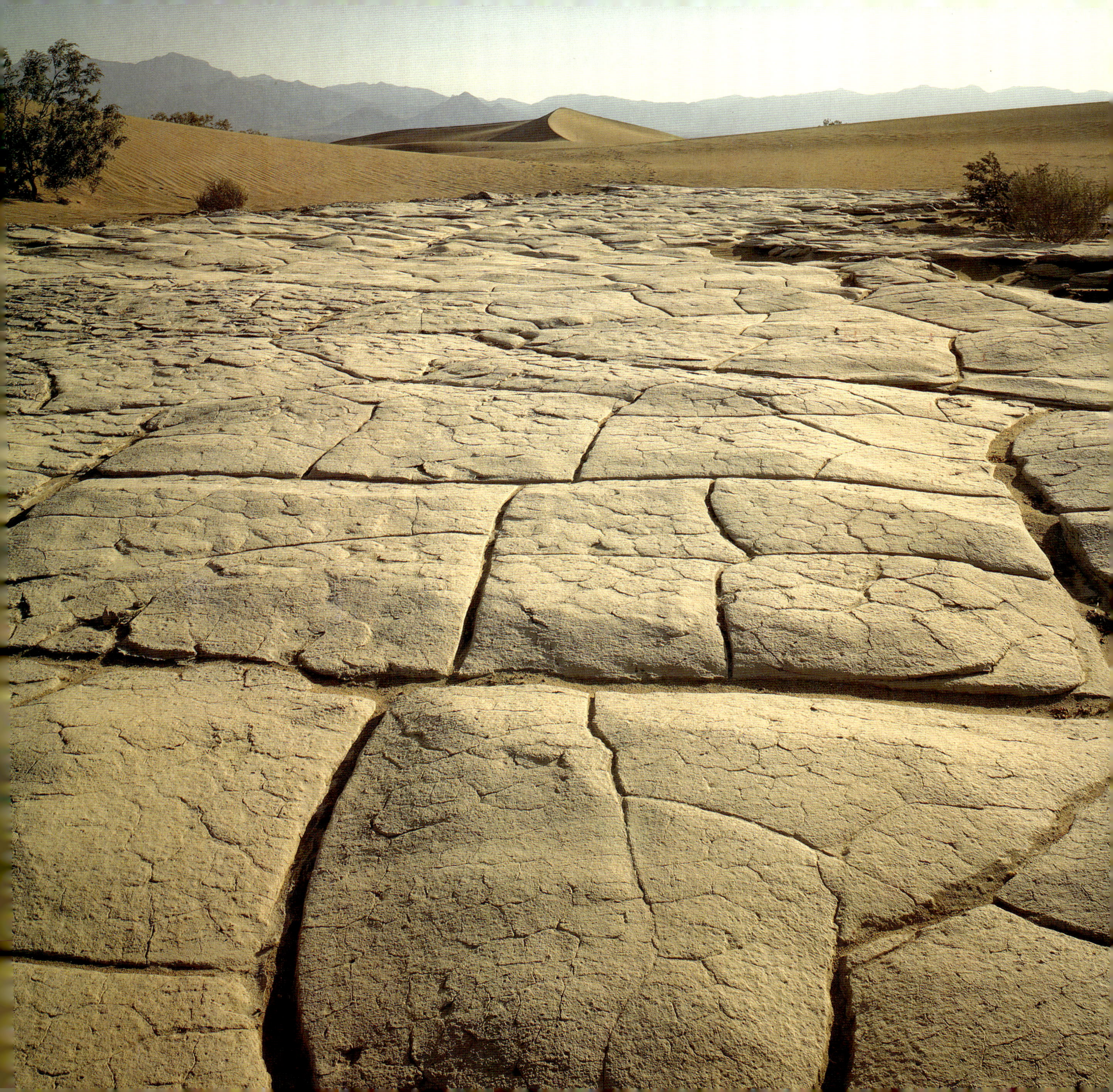

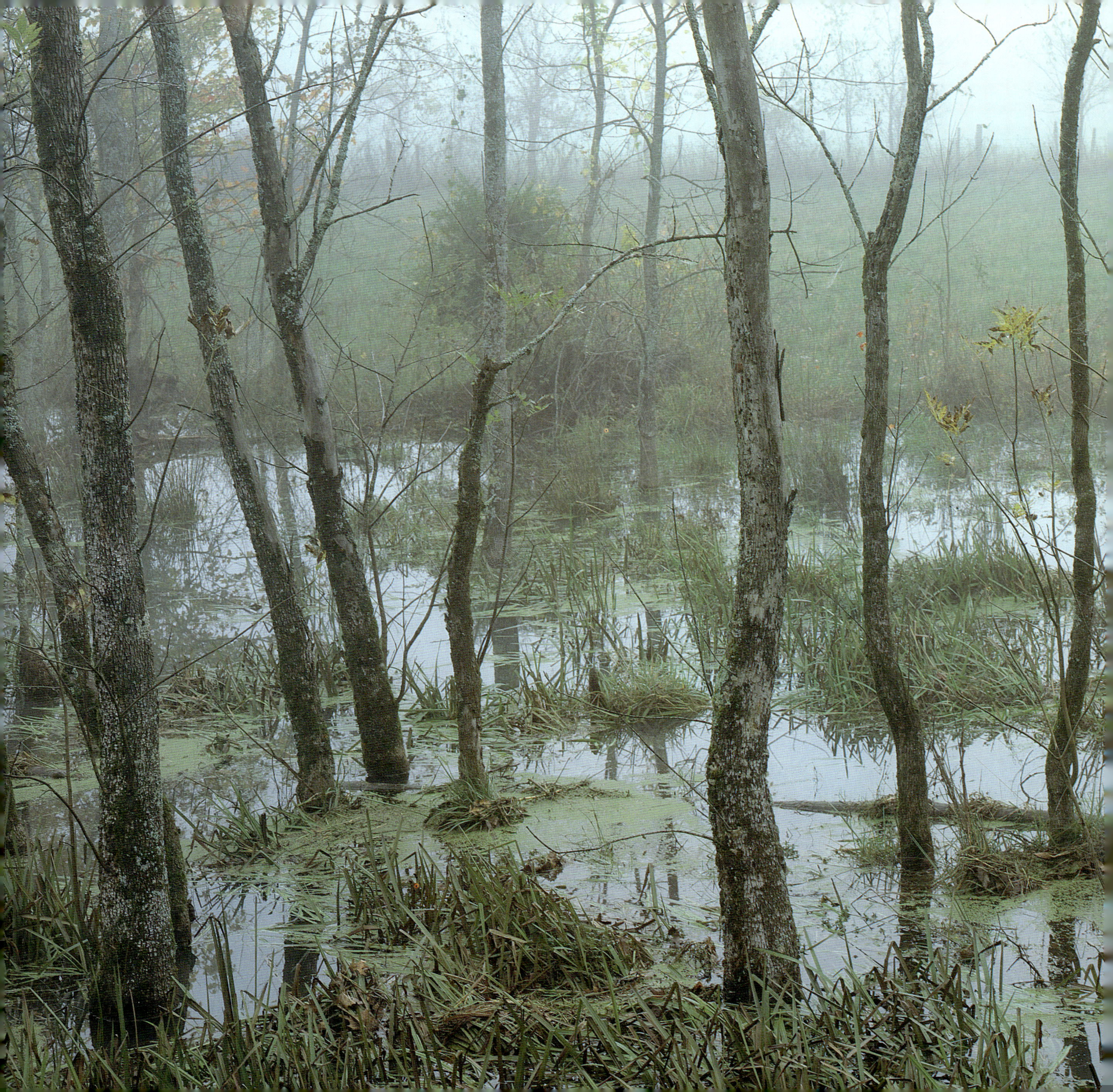

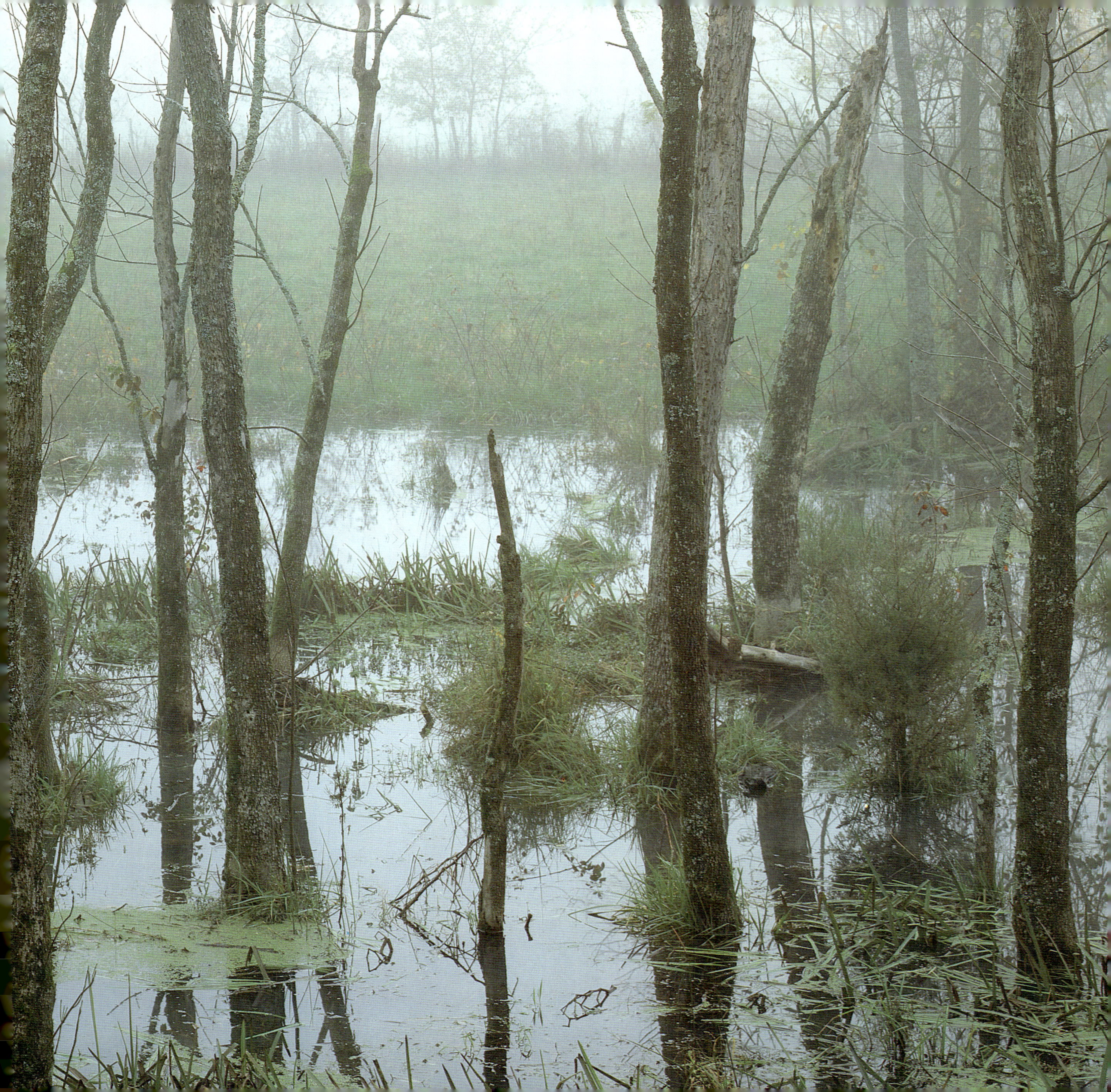

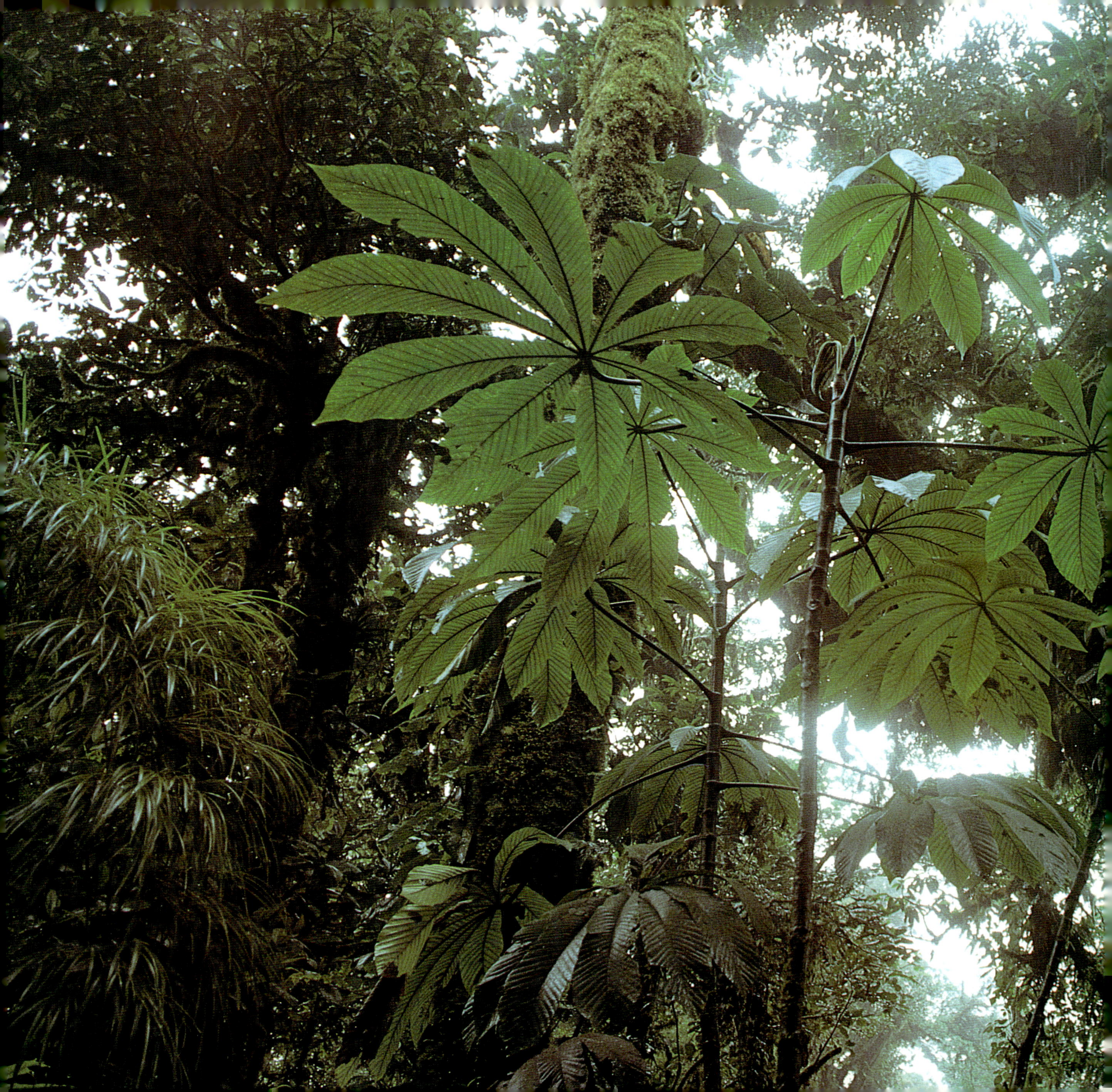

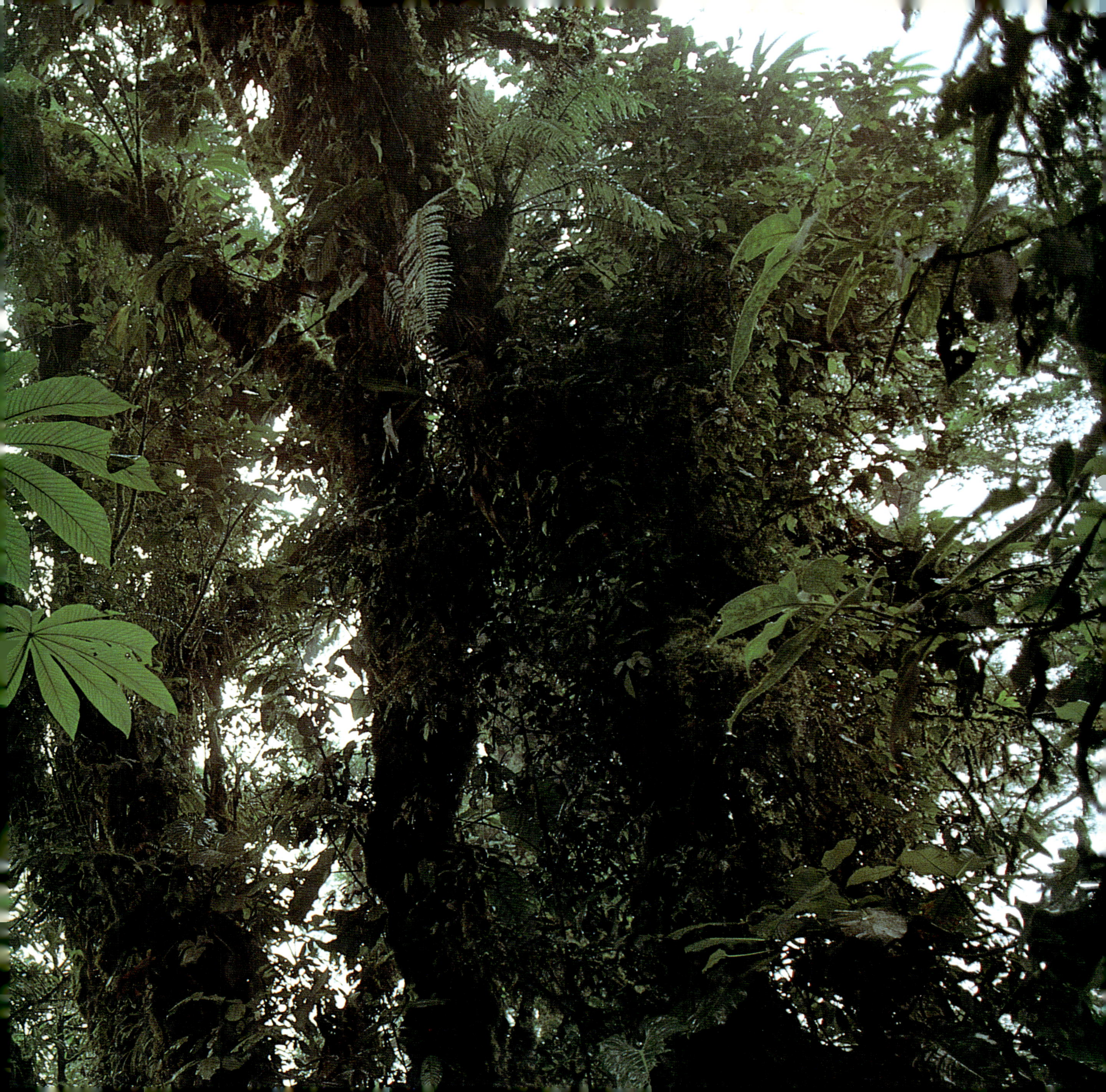

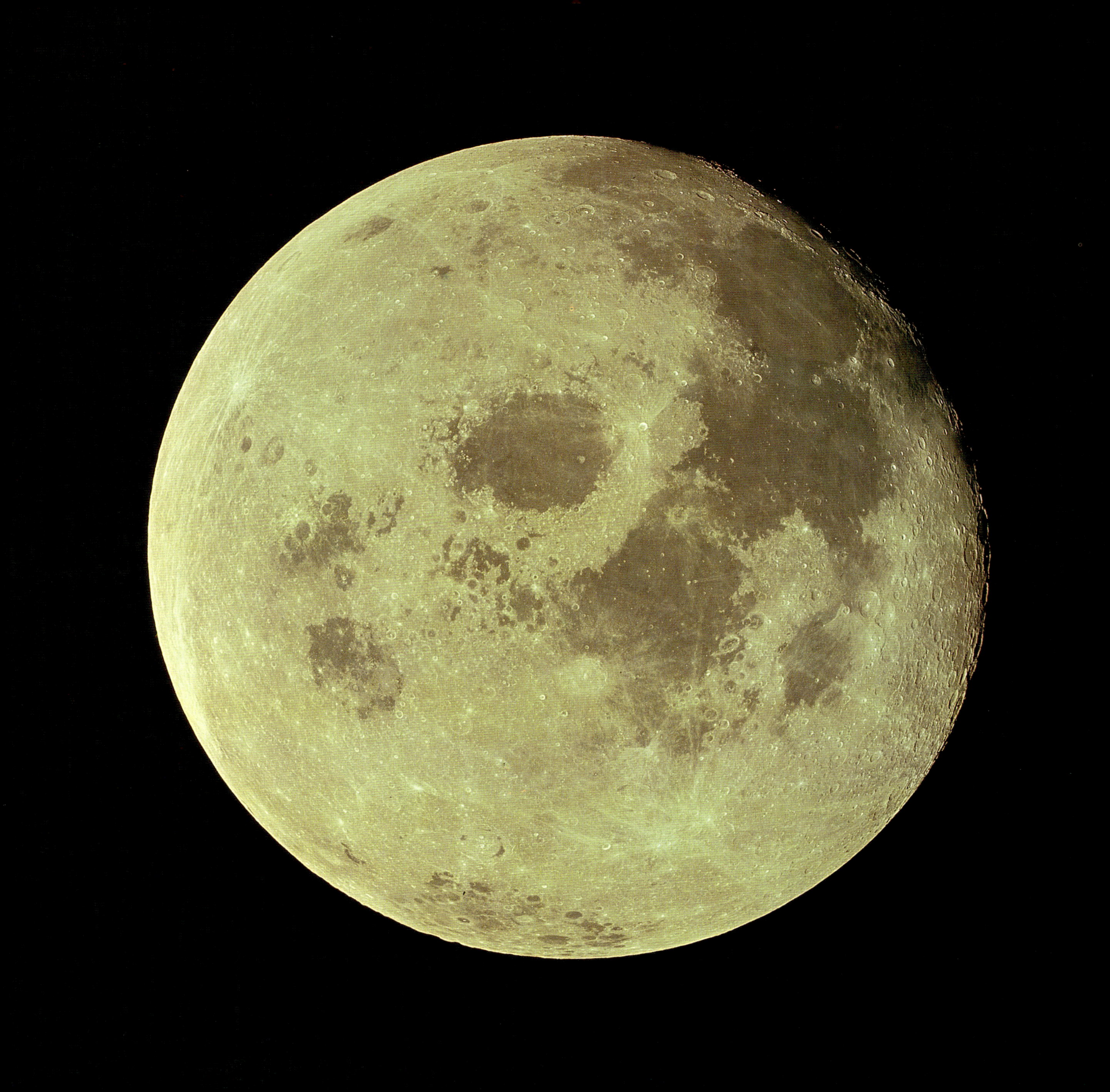

ßigenden Effekts können wir an der leblosen Mondoberfläche beobachten, über der es keine Atmosphäre gibt. Auf der Sonnenseite des Mondes beträgt die Mittagstemperatur 127 °C. Auf der dunklen Seite des Mondes, wo die Oberfläche vor der Sonneneinstrahlung geschützt ist, sinkt die Temperatur auf –153 °C. Das bedeutet eine tägliche Schwankung von über 280 °C.

Die höchsten Wärme- und Lichtgrade treten in der Nähe des Äquators auf, wo die Sonne häufig senkrecht steht. Die Polarregionen erreicht viel weniger Wärme, da die Sonnenstrahlen dort schräg einfallen und einen größeren Teil der Erdatmosphäre durchdringen müssen. Für beide Halbkugeln der Erde gilt, wenn im jeweiligen Sommer der Pol sich der Sonne zuneigt, erreicht mehr Wärme und Licht die höheren Breiten. Die andere Hemisphäre wird dann von schräg einfallenden Sonnenstrahlen erreicht, was wesentlich niedrigere Temperaturen zur Folge hat. Jede Oberfläche, die direkt der Sonnenstrahlung ausgesetzt ist, ohne den Schutz einer Wolkendecke, die die Wärme in die obere Atmosphäre oder in den Weltraum zurückstrahlt, erhitzt sich rascher und stärker als die umliegenden Gebiete. Auch ein Parkplatz heizt sich rascher auf als die benachbarten Wiesen oder Wälder. Diese und ähnliche Ungleichheiten führen dazu, daß die Wärme nicht gleichmäßig über die Erde verteilt wird.

Wenn die Moleküle der Atmosphäre die Sonnenenergie aufnehmen, wird ihre Bewegung rascher. Dadurch dehnen die Gase der Atmosphäre sich aus und verlieren an Dichte, und da weniger dichte Luft auch weniger wiegt als die umgebende Luft, beginnt erhitzte Luft zu steigen. Am Äquator aufgeheizte Luft steigt auf und fließt zu den Polen. Über der Erdoberfläche fließt kältere, schwerere Luft nach, um die in die Atmosphäre aufsteigende Luft zu ersetzen. Jede Oberfläche, die wärmer ist als ihre Umgebung, verursacht einen Luftauftrieb und das Herbeigleiten von kühlerer Nachbarluft, um die Lücke zu füllen. Ein kompliziertes Zirkulationssystem von aufsteigender Warmluft und herabsinkender Kaltluft verteilt die Wäme sowohl in der Atmosphäre als auch am Boden. Dieser endlose Wärmeaustausch in der Erdatmosphäre ist zum großen Teil für unser Wetter verantwortlich. Es wird allerdings nie gelingen, die Oberflächentemperaturen auszugleichen, da die Sonnenstrahlung immer einige Stellen stärker erhitzt als andere.

Die wärmsten Orte der Erde liegen nicht direkt auf dem Äquator, sondern nördlich und südlich davon. Auf diesen Streifen zu beiden Seiten des Äquators, ungefähr in der Region der sogenannten Roßbreiten, wo der Himmel nahezu immer klar ist und die Sonnenstrahlen ungehindert auf die Oberfläche treffen, liegen einige der größten Wüsten der Erde: die Sahara und die Kalahari in Afrika, die große Indische Wüste in Indien und Pakistan, das Empty Quarter in Arabien, die große Sandwüste Australiens und die Atacama in Chile. Hier finden wir die heißesten Temperaturen

(SEITE 108): Aus unserer Sicht wirkt der Mond kalt. Seine Oberfläche wird jedoch von keiner Atmosphäre vor den Sonnenstrahlen geschützt, so daß sie eine Temperatur von 127 °C erreicht.

(SEITE 110–111): Während der heißen Trockenzeit leisten die Elefanten in Botswana wie überall in Afrika den anderen Tieren einen lebenswichtigen Dienst, indem sie „Brunnen" graben, um an das Wasser zu kommen, daß sich selbst in Tümpeln und Sümpfen unter die Erde zurückgezogen hat.

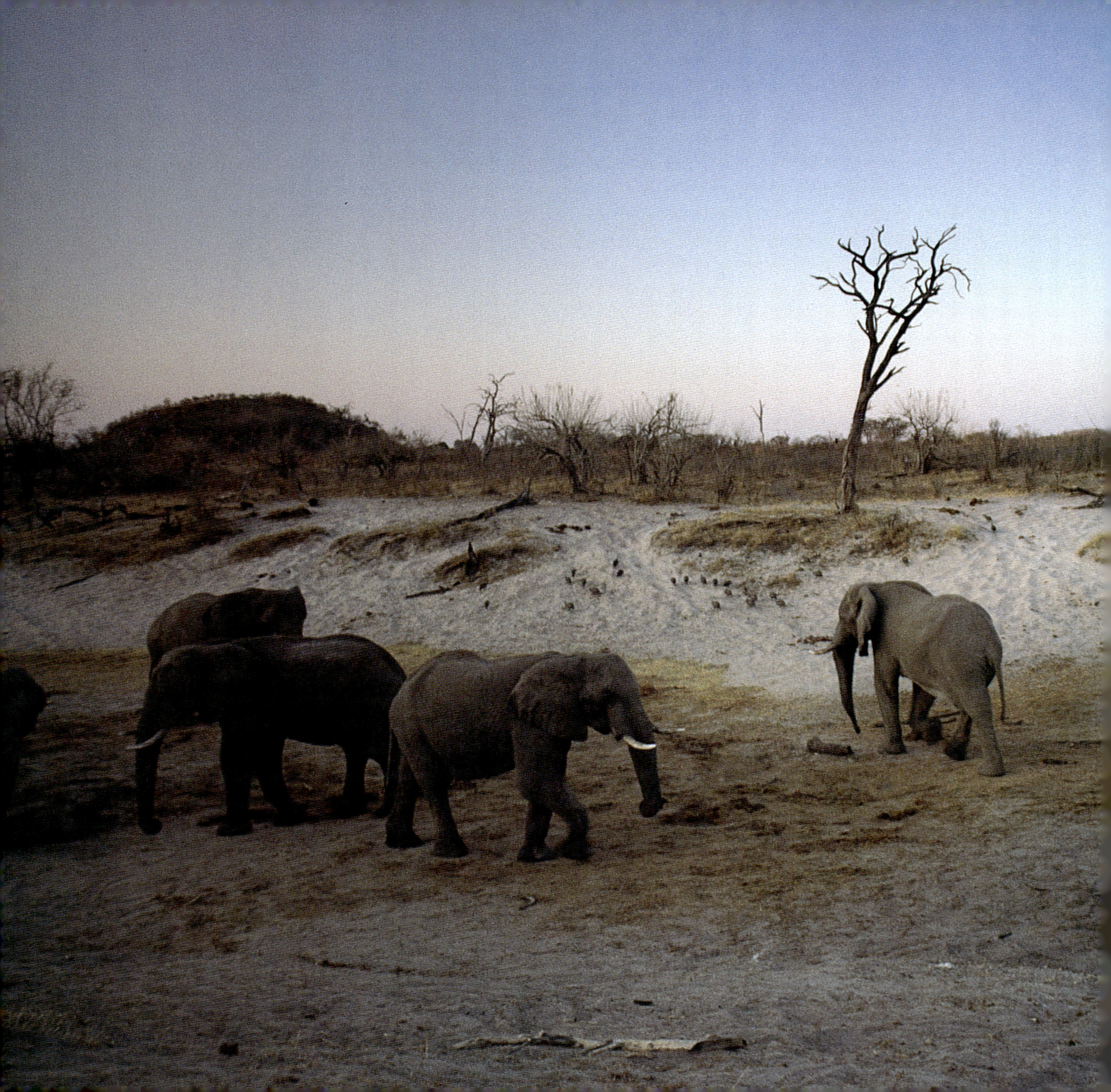

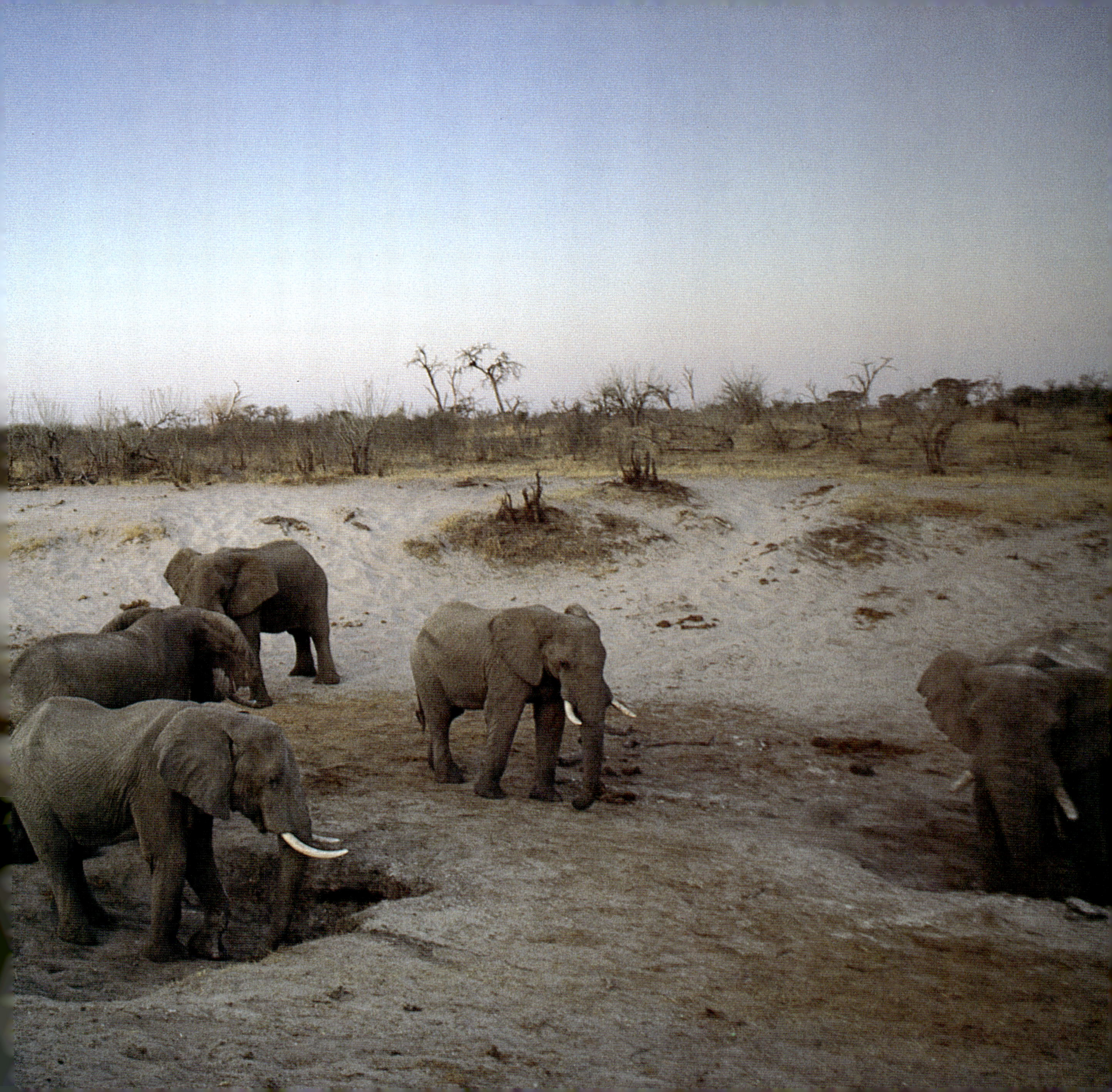

der Erde. Die höchste Temperatur, die je auf der Erde gemessen wurde, wurde mit 58 °C im Schatten am 13. September 1922 in Al'Aziziyah in Libyen in der Sahara, über 30 Grad nördlich vom Äquator, aufgezeichnet. Die höchste Messung in Nordamerika lag mit 57 °C im Death Valley, Kalifornien, am 10. Juli 1913 fast ebenso hoch. Die höchste Jahresdurchschnittstemperatur, 35 °C, finden wir in Dalul in der äthiopischen Danakil-Wüste, rund 15 Grad nördlich des Äquators.

So wie die wärmsten Orte der Erde nicht auf dem Äquator liegen, so finden wir die kältesten auch nicht an den Polen. Der Südpol liegt auf einem Kontinent, dessen Temperaturen nicht von nahegelegenen Meeren gemäßigt werden. Der kälteste Ort der Welt liegt auf dem hohen, eisigen Antarktis-Plateau zwischen Südpol und Indischem Ozean. An der Meßstation auf dem Plateau beträgt die jährliche Durchschnittstemperatur –57 °C. Auf diesem Plateau wurde auch die niedrigste jemals gemessene Temperatur aufgezeichnet: An der sowjetischen Station Wostok, rund 1300 Kilometer vom Südpol entfernt, wurden am 21. Juli 1983 –89 °C gemessen. Der Nordpol liegt nicht auf einem Kontinent, sondern über einem ewig gefrorenen Meer, dessen Wasser etwa –2 °C kalt ist. Doch sogar die niedrige Temperatur des Wassers reicht aus, um extreme Schwankungen am Pol zu verhindern. Die kälteste Temperatur, die je auf der nördlichen Halbkugel gemessen wurde, wurde am 5. und 7. Juli 1933 mit –68 °C im sibirischen Werkojansk und am 6. Februar desselben Jahres in Oimekon in Sibirien abgelesen.

Bei der Zirkulation der Luft um den Erdball kann es vorkommen, daß eine warme Luftschicht eine kältere Luftmasse überlagert, was eine Inversion zur Folge hat. Dies geschieht oft in klaren Nächten, wenn warme Luft vom Boden aufsteigt. Der dadurch abgekühlte Boden kühlt die ihn umgebende Luft, so daß kühlere Luft unter wärmeren Luftschichten liegt. Die Wärmeabgabe des Bodens beginnt nach Sonnenuntergang und setzt sich bei klarem Himmel die Nacht über fort. Bei einer Inversion ist die Luft recht stabil. Es findet nur wenig Austausch zwischen der warmen Schicht und der darüberliegenden kühleren statt. Das hat zur Folge, daß sich Rauch aus Schornsteinen und Auspuffrohren nicht verteilen kann und eine giftige Gasschicht bildet. Das Los-Angeles-Becken, Teile Arizonas, einige Täler in den Rocky Mountains und das Themse-Tal um London erleben häufig solche Inversionswetterlagen. Die meisten Inversionen verschwinden am nächsten Tag mit dem Temperaturausgleich, sie können jedoch manchmal tagelang anhalten. Dann kann die Luftverschmutzung gesundheitsgefährdende Ausmaße annehmen. Die schlimmste Inversions-Wetterlage entstand im Dezember 1952 in London, als der Nebel sich mit dem Schwefel des kalten Rauchs von verbrannter Kohle verband und eine dichte Smogdecke sich über das Land legte. Theaterbesucher sagten aus, sie hätten die Bühne nicht mehr sehen können. Flugzeuge mußten nach Instrumenten landen, mehrere Menschen fielen von den Docks im Hafen in die Themse und konnten nur schwer gefunden und gerettet werden. Als die Luft nach vier Tagen aufklarte, waren 4000 Menschen gestorben, und die Krankenhäuser waren voll mit Kranken, die an Asthma und Bronchitis litten. Eine andere Inversionslage, der „Große Smog" forderte 1948 in der Kohlestadt Donora nahe Pittsburgh, Pennsylvania, 2500 Kranke und 20 Tote.

(SEITE 113): **Der Südpol ist zwar der südlichste Punkt des Planeten, er weist jedoch nicht die kältesten Temperaturen auf. Diesen Rekord hält das zwischen dem Pol und dem Indischen Ozean liegende Hochplateau.**

GEOGRAPHIC SOUTH POLE
9,301' ELEVATION   AVE. TEMP -56°F
ICE THICKNESS IN EXCESS OF 9000'

Verwehtem Schnee in wärmeren Breiten ähnlich, ist das windzerfurchte Eis, oder *Sastrugi,* der Antarktis zwar reizvoll, aber auch trügerisch (OBEN).

Antarktischer Frühling: Wenn die Temperatur steigt, brechen Meeresströmungen und Wind das Eis am McMurdo-Sund in Platten (UNTEN).

Eisberge gibt es in der Antarktis ständig. Im Sommer jedoch geben das leicht erwärmte Wasser und die
Wellen den Eisbergen fantastische Formen (OBEN).

Den größten Teil des Jahres ist das Meer in polaren Zonen zugefroren. Außenposten und Forschungsstationen können
auf dem Wasserweg nur erreicht werden, wenn der Weg von Eisbrechern freigemacht wurde (UNTEN).

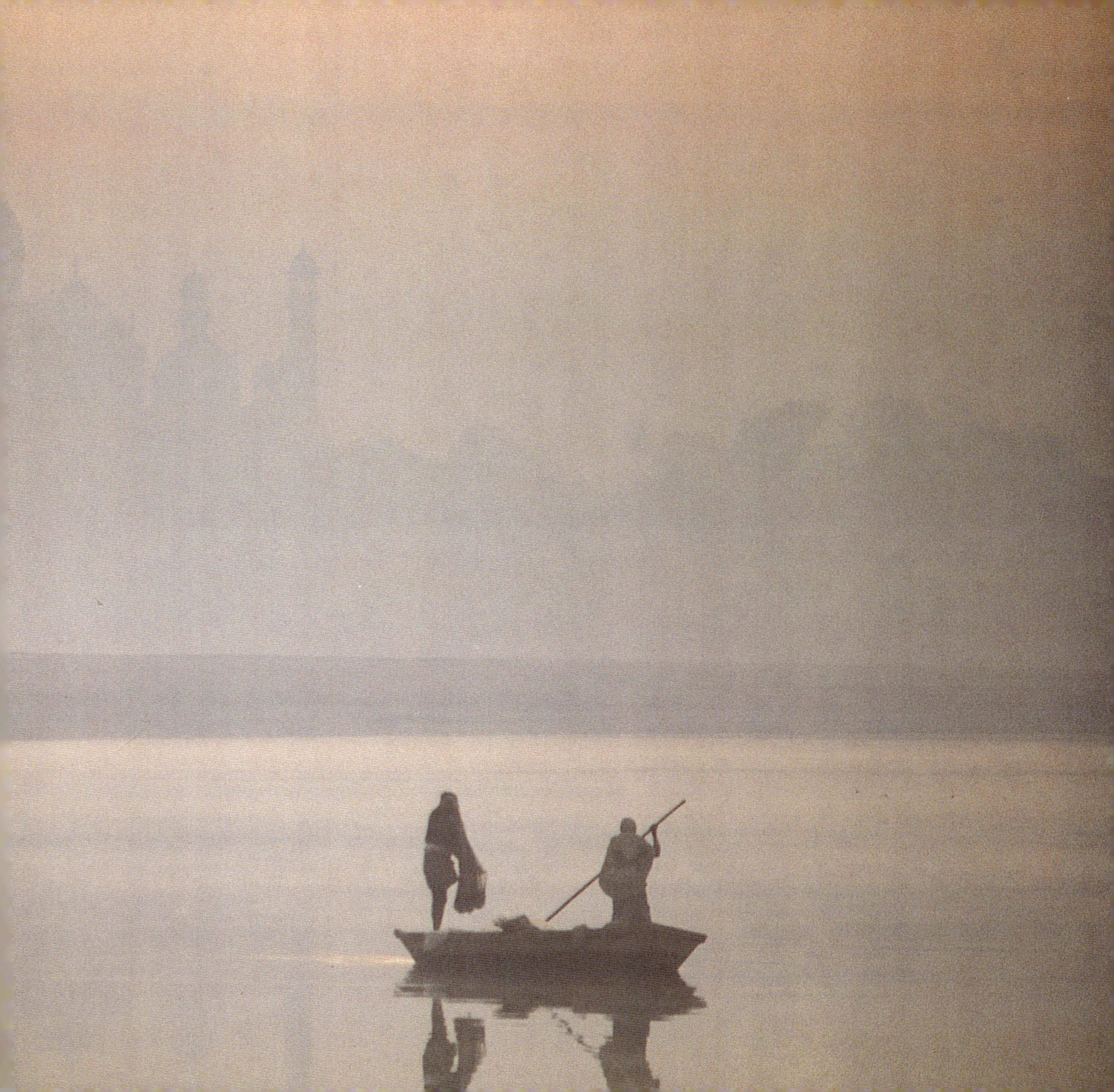

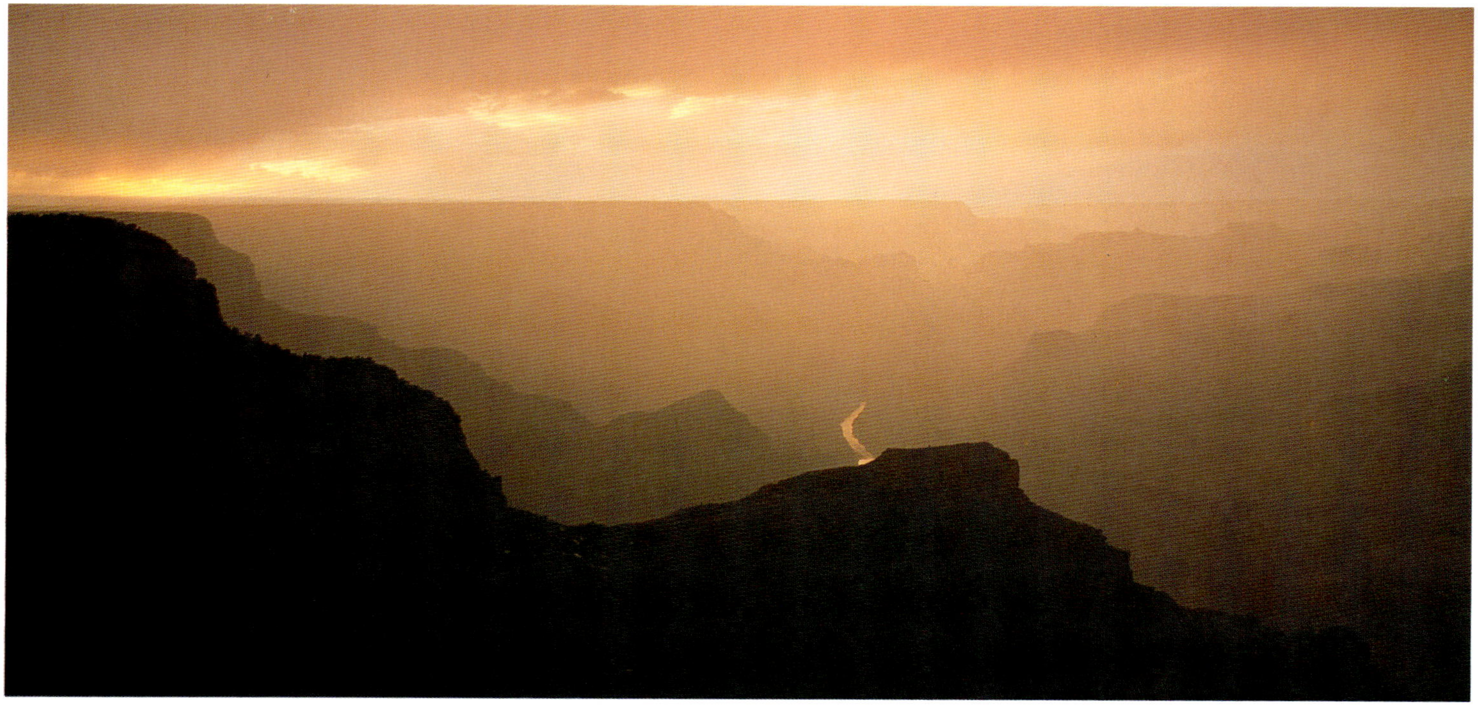

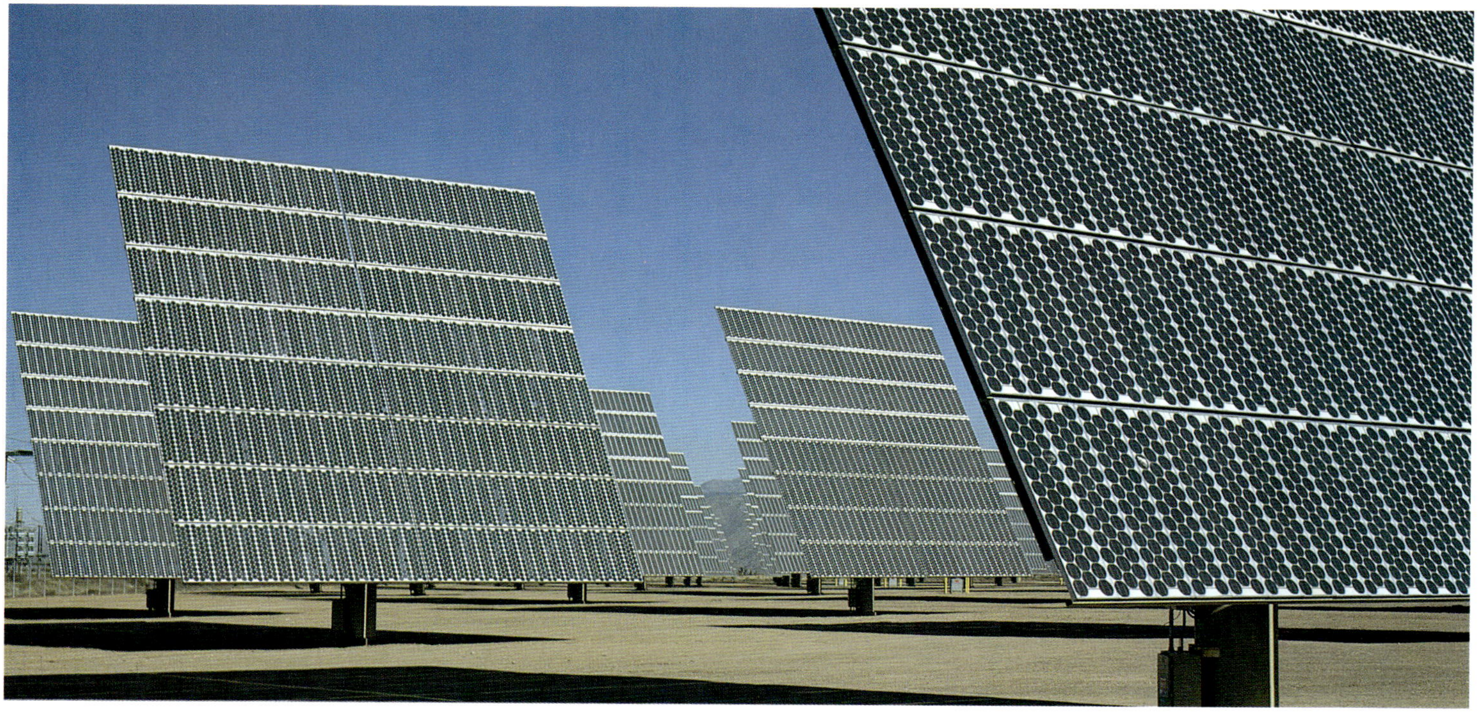

Einige Orte auf der Erde kennen nur geringe Temperaturschwankungen. In der Stadt Garapan auf Saipan, einer der nördlichen Marianen-Inseln, zeichnete man von 1927 bis 1935 die Temperatur auf. Im Verlaufe dieser 9 Jahre schwankte diese zwischen 31 °C am 9. September 1931 und 19 °C am 30. Januar 1934, also in einer Bandbreite von nur 12 °C.

An den meisten Orten sind die Schwankungen jedoch größer. So weist Werkojansk in Sibirien, die Stadt, in der die niedrigste je vorgekommene Temperatur gemessen wurde, noch eine weitere Besonderheit auf: Die wärmste dort je gemessene Temperatur betrug 36 °C, während die kälteste Temperatur −68 °C betrug, was zu der größten je auf der Erde gemessenen Schwankung von 104 °C führt. Den 24-Stunden-Schwankungsrekord hält die Stadt Browning in Mon-

(OBEN): In kühler Luft bildet der Wasserdampf, der aus einem Atomkraftwerk entströmt, hohe Rauchsäulen.

(SEITE 118 OBEN): Sogar im heißen, trockenen Arizona können die Nächte kalt werden. Dann stehlen sich die Nebel vom Colorado River in den Grand Canyon.

(SEITE 118 UNTEN): An einigen Orten, wie hier im Kraftwerk in Victorville, Kalifornien, wird die Sonnenenergie aufgefangen, bevor sie zurück in den Himmel abstrahlen kann. 960 000 Zellen auf 108 Tafeln speichern Sonnenenergie für den menschlichen Bedarf.

(SEITE 116–117): Durch eine Inversionswetterlage am Boden festgehaltener Smog verbirgt fast die Türme und Kuppeln des Tadsch Mahal im indischen Agra.

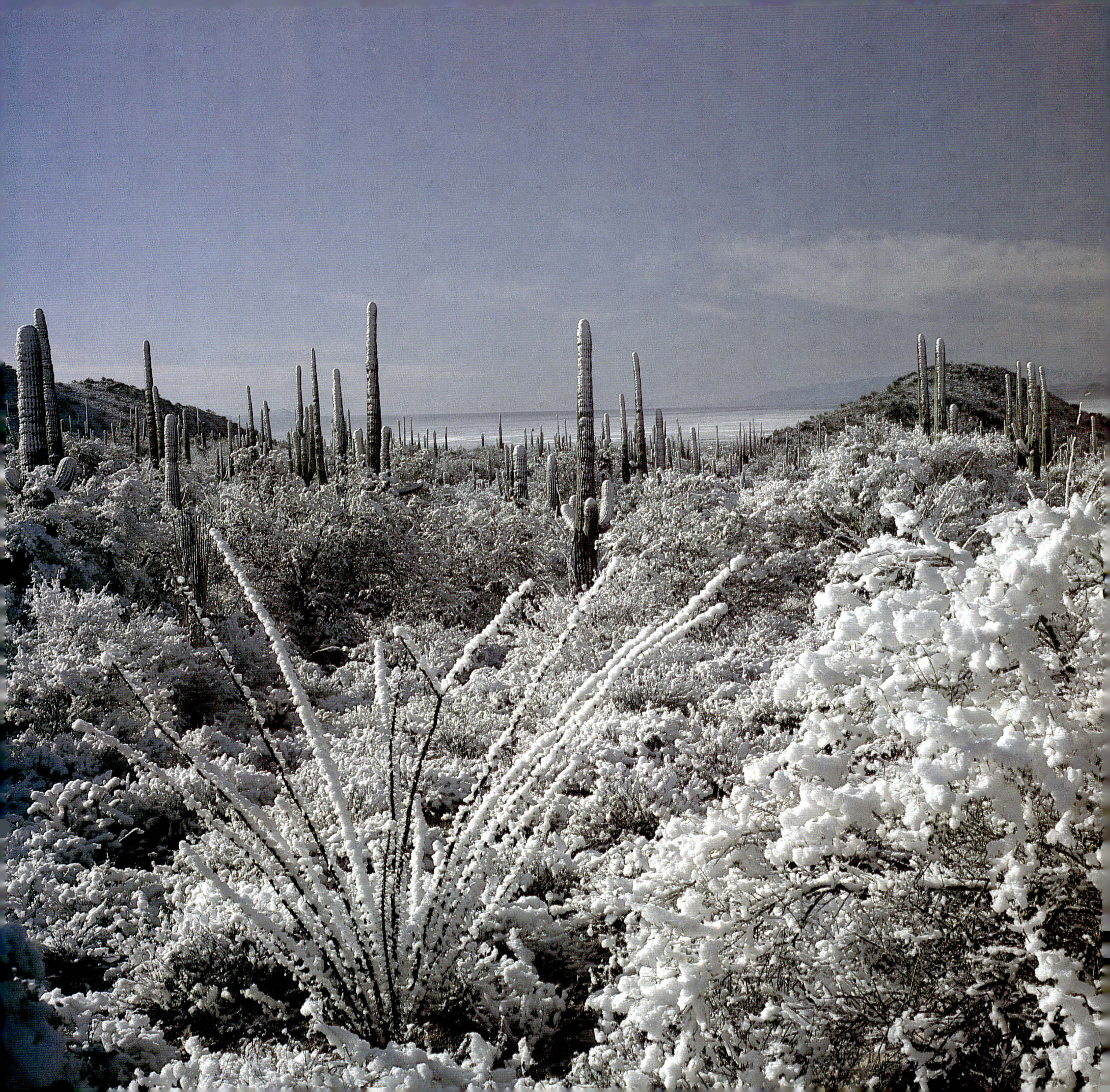

tana, Hauptort der Schwarzfuß-Indianer-Reservation. Am 23. Januar 1916 zeigte das Thermometer mäßige 6 °C. In der Nacht brach eine starke Kältewelle aus Norden herein. Im Morgengrauen zeigte das Thermometer −49 °C. In weniger als einem Tag war die Temperatur um 55 °C gefallen, eine Schwankung, wie sie niemals wieder irgendwo auf der Erde gemessen wurde.

Obwohl extreme Temperaturschwankungen und starke Hitze oder Kälte die Gesundheit des Menschen gefährden können, hält das Abwehrsystem des menschlichen Körpers diesen auf einer normalen Temperatur von etwa 37 °C. Unser Körper reagiert auf Kälte mit Frösteln: Die Muskeln ziehen sich rasch zusammen, um Wärme zu erzeugen, während sich die Blutgefäße der Haut zusammenziehen, um den Wärmeverlust zu verringern. Bei großer Hitze steigt die Schweißproduktion, deren Verdampfung die Haut abkühlt. Ungeachtet der dramatischen Extreme und Schwankungen der Temperatur auf der Erde und des Kommens und Gehens von Hitzewellen und Kälteeinbrüchen schwankt das Thermometer normalerweise in einer Bandbreite, an die die Menschen und alle anderen Lebewesen angepaßt sind.

(OBEN): Auch wenn dieser Hirsch im Herbst aus dem windigen Hochland heruntersteigt, ist er damit dem harten Winter noch nicht entgangen. Er muß weiterhin die Hufe zu Hilfe nehmen, um unter dem Schnee Nahrung zu finden.

(SEITE 120): Zuweilen fällt in der Sonorawüste in Arizona Schnee, der die Kakteenlandschaft in leuchtend weiße Gärten verwandelt. Dieser Schnee schmilzt für gewöhnlich rasch, ohne den Pflanzen zu schaden.

6
Wenn trockene Blätter fliegen: Winde und Stürme

Während die Erde sich um ihre Achse dreht, erzeugen ihre Rotation und die von der Sonne aufgeheizte Atmosphäre ein globales System bewegter Luft, ein gigantisches Windsystem. Beidseits des Äquators, wo erhitzte Luft aufsteigt und polwärts fließt, erstreckt sich eine Zone niedrigen Luftdrucks und hoher Feuchtigkeit um den Erdball – der Kalmengürtel. Diese schwüle Luft wird dann und wann durch eine laue Brise bewegt, meistens liegt sie jedoch tage- und wochenlang ohne einen Hauch. Der Sage nach lag hier „träge wie ein gemaltes Schiff auf einem gemalten Ozean" Coleridge's Barke des alten Schiffers in der Flaute, als Strafe, weil er einen Albatros getötet hatte.

Dieses Unglück wäre dem alten Schiffer erspart geblieben, wenn er nur ein wenig weiter nach Norden oder Süden, um den 30. Breitengrad herum gelegen hätte. Hier wehen mehr oder weniger stet die Passatwinde aus Nordost auf der nördlichen und aus Südost auf der südlichen Halbkugel. Diese Passatwinde nähren sich aus der am Äquator aufsteigenden Luft, die nach dem Abkühlen wieder herabsinkt und die Luft ersetzt, die sich ebenfalls durch die Sonneneinstrahlung erwärmt hat und aufsteigt. Das Schiff wäre mit dieser zuverlässigen Brise, die manche tropische Insel kühlt und Schiffe vorantreibt, gut vorangekommen.

Nicht weit davon, zwischen dem 30. und 35. Breitengrad, wäre er allerdings in einen anderen Flautengürtel geraten, den wir als Roßbreiten kennen. Hier sinkt die Luft, die die Passatwinde speist, zur Erde, der Luftdruck ist dementsprechend hoch, und die wenigen Winde sind schwach und umlaufend. Die Herkunft des Namens Roßbreiten ist umstritten. Man sagt, er komme von den Pferden, die auf den Schiffen, die in diesen Breiten in der Flaute lagen, verdursteten und über Bord geworfen wurden, bevor die Schiffe die Westindischen Inseln erreichten.

Hätte Coleridge's Schiffer die Region nördlich des 35. Breitengrades erreicht, wäre er in eine Zone starker Westwinde geraten und hätte rasch nach England zurücksegeln können, um seine traurige Geschichte zu erzählen. Diese zwischen dem 35. und 60. Grad nördlicher wie südlicher Breite vorherrschenden Westwinde werden durch die Coriolis-Kraft vorangetrieben, welche die Winde nach Osten zur Bildung der po-

---

(SEITE 123): Auf einem der bekanntesten Bilder vom Dust Bowl bringt sich ein Farmer mit seinen Söhnen in Sicherheit vor der Heimsuchung durch die vom Winde verwehte Ackerkrume in Cimarron County, Oklahoma.

(SEITE 124–125): Am White Sands National Monument in New Mexiko entreißt der Wind einer Düne eine Wolke von Sand. Zwar wird dabei nur eine geringe Menge Sand bewegt, mit den Jahrhunderten jedoch kann so eine Sanddüne meilenweit wandern.

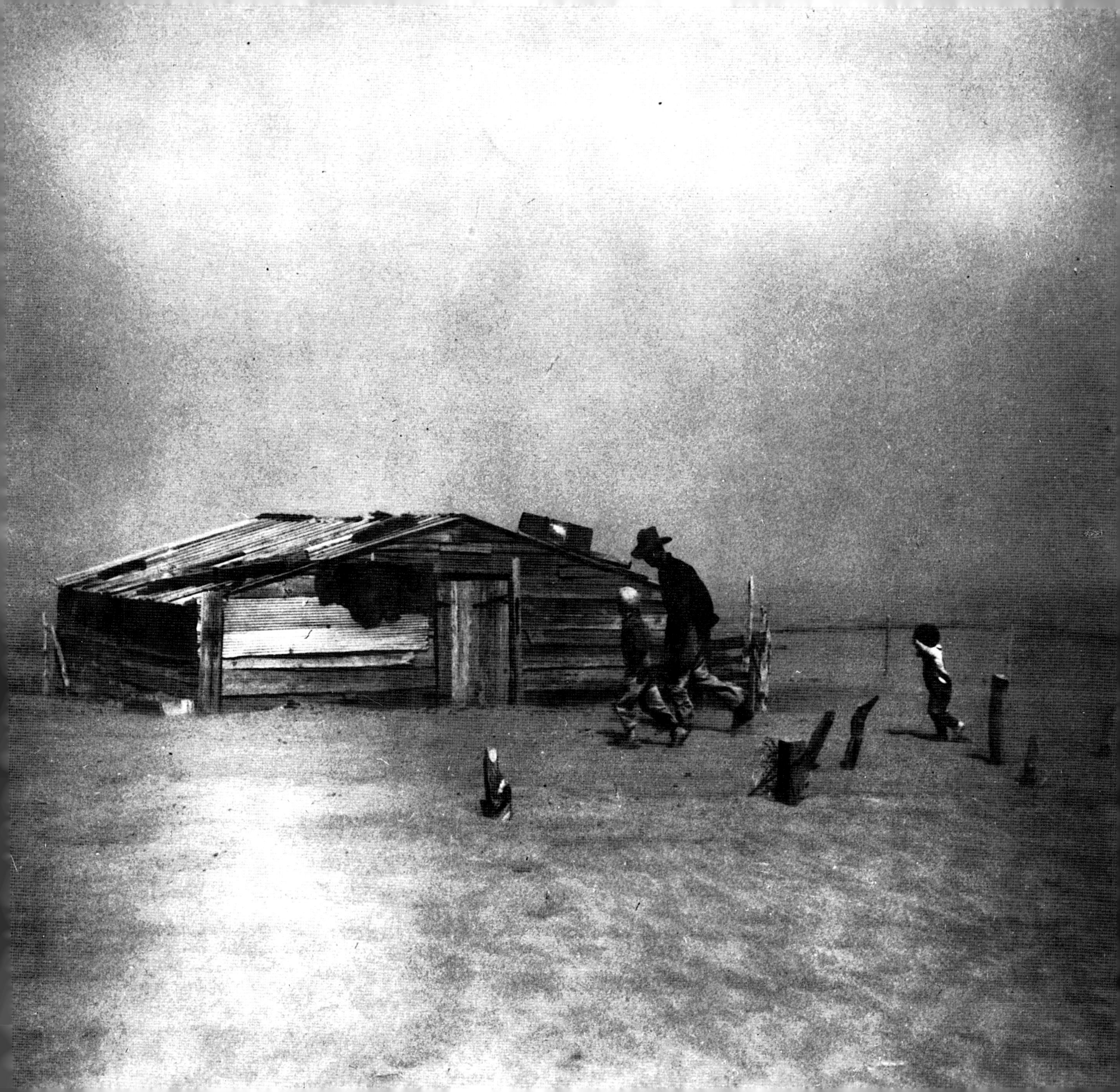

laren Jetstreams treibt, während sich die Erde nach Westen dreht. Die in niedrigeren Höhen wehenden Winde sind auf der südlichen Halbkugel für gewöhnlich stärker und beständiger als die auf der nördlichen, da sie nicht von starken Landmassen beeinträchtigt werden. Die stetigen Winde auf der Südhalbkugel nennt man die Roaring Forties. In den Polarregionen jenseits der vorherrschenden Westwinde neigt der Wind dazu, sich nach Osten zu wenden – im Uhrzeigersinn auf der nördlichen und entgegengesetzt dem Uhrzeigersinn auf der südlichen Halbkugel – da über beiden Polen normalerweise ein starkes Hochdruckgebiet herrscht. Diese polaren Hochs nennt man arktisches bzw. antarktisches Hoch. Am Rande eines antarktischen Hochs traf der alte Schiffer auf den für ihn so verhängnisvollen Albatros.

Diese Winde und Flautengürtel begründen das allgemeine Zirkulationssystem der Erdatmosphäre, das jedoch lediglich „vorherrschend", keineswegs „immerwährend" ist. Zahlreiche geographisch und jahreszeitlich bedingte Winde beeinflussen dieses allgemeine Schema. Eine Reihe davon findet man in der Region der vorherrschenden Westwinde. Einer der bekanntesten ist der *Mistral*, ein kalter, böiger, alpiner Wind, der das Rhônetal herunterfegt und mit bis zu 150 km/h über die Französische Riviera hereinbricht. Ein anderer Gebirgswind ist die *Bora*, deren Name sich von Boreas, dem griechischen Gott des Nordwindes, ableitet. Als scharfer, kalter Winterwind stürmt die Bora von den Ostalpen herab nach Dalmatien und an die Ostküste Italiens, begleitet von sturzartig sinkenden Temperaturen, Schnee und schwerer See in der Adria.

In Nordamerika ist der *Chinook* der bekannteste Wind, ein plötzlicher warmer Wind, der von den Osthängen der Rocky Mountains herunter über die Great Plains fegt. Im Winter wird der Chinook gewöhnlich wegen seiner Wärme, die von seinem raschen Fall und fehlender Feuchtigkeit herrührt, begrüßt. Die Winter-Chinooks nennt man auch „Schneefresser", die oft tatsächlich zu dramatischen Temperaturschwankungen führen. Als am Morgen des 22. Januar 1943 ein Chinook ohne vorherige Warnung über Spearfish, Süddakota, herfiel, stieg die Temperatur in unglaublichen zwei Minuten von –20 °C auf 7 °C. Ein ähnlicher, Föhn genannter Wind, kann zu jeder Jahreszeit aus den Alpen herabfegen. Er ist so trocken, daß das Obst an den Bäumen verdorrt, wenn er vorüberweht, und in einigen Dörfern der Schweiz das

Reizvoller läßt sich die Wirkung des Windes kaum beobachten, als wenn er Wolken von Schnee über Berggipfel treibt.

Rauchen verboten ist, um das Risiko von Waldbränden zu verringern.

Viel differenzierter sind die indischen Monsunwinde. Während des Winters bläst ein starker, trockener Nordostwind aus einem Hochdruckgebiet über Sibirien herab. Im Sommer weht ein anderer, diesmal mit Feuchtigkeit aus dem Indischen Ozean geladener Wind zurück aus Südwest und bringt schwere Regenfälle nach Südasien. Beide Winde heißen Monsun, da man ehemals annahm, es handle sich um ein und denselben Wind, der mit den Jahreszeiten seine Richtung wechselt.

Winde, die nicht in alpinen Regionen entstanden sind, verdanken ihre Existenz der Abwesenheit von Gebirgen. In den Great Plains gibt es kein Hindernis zwischen der Arktis und Texas. Wenn sich eine Kaltluftmasse aus Kanada heranwälzt und von keinem Hindernis, das größer als ein Zaunpfahl ist, gebremst wird, heißt sein eisiger Wind Nordwind. Im Frühling treiben Tiefdruckgebiete im Mittelmeerraum den heißen, staubigen Wind der Sahara an die Küste. Dieser allgemein als Schirokko bekannte Wüstenwind heißt in Marokko *Leveche*, in Spanien *Levante*, in Ägypten *Khamsin* und in Israel *Sharav*. Gebärdet er sich besonders schlimm, nennen die Araber ihn *Samum*, was soviel bedeutet wie „Vergifter". Gelegentlich kann dieser Wind heftige Staubstürme bis in den Norden Südeuropas tragen.

Diese ortsgebundenen Winde sind zuverlässig, wenn auch unerfreulich. Noch viel unerfreulicher sind allerdings bestimmte zyklonische Winde. Unter entsprechenden Umständen können diese unzuverlässigen Winde größte Zerstörungen anrichten. Der schlimmste von ihnen ist der Hurrikan.

Paradoxerweise entstehen Hurrikans in dem Kalmengürtel, wo meistens völlige Windstille herrscht. Warme, feuchte Luft steigt vom Erdboden auf und macht dabei Platz für rasch nachrückende kühlere Luft. Diese kühlere Luft bewegt sich in nach innen gerichteten Spiralen – gegen den Uhrzeigersinn auf der nördlichen, im Uhrzeigersinn auf der südlichen Halbkugel. Ausschließlich Meerwasser, das wärmer als 27 °C ist, bringt die zur Bildung solcher Spiralbewegungen erforderliche Energie auf. So warmes Wasser findet man gewöhnlich nördlich des Äquators zwischen Mai und November und südlich des Äquators während der anderen Jahreshälfte. Auf der nördlichen Halbkugel kommen solche Zyklone gewöhnlich im September vor. In diesem frü-

Auch wenn er im Vergleich zu den gigantischen Staubstürmen im Mittelwesten Amerikas in den 30er Jahren eher bescheiden wirkt, kann dieser Staubsturm in Südmarokko seine feinen Körnchen immer noch bis nach Südeuropa schicken.

hen Stadium nennt man einen solchen Zyklon tropische Störung, und stets treiben zahlreiche tropische Störungen sich langsam drehend im Kalmengürtel umher. Anders als bei Zyklonen in gemäßigten Zonen begleitet keine Front die Entstehung solcher subtropischer Zyklone. Ohne begleitende Front bleiben Temperatur, Luftdruck, Wolkendecke und Windgeschwindigkeit rund um das Zentrum einer tropischen Störung unverändert, während sie majestätisch über dem Wasser kreist. Auf Satellitenfotos erscheint eine tropische Störung als dichtes, mehr oder weniger kreisförmiges Wolkenmuster.

Die meisten tropischen Störungen lösen sich in der schwachen Luftströmung über dem Kalmengürtel wieder auf. Wenn dies jedoch nicht geschieht, beginnt eine tropische Störung unter dem Einfluß der Passatwinde nach Westen zu treiben. Von den warmen Meeren, die sie überquert, mit Energie versorgt, beginnt sie zu wachsen. Ihr Durchmesser, die Wolkendecke und die Windgeschwindigkeit nehmen zu, der Luftdruck in ihrem Zentrum sinkt. Wenn dieser Luftdruck so niedrig ist, daß eine oder mehrere Isobarenlinien, die auf der Wetterkarte Zonen mit demselben Luftdruck verbinden, geschlossene Kreise bilden, wird die tropische Störung zu einem Tiefdruckgebiet. Noch liegt die Windgeschwindigkeit eines tropischen Tiefs unter 55 Stundenkilometern.

Das wachsende tropische Tief wandert nach Westen oder Norden. Überschreitet seine Geschwindigkeit 55 Stundenkilometer, wird es als tropischer Sturm eingeordnet. Nun wachen bereits seit einiger Zeit die Meteorologen über seinen Verlauf. Starke Winde kreisen um dieses geschlossene Sturmsystem. Hohe Wolkenbänke bauen sich um sein Zentrum auf. Auf dem Satellitenfoto erkennt man ein klares Spiralmuster. Ein solcher tropischer Sturm zeigt bisweilen eine offene Stelle – das Auge – im Zentrum. Da tropische Stürme oft großen Schaden anrichten, geben die meisten Regierungen Sturmwarnung. Die meisten dieser Stürme flauen jedoch ab und verschwinden, wenn sie weiter nach Norden über kälteres Wasser ziehen oder an die Küste gelangen. Einige jedoch nehmen weiter an Größe und Windgeschwindigkeit zu, und wenn die Winde im Zentrum eines solchen Systems 120 Stundenkilometer erreichen, ist der Sturm „da". Nun ist er ein riesiger Wirbel von gefährlichen Winden, ein Hurrikan.

Da Hurrikans aus Störungen entstehen, die sich über den warmen äquatorialen Meeren bilden und nach Westen wandern, kommen sie am häufigsten im Westatlantik, Westpazifik und den tropischen Gegenden des Indischen Ozeans vor. Einige bilden sich auch im Ostpazifik über den warmen Wassern vor der Küste Mexikos. Nun nimmt der Sturm den Weg zu den Westindischen Inseln, woher das Wort *Hurrikan* ursprünglich stammt, ins Chinesische Meer, wo er *Taifun* heißt, zu den Philippinen, wo man den Hurrikan als *Baguio* kennt, nach Japan, wo sie ihn *Reppu* nennen, oder an die Küste des Indischen Ozeans, wo die allgemeine Bezeichnung *Zyklon* seit 1856 gebräuchlich ist. In Australien, wo Hurrikans gegen Ende des Sommers der südlichen Halbkugel vorkommen, heißen sie „Willy-Willies". Unter welchem Namen auch immer, stets ist ein Hurrikan ein ungeheures und gefährliches Wettersystem – der zerstörerischste Sturm der Erde.

Nach ihrer Westwanderung drehen die meisten Hurrikans der nördlichen Halbkugel nach Norden, wenn sie die Zone der Passatwinde verlassen. Die im Westatlantik entstandenen wandern für gewöhnlich in die Karibik und richten Verwüstungen auf den Kleinen Antillen an, die auf einer Nord-Süd-Linie direkt auf dem

(SEITE 129): Satelliten sind nicht nur hilfreich bei der Vorhersage des Verlaufs und der Geschwindigkeit von Hurrikans, sie haben auch erheblich zum Verständnis der physikalischen Eigenschaften dieser Sturmungeheuer beigetragen. Diese Satellitenfotos der NASA zeigen Hurrikans in verschiedenen Stadien sowie aus unterschiedlichen Positionen und Entfernungen.

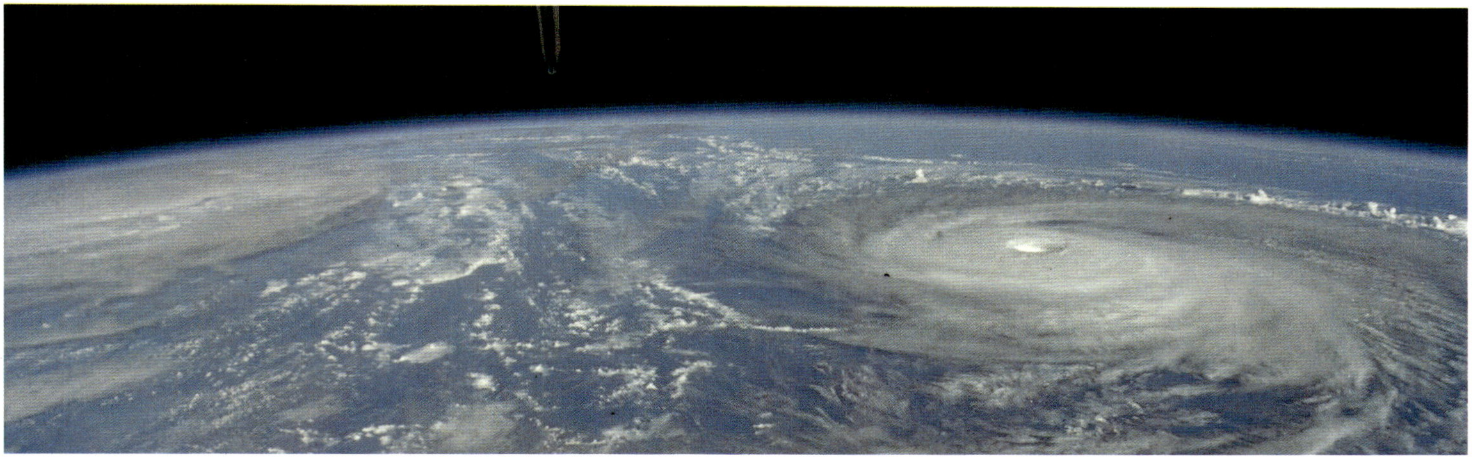

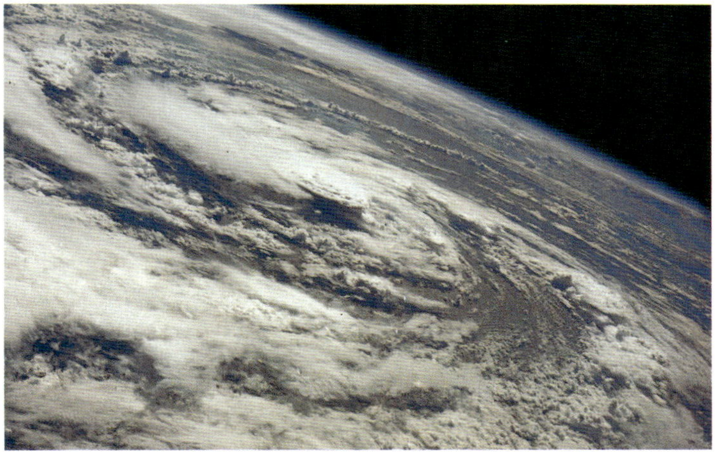

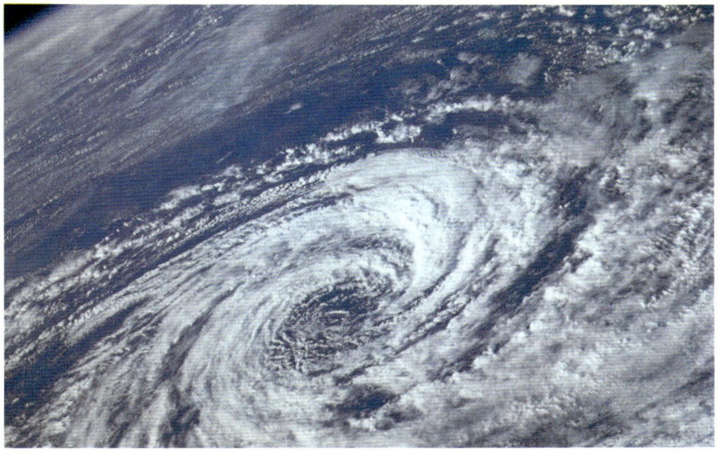

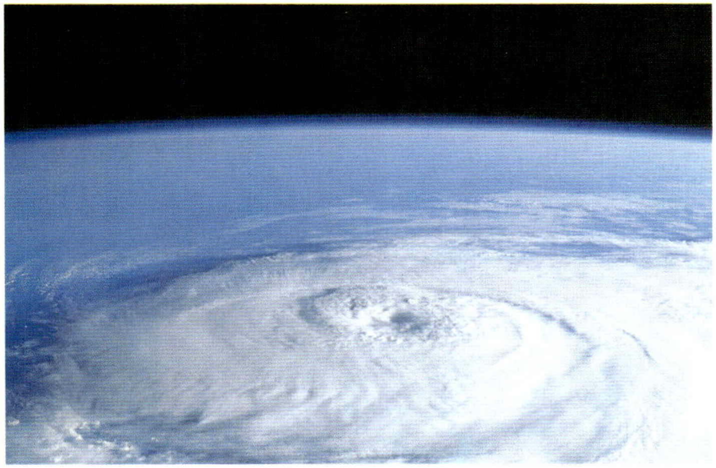

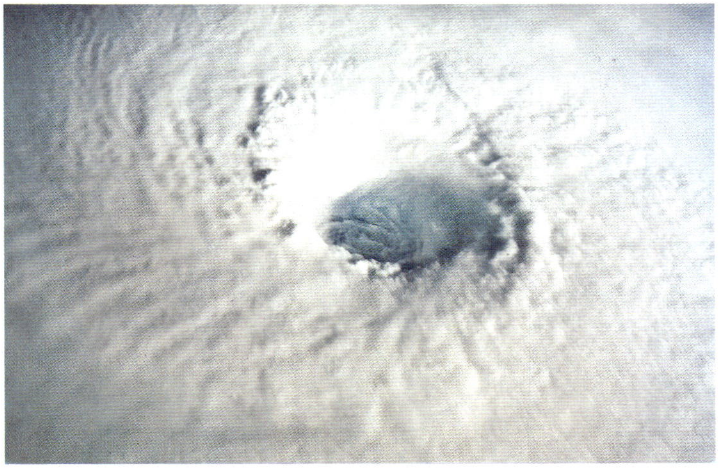

Wege der meisten dieser ungeheuren Stürme liegen. Ihr Durchmesser kann 500 Kilometer erreichen. Das Auge eines solchen Hurrikans, wo der Luftdruck am niedrigsten ist, kann einen Durchmesser von 40 Kilometern haben. Die das Auge umgebende Wolkenwand kann bis zu 17 Kilometer hoch werden. Es werden Windgeschwindigkeiten von über 250 Stundenkilometern gemessen. Baumkronen werden gekappt, Dächer, Fenster und Türen weggeblasen, kleine Gebäude dem Erdboden gleichgemacht. Allem, was sich höher als 5 Meter über dem Meeresspiegel und weniger als 170 Meter von der Küste entfernt befindet, droht die Zerstörung. Dabei resultiert ein Großteil der Zerstörung durch einen Hurrikan aus den ungewöhnlich hohen Gezeiten und der Wasserwand, die sich mit dem Sturm dem Lande nähert. Solche Hurrikan-Wogen können über 5 Meter hoch sein, und in Küstengebieten können die Fluten bis zu mehreren Meilen landeinwärts Verwüstungen anrichten. Sintflutartige Regenfälle kommen zu der Flut hinzu, spülen Brücken, Städte und Dörfer weg und verursachen verheerende Erdrutsche. Gilbert, der stärkste Hurrikan, der je die Karibik heimgesucht hat, entwickelte sich aus einer Störung über dem Atlantik vor der Küste Senegals. Östlich Puerto Ricos wurde er als Hurrikan eingestuft, und er erreichte am 12. September 1988 mit Windgeschwindigkeiten bis zu 185 km/h Jamaika. Nachdem er Jamaika hinter sich gelassen hatte, nahm er noch an Stärke zu, und als er zwei Tage später in Cancún an der Spitze der Halbinsel von Yukatan eintraf, war seine Geschwindigkeit auf 280 km/h angewachsen, wobei die Böen teilweise 350 km/h erreichten. Als er schließlich am Abend des 16. September die Ostküste Nordmexikos überquerte, war die Windgeschwindigkeit auf 190 km/h zurückgegangen, und bis zum Mittag des nächsten Tages hatte die Reibung am Boden im Landesinnern Mexikos die Windgeschwindigkeit um 80 Prozent verringert. Seine schweren Regenfälle jedoch führten zu Rekordüberschwemmungen und brüteten mehrere Tornados aus. Bei einer Windgeschwindigkeit von nur 56 km/h galt er nicht einmal mehr als tropischer Sturm, schlug jedoch eine 4000 Kilometer lange Bresche ins Land, in der 750 000 Menschen obdachlos wurden, 318 ums Leben kamen und Schäden in Höhe von 5 Milliarden Dollar entstanden.

Der Tribut an Menschenleben, den der Hurrikan Gilbert forderte, war gering im Vergleich zu den Zerstörungen, die in der Zeit entstanden, als Hurrikans noch nicht durch Wettersatelliten aufgespürt wurden. So gelangten diese Stürme ohne

Bäume, die relativ ungeschützt stehen, können unter der Kraft eines Windes, der in ihr Laubwerk fährt, abknicken.

(SEITE 131): Zeugen der Wucht von Hurrikans: Ein 500-Tonnen-Frachter liegt nach dem Taifun in Bangladesh auf Grund (OBEN). Die Brecher des Hurrikans Flora (1963) krachen gegen einen Leuchtturm in Kuba (UNTEN).

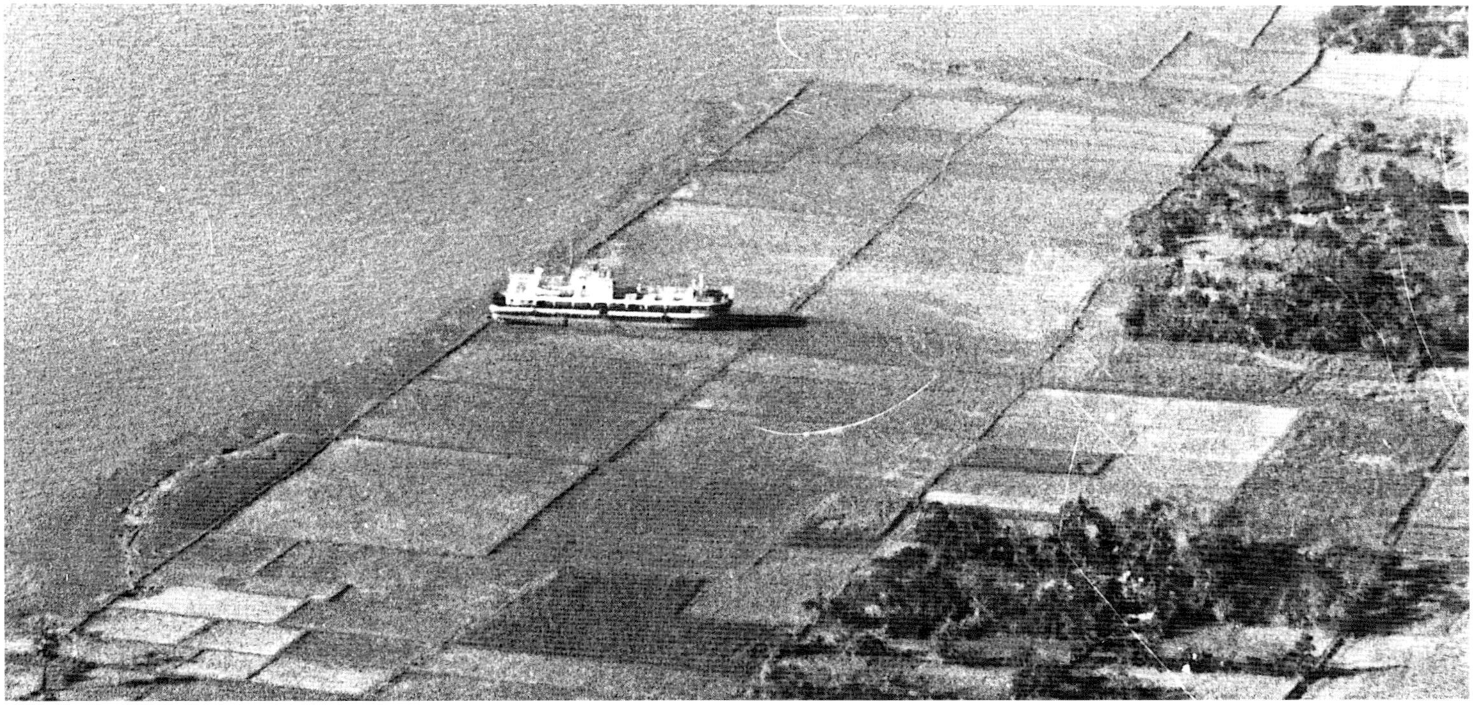

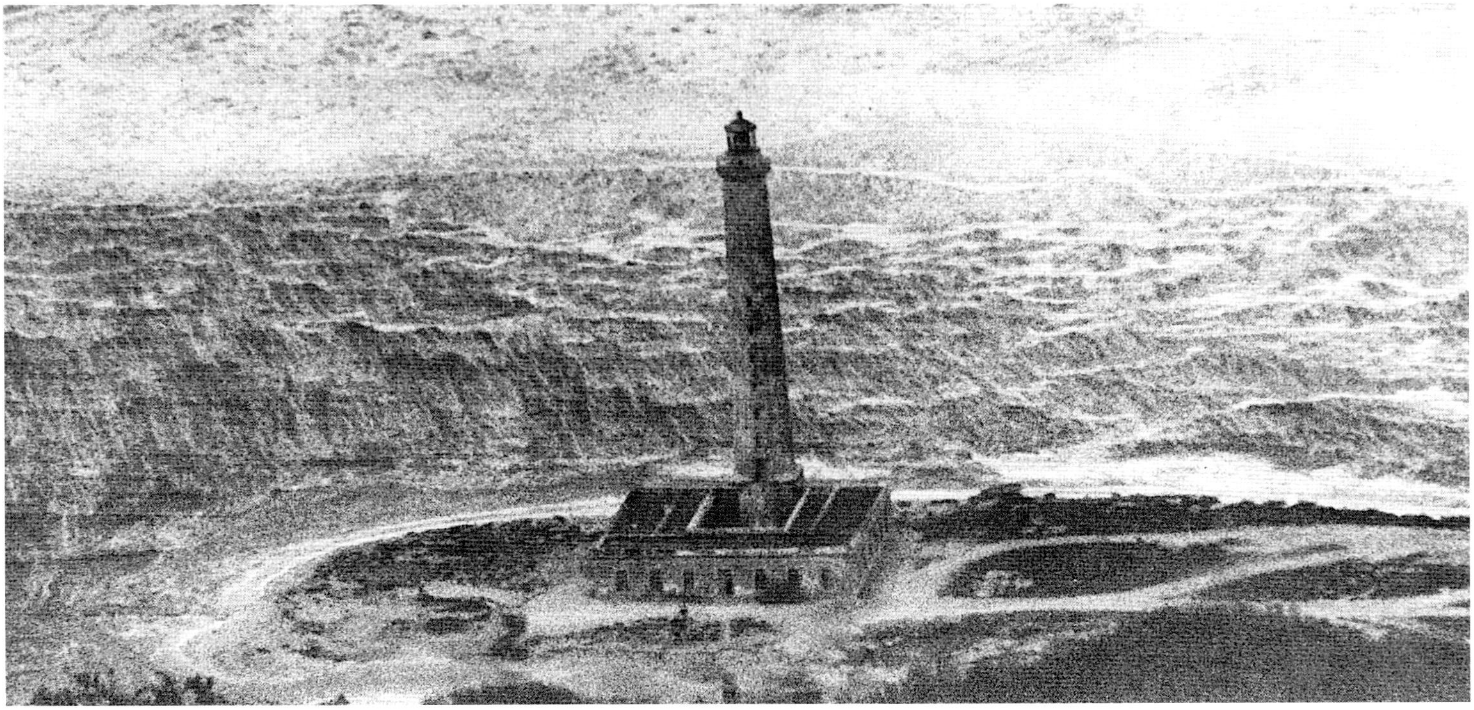

Nicht viele Wetterphänomene haben die Zerstörungskraft eines Tornados. Dies sind die Trümmer, die ein Wirbelsturm im texanischen Saragosa, 1987, hinterließ.

(SEITE 132): Der Hurrikan Hugo, der später Charleston in Südkarolina verwüsten sollte, peitschte im September 1989 durch die Bäume von The Bitter End, Virgin Gorda, auf den Jungfern-Inseln.

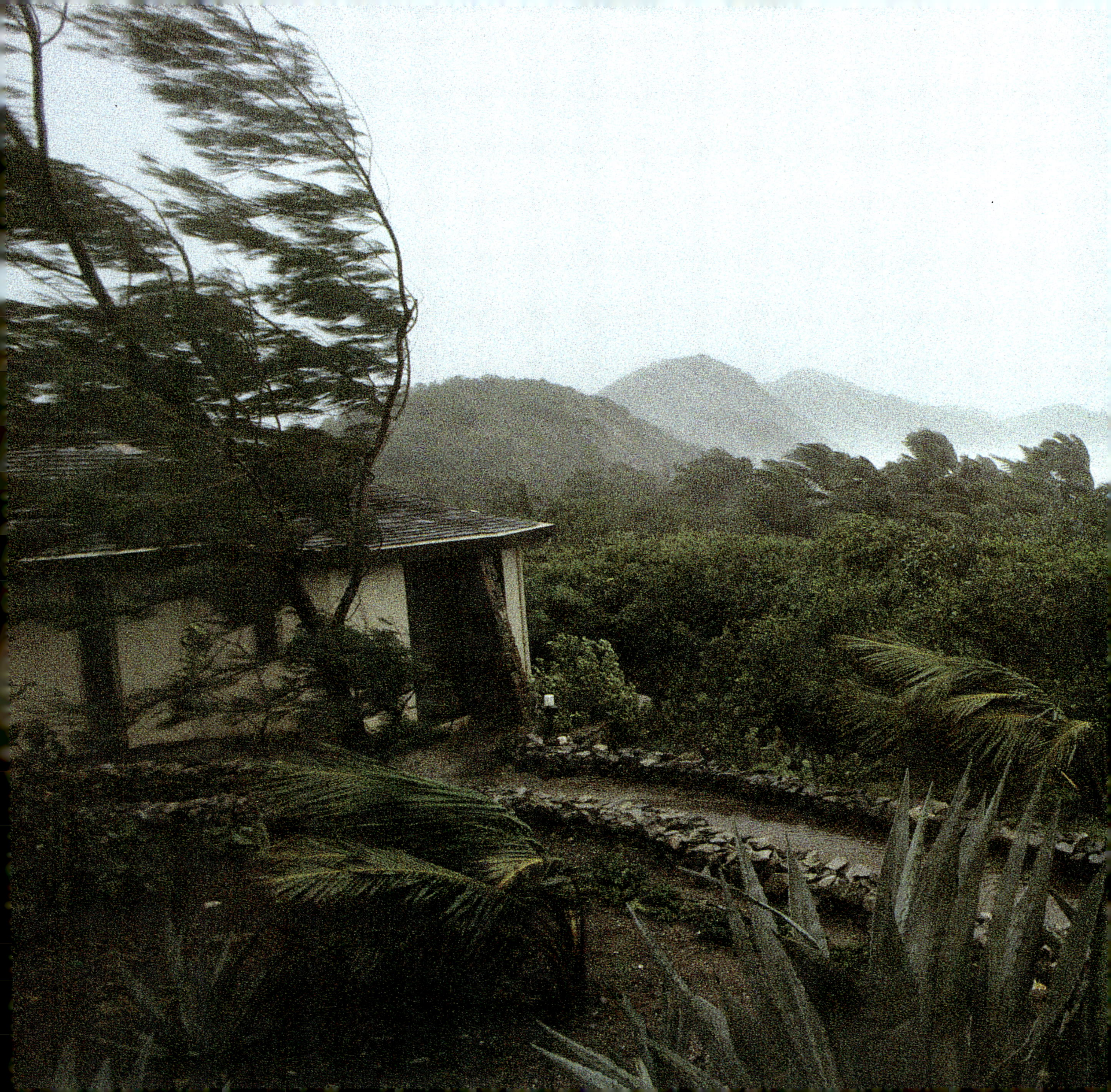

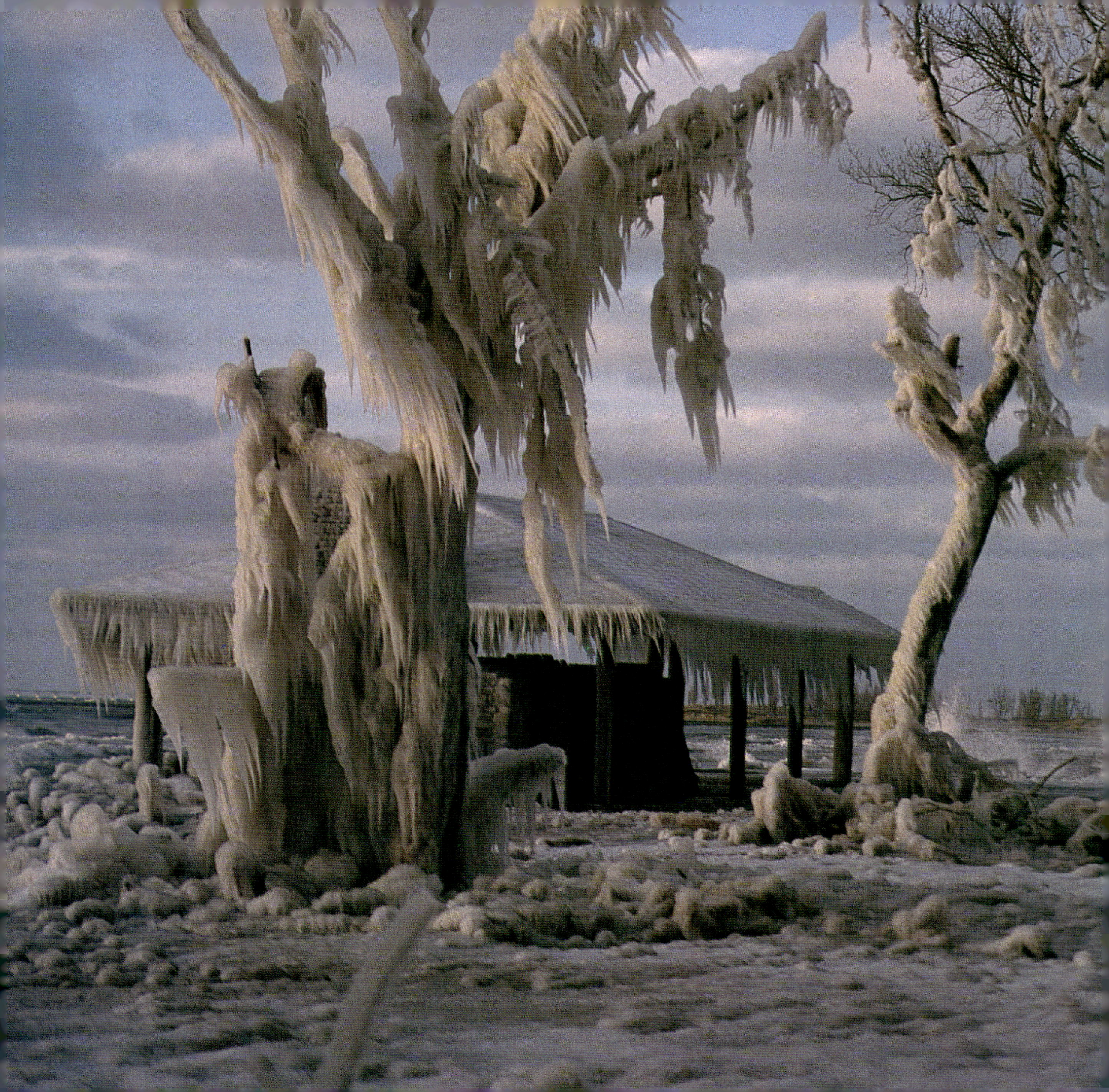

Vorwarnung an die Küste und ließen der Bevölkerung nur wenig Möglichkeiten, sich in Sicherheit zu bringen. Im September 1938 wurde nördlich von Puerto Rico ein Hurrikan ausgemacht, der scheinbar direkt Richtung Miami trieb. Dann jedoch änderte er seinen Kurs, überquerte den Atlantik nach Norden und raste gnadenlos auf den Nordosten der Vereinigten Staaten zu. Am 21. September tauchte der Sturm plötzlich wieder an Long Islands Westhampton Beach auf – mit einer Geschwindigkeit von 190 km/h und einer 12 Meter hohen Wasserwand. Der Sturm richtete in Westhampton erhebliche Schäden an. Ein Mann ritt auf dem Dach seines Hauses über drei Kilometer landeinwärts. Dieser Hurrikan schlug eine Schneise der Zerstörung quer durch Long Island und Neuengland. In Providence, Rhode Island, stieg das Wasser 4 Meter über Normal. 41 Menschen an der Küste von Misquamicut, Rhode Island, ertranken, bevor sie fliehen konnten. Auf dem Gipfel des Mount Washington in New Hamsphire wurden Windgeschwindigkeiten von 300 km/h gemessen. Der Gesamtschaden wurde auf 300 Millionen Dollar geschätzt, dazu gehörten 26 000 zerstörte Autos, 3000 Morgen verwüstetes Tabakland im Tal von Connecticut und 4500 Gebäude allein im Süden Neuenglands. Bevor er abschwächte und nördlich von Montreal endlich erstarb, hatte dieser Sturm 389 Menschenleben auf dem Gewissen.

Es gab jedoch Stürme, die eine noch größere Todesrate zur Folge hatten als der Hurrikan von 1938. Vom 12. bis zum 17. September 1928 pflügte ein Hurrikan über die Westindischen Inseln und nach Florida hinein und hinterließ 6000 Tote. Anfang Oktober 1963 kostete der Hurrikan Flora auf Haiti und Kuba 6000 Menschen das Leben, und als der Hurrikan Fifi vor relativ kurzer Zeit, am 19. September 1974, Honduras heimsuchte, starben über 2000 Menschen.

Am 13. November 1970, der auf einen Freitag fiel, raste ein tropischer Zyklon mit Windgeschwindigkeiten von 190 km/h aus dem Indischen Ozean das Gangestal hinauf nach Bangladesh, und seine Regenfälle und die Flutwelle töteten 300 000 Menschen, von denen ein Drittel niemals gefunden wurde.

Kein Wunder, daß das Wort *Hurrikan*, das aus der Sprache der karibischen Indianer Westindiens stammt, soviel wie „böser Geist" bedeutet. Früher oder später jedoch läuft sich auch der wütendste Sturm über dem Innern eines Kontinents oder über kalten Ozeanwassern, die seine Energie aussaugen, tot.

Die Wucht des Hurrikans Gilbert ergab sich aus seiner ungewöhnlichen Konzentration. Als er über Jamaika vorbeizog, maß sein Auge nur 13 Kilometer im Durchmesser, nicht mal ein Drittel eines typischen Hurrikan-Auges. Je kleiner das Auge eines Zyklons ist, desto stärker wehen seine Winde. Diese mörderischen Stürme heißen Tornados. Die Gewalt eines Hurrikans wächst mit seiner Größe. Tornados entstehen als heftige Luftwirbel an der Unterseite von Cumulonimbuswolken. Diese Wirbel bilden sich, wenn zwei Luftströme mit unterschiedlicher Temperatur, Feuchtigkeit und Stabilität in der Mitte der Luftturbulenzen eines Gewitters entlang einer Kaltfront aufeinanderprallen. Die sich drehende Luft erzeugt einen, bisweilen mehrere Trichter, die in den Wolken verborgen sein können. Manchmal ist ein Cumulonimbus mit kleinen, runden Auswüchsen an seiner Unterseite – Mammatocumuli – ein Zeichen dafür, daß Tornados zu erwarten sind. Wenn der Wind einen dieser nach unten zeigenden Auswüchse verlängert, bildet sich eine weiße

---

(SEITE 134): **Nach einem Wintersturm hängen in Benton Harbor am Michigansee Eiszapfen wie gefrorene Bärte an den Bäumen entlang der Küste. Diese zähen Pflanzen können auch das aushalten.**

(SEITE 136-137): **Dieser Brecher wurde von einem über 80 Stundenkilometer schnellen Sturm hochgepeitscht.**

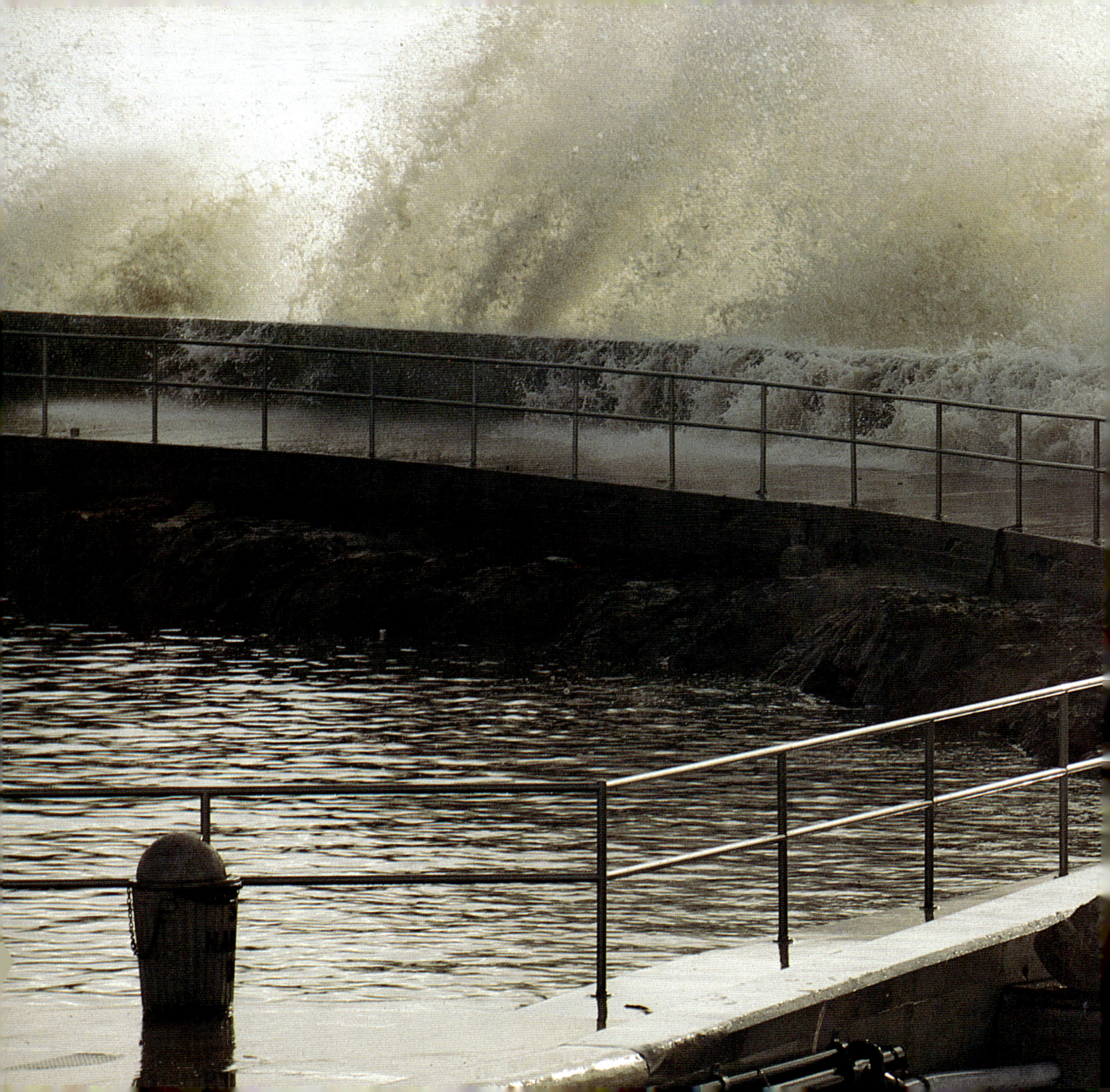

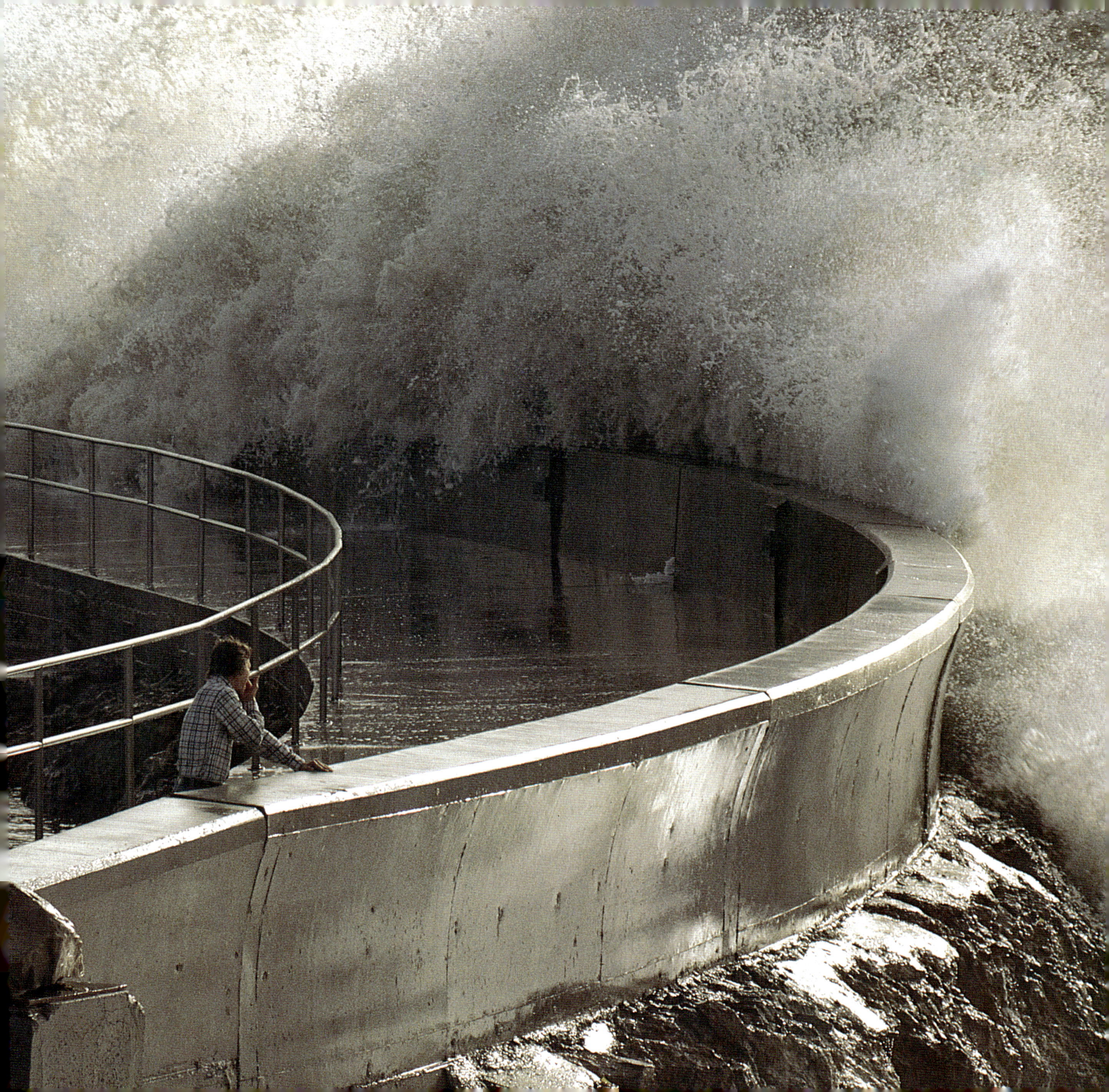

Kondensationssäule, die bis zum Boden reicht. Solange sie den Boden nicht erreicht hat, bleibt sie eine wunderbare, wenn auch bedrohliche weiße Säule, die sich langsam dreht, so als ob sie blind nach einem Berührungspunkt tastet. Sobald sie den Boden berührt, ändert sich ihr Aussehen dramatisch. Die heftigen Winde innerhalb des Trichters wirbeln Staub und Schutt hoch, und bald steigt eine dunkle Masse auf. Im schlimmsten Stadium, in dem die größten Schäden verursacht werden, wird der weiße Tornadotrichter durch eine Wolke von fliegendem Erdreich, Blättern, Ästen und sogar Häusertrümmern verdunkelt. Sobald sie den Boden berühren, erzeugen Tornados ein unbeschreibliches Brüllen, das sich schrecklich anhört. Sie reißen eine Bresche zwischen 30 und 400 Metern Breite, wobei sie sich häufig weniger als 15 Minuten auf der Erde bewegen, bevor der Trichter sich in die Wolken zurückzieht oder sich auflöst.

Tornados kommen bevorzugt in Gebieten vor, in denen Kalt- und Warmfronten aufeinanderstoßen. Ideale Bedingungen finden sie in den Great Plains Nordamerikas, wo oft Polarluft aus Kanada mit warmer Luft vom Golf von Mexiko zusammenstößt. Aufgrund der Häufigkeit des Zusammentreffens dieser kanadischen Luft mit der vom Golf von Mexiko gibt es in den mittleren Vereinigten Staaten die meisten Tornados der Welt — durchschnittlich 700 jährlich. In der ruhigen Luft der Äquatorregion sind Tornados selten, in Westeuropa jedoch nichts Ungewöhnliches, allein Großbritannien verzeichnet ungefähr sechzig im Jahr. Sie kommen außerdem in Nordindien, Japan, Australien, Neuseeland und in den nördlichen Pampas Argentiniens vor.

Zum großen Teil entsteht der Schaden, den Tornados anrichten, durch deren intensive Winde, die oft bis zu 480 km/h erreichen. Diese Winde können nicht nur ganze Städte einebnen, sondern sie verursachen auch noch andere Wirkungen: Nach dem Durchzug eines Tornados findet man Strohhalme, die sich in Telegrafenmasten gebohrt haben, Äste die Hauswände durchbohrt und Holzsplitter, die Metall durchdrungen haben. Der extrem niedrige Luftdruck im Zentrum eines dieser Wirbelstürme, die oft weniger als 170 Meter im Durchmesser haben, verursacht ebenfalls starke Zerstörungen: Geschlossene Gebäude können aufgrund des größeren Innendrucks explodieren. Einer der schlimmsten Tornados war der Killer-Sturm, der am 18. März 1925 Missouri überfiel, eine Strecke von 350 Kilometern durch Südillinois und nach Indiana hinein zurücklegte, und dabei 695 Tote und über 2000 Verletzte zurückließ. Ein anderer ebnete Udall, Kansas, am 25. Mai 1955 und tötete 80 Menschen. Einige Sturmsysteme bringen mehrere Tornados hervor. Die schlimmste Katastrophe ereignete sich am 3. April 1974, als 148 Tornados über 11 Staaten wirbelten, 329 Tote forderten und über 700 Millionen Dollar Schaden anrichteten.

Alle Hurrikans drehen sich zyklonisch. Tornados, bei denen es sich um winzige, intensive Zyklone handelt, folgen diesem Muster. Aus Gründen jedoch, die die Meteorologen bis heute nicht ganz durchschauen, kann sich ein Tornado auf der nördlichen Halbkugel bisweilen im Uhrzeigersinn, auf der südlichen entgegengesetzt drehen. Vielleicht befreit ihre geringe Größe sie vom Einfluß der Erdrotation. Wir müssen noch viel über diese intensivsten und tödlichsten aller Stürme lernen. Ihr kurzes Leben und ihre Wucht machen es jedoch schwer, sie aufzufinden und zu studieren.

Wasserhosen sind nichts anderes als Tornados, die sich über dem Wasser bilden. Sie sind allerdings

(SEITE 139): **Noch ist dieser Tornado, der sich durch die Ebene schlängelt, weiß, da er bisher keine Trümmer aufgesaugt hat** (OBEN LINKS). **Ein anderer weißer Tornado in Norddakota beginnt gerade mit dem Aufwirbeln von Trümmern an seinem Fuß** (OBEN MITTE), **sammelt immer mehr fliegende Trümmer und entfernt sich schließlich. Er richtet vorerst keinen weiteren Schaden an** (UNTEN).

139

Im flachen Kiefernland von Michoacán in Mexiko, wo der Boden oft locker und trocken ist, schlängelt sich ein hoher Staubteufel durch die Bäume.

Verhältnismäßig harmlos, solange sie nicht an Land gerät: Eine Wasserhose weit weg vor der Nordwestküste Puerto Ricos.

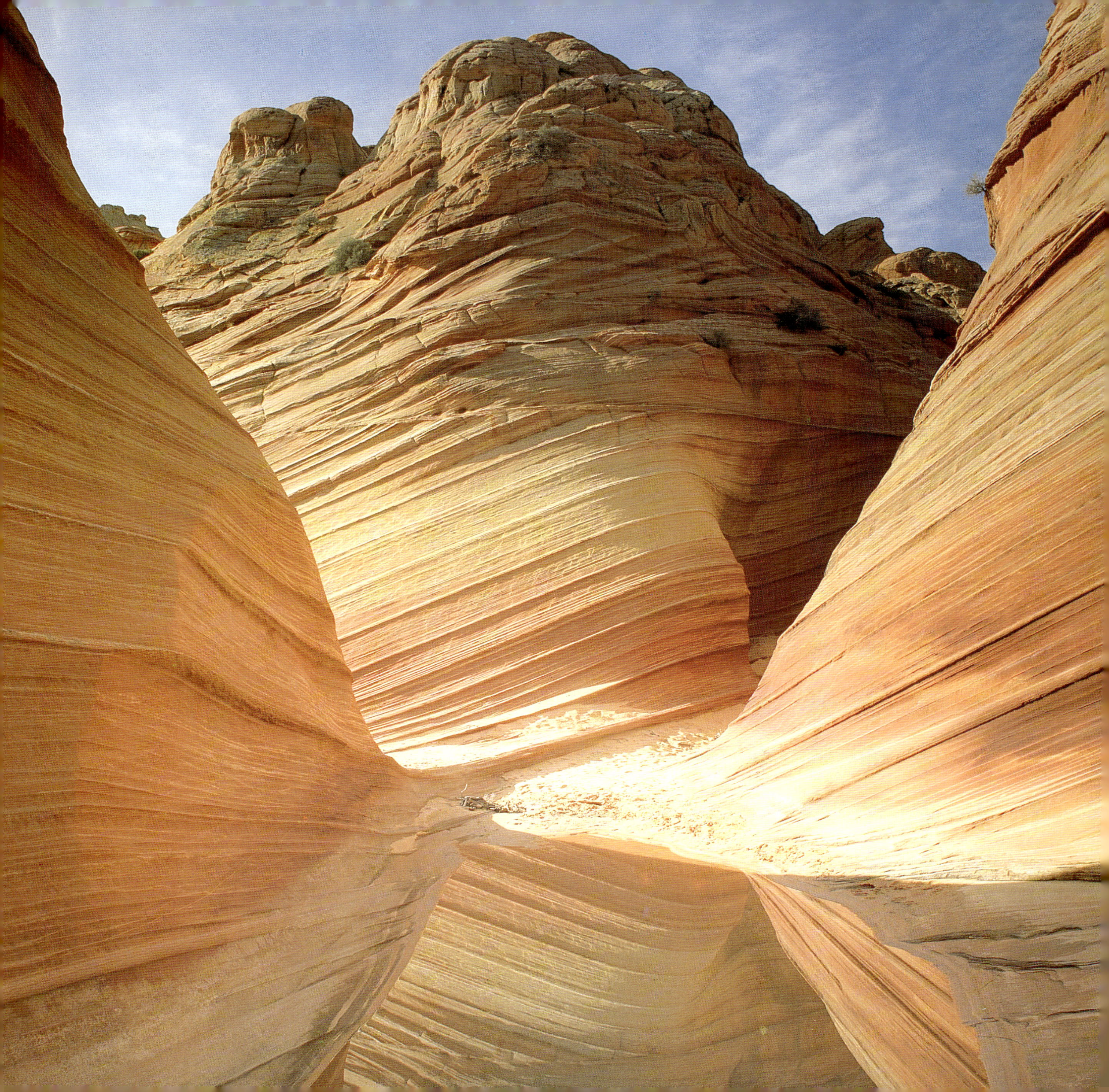

schwächer als ihre Kollegen auf dem Festland, ihre Geschwindigkeit übersteigt nur selten 80 km/h. Sie sind nicht so furchterregend wie Tornados und bieten aus sicherer Entfernung ein aufregendes Schauspiel, wenn sie flache, warme Wasseroberflächen berühren und eine riesige Wolke fliegenden Dunstes hochreißen. Wenn jedoch eine Wasserhose aufs Land vordringt, kann sie ebenso vernichtend wirken wie ein Tornado. Am 7. Februar 1971 stattete eine Wasserhose Pensacola, Florida, einen kurzen Besuch ab und richtete Schäden in Höhe von 3 Millionen Dollar an.

Noch kleiner als Tornados und Wasserhosen sind Staubteufel, winzige, sich drehende Säulen aus Sand und Staub, die vom sonnenerhitzten Boden aufsteigen und während ihres kurzen quirligen Lebens oft Blätter und Papierfetzen durch die Luft wirbeln. Im Gegensatz zum Tornado bildet sich ein Staubteufel aus vom Boden aufsteigender warmer Luft, deren Wirbelbewegung durch örtliche Winde erzeugt wird. Sobald er über kühleren Boden kommt, verliert er seine Energiequelle und löst sich rasch auf. Obwohl solche Staubteufel meistens in der Wüste vorkommen, kann man sie im Prinzip auf jedem flachen Gelände beobachten, das der Sonne ausgesetzt ist.

(OBEN): **Feuchte Luft über den Alpen türmt Berge von Cumuluswolken um das Matterhorn. Wenn der Wind stark genug ist, können diese Wolken sich zu solchen Höhen auftürmen, daß es zu Schneefällen kommt.**

(SEITE 142): **Feiner Sandstein, dessen Schichten von Staub und Sand, die der Wind an ihnen vorbeigepeitscht hat, ausgewaschen sind, glitzert im Sonnenlicht, das zwischen den Arroyos des Colorado-Plateaus einfällt.**

(SEITE 144–145): **Die moderne Technik spannt die Kraft des Windes für ihren Energiebedarf ein: Zahllose Reihen von Windgeneratoren säumen die stark abgerundeten Hügel der Landschaft am kalifornischen Altamont-Paß.**

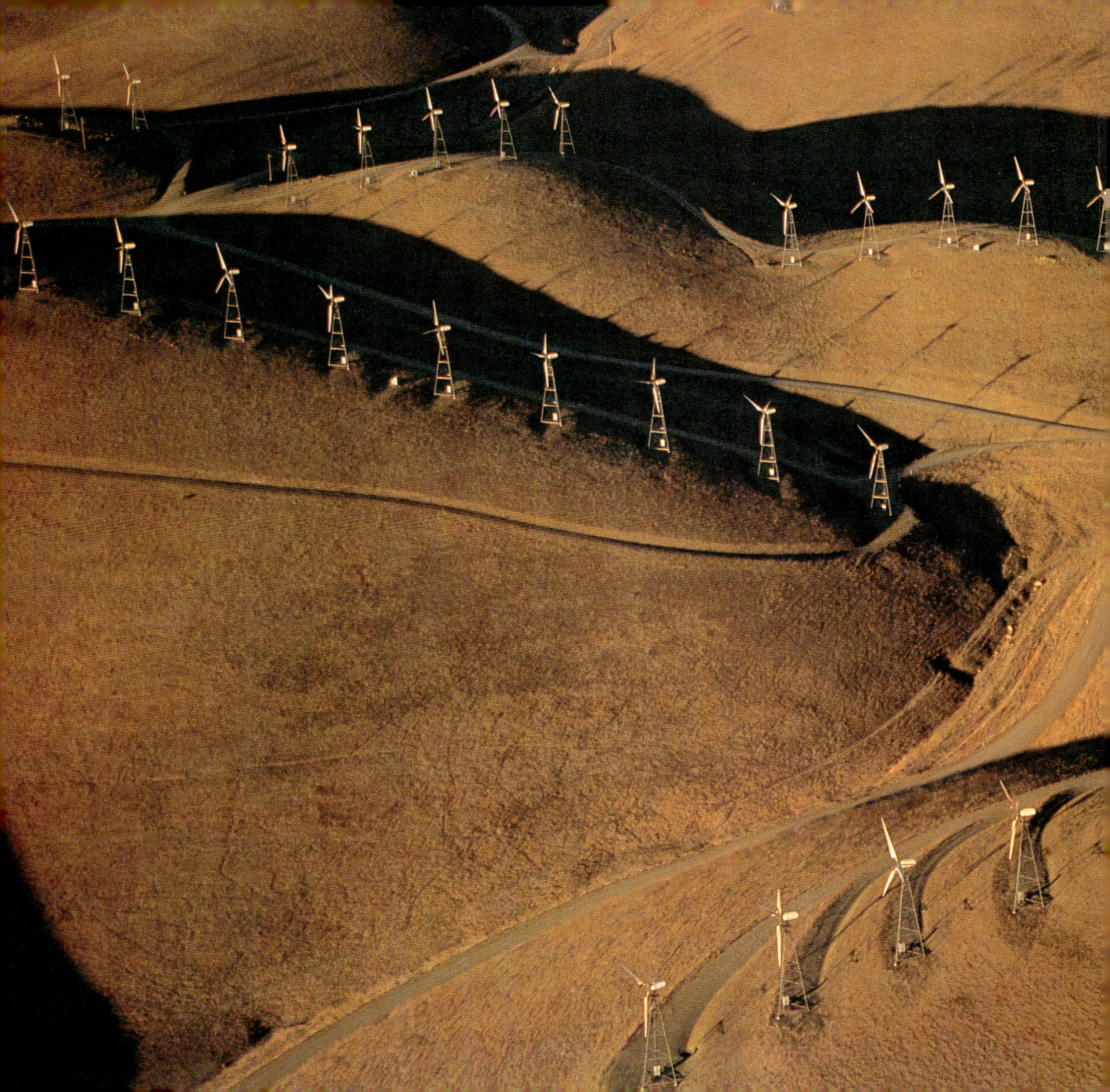

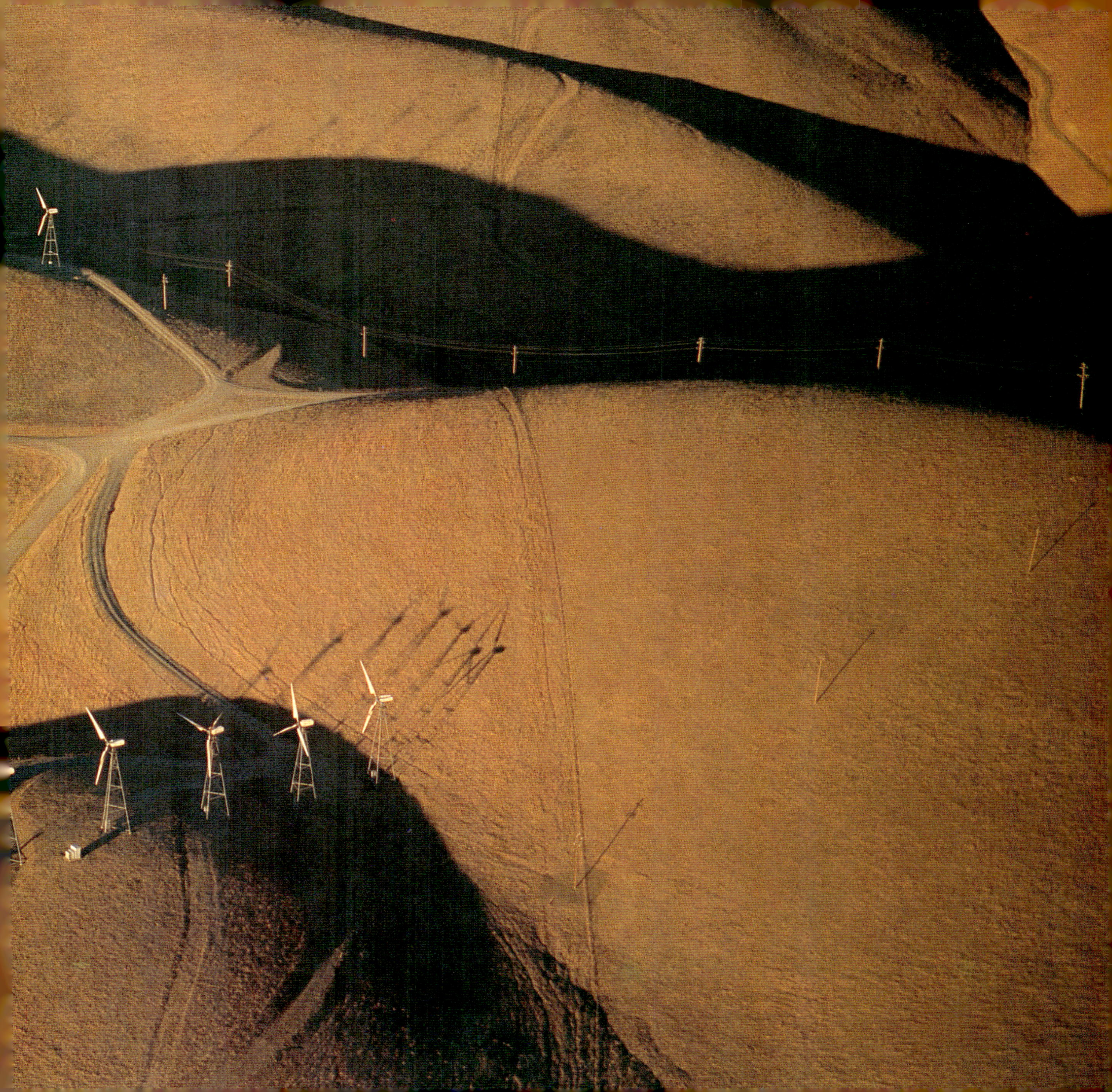

7
UNTER SCHNEE UND REGEN: NIEDERSCHLÄGE

IM JULI 1861 ZEICHNETE EIN BRITISCHER KOLONIALBEAMTER IN der kleinen Stadt Cherrapunji in den dichtbewaldeten Khasi-Hügeln der nordöstlichen indischen Provinz Meghalaya die Niederschläge mit einem Regenmesser auf. Es war zur Jahreszeit des Monsun, des steten südwestlichen Windes, der während des Sommers und Frühherbstes vom Indischen Ozean an die Küste weht. Hier in den Khasi-Hügeln, den Vorboten des mächtigen Himalaya, steigt dieser Wind auf und gibt die Feuchtigkeit ab, die er von See her mitgebracht hat. Der britische Beamte tat gut daran, sorgfältig seinen Regenmesser zu beobachten: In den vorangegangenen elf Monaten hatte er einen selbst für diese feuchte Landschaft ungewöhnlich hohen Niederschlagswert gemessen. Allein im Monat Juli – vor 120 Jahren – maß er einen Regenfall von über 1 Meter. Als er dieses Ergebnis den Daten hinzufügte, die er im Laufe des Jahres, im August beginnend, gesammelt hatte, stellte er fest, daß er insgesamt fast 27 Meter Regen gemessen hatte. In diesem Jahr stellte er zwei noch heute gültige Rekorde fest: Den stärksten je in einem Monat gemessenen Regen und die schwersten Niederschläge binnen zwölf Monaten. Bei derartigen Regenfällen ist es vielleicht kein Wunder, daß der älteste bekannte Regenmesser – eine einfache Schüssel, die den Regen auffing – bereits im 4. Jahrhundert v. Chr. in Indien benutzt wurde.

Fast der gesamte Regen in Cherrapunji fällt zwischen Juni und Oktober. In der übrigen Zeit bläst der Monsun aus Nordost, aus dem trockenen Innern Asiens, und bringt praktisch keinen Regen. Das Jahr, das im Juli 1861 zu Ende ging, war sogar für die Maßstäbe des Himalaya ungewöhnlich. Trotz der sturzbachartigen Regenfälle und jenem Rekordjahr ist der Osten des Himalaya nicht der niederschlagsreichste Ort der Welt. Diese Auszeichnung gebührt der Gegend mit dem höchsten durchschnittlichen Jahresniederschlag, einem Ort auf der anderen Seite des Globus – dem Chocó-Gebiet an der Pazifikküste Kolumbiens. Es gibt keine Trockenzeit im Chocó. Hier wehen das ganze Jahr über warme, feuchte Winde von der Küste über das Land. Wo sie auf die bewaldeten westlichen Andenhänge treffen, steigen sie auf und bringen unaufhörlich Regen. Der durchschnittliche Regenniederschlag in Chocó beträgt etwa 914 Zentimeter pro Jahr, und in Tutunendo beträgt der Jahres-

---

(SEITE 147): Ein turbulenter Cumulonimbus schickt ein ungeheures Gewitter über Phoenix in Arizona.

(SEITE 148–149): Sanfter Morgennebel steigt vom Rose Lake in Minnesota auf. Da dieser Nebel sich in der kühlen, klaren Nachtluft gebildet hat, kündigt er einen Tag ohne Regen an.

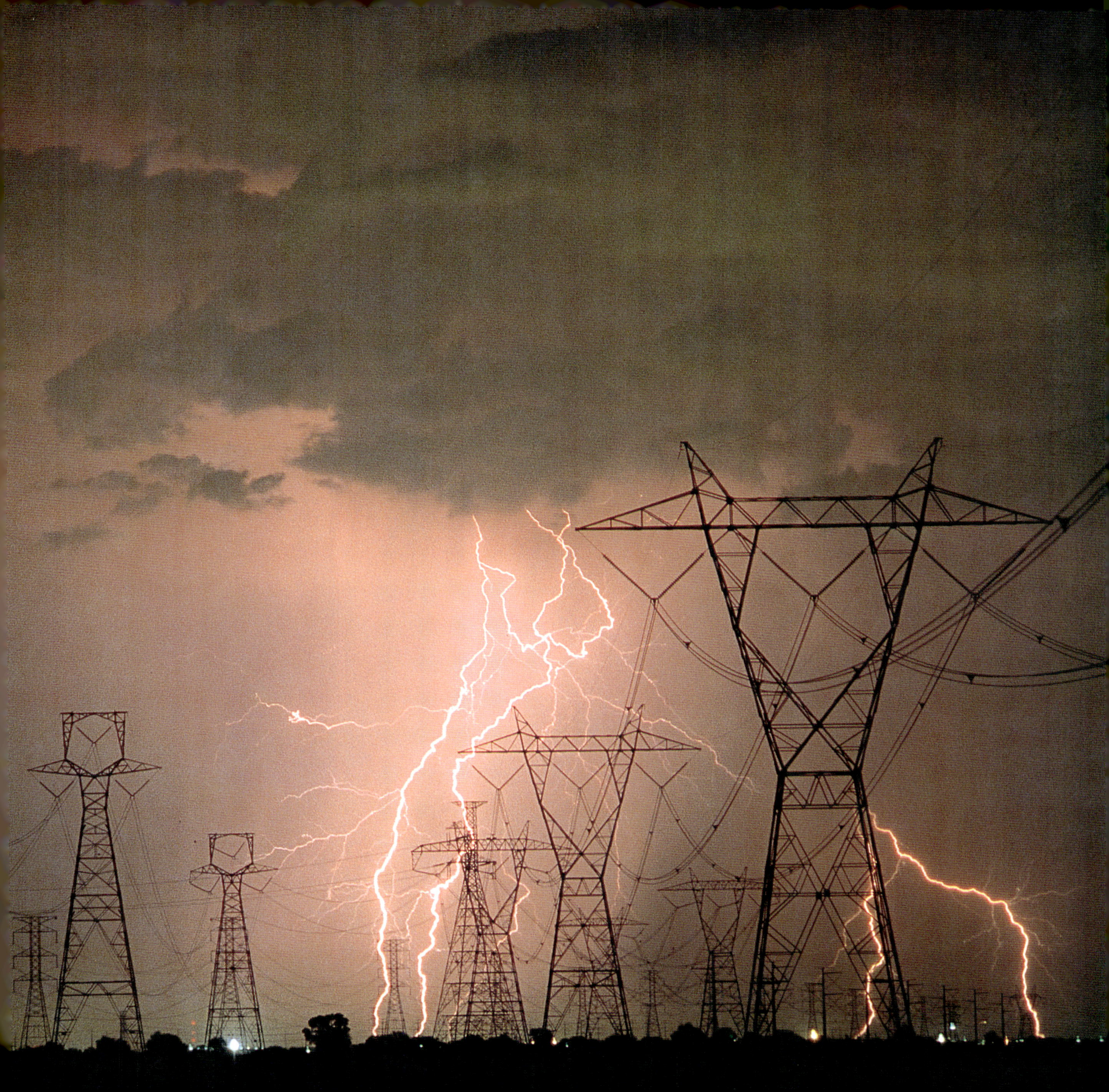

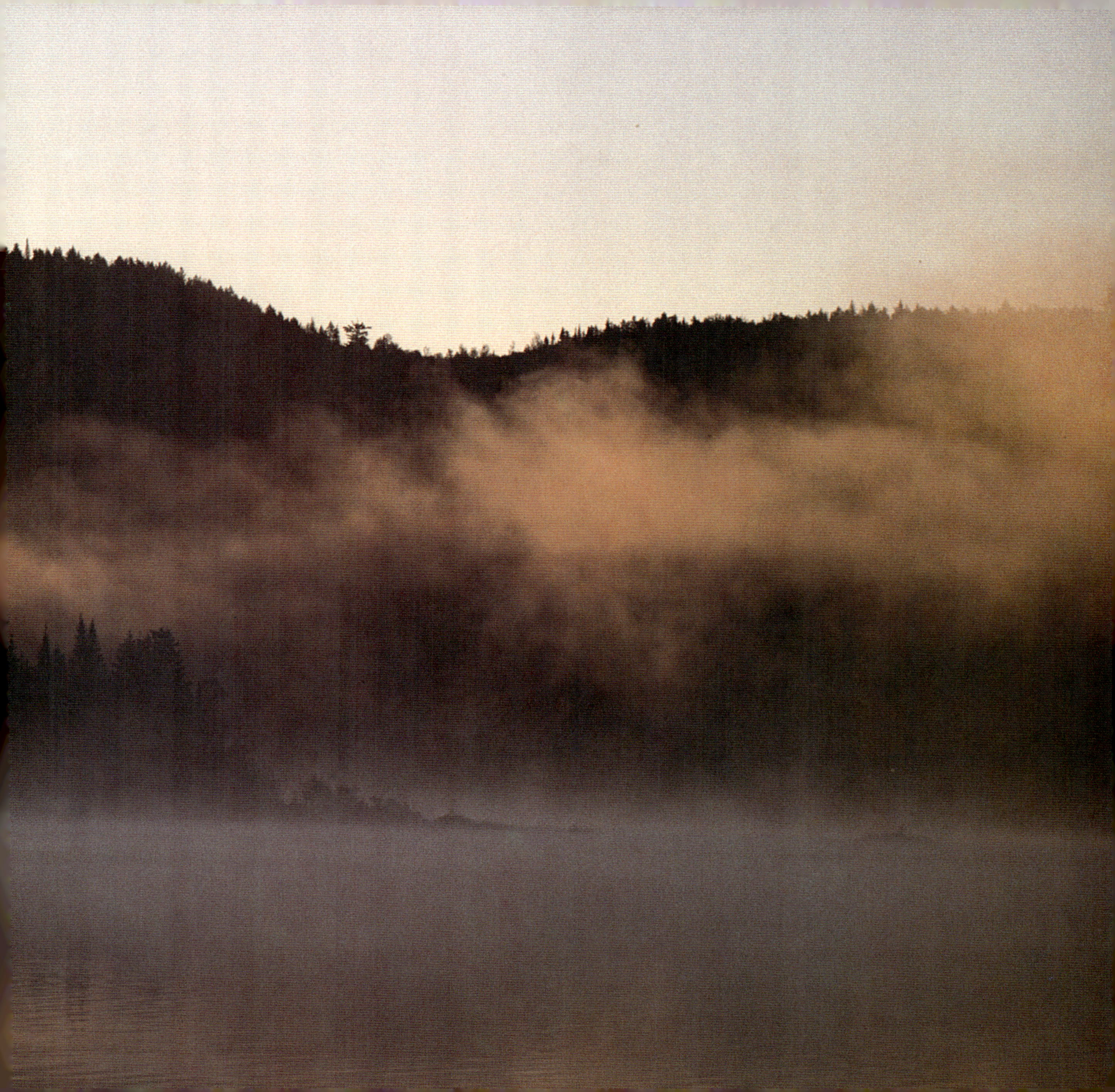

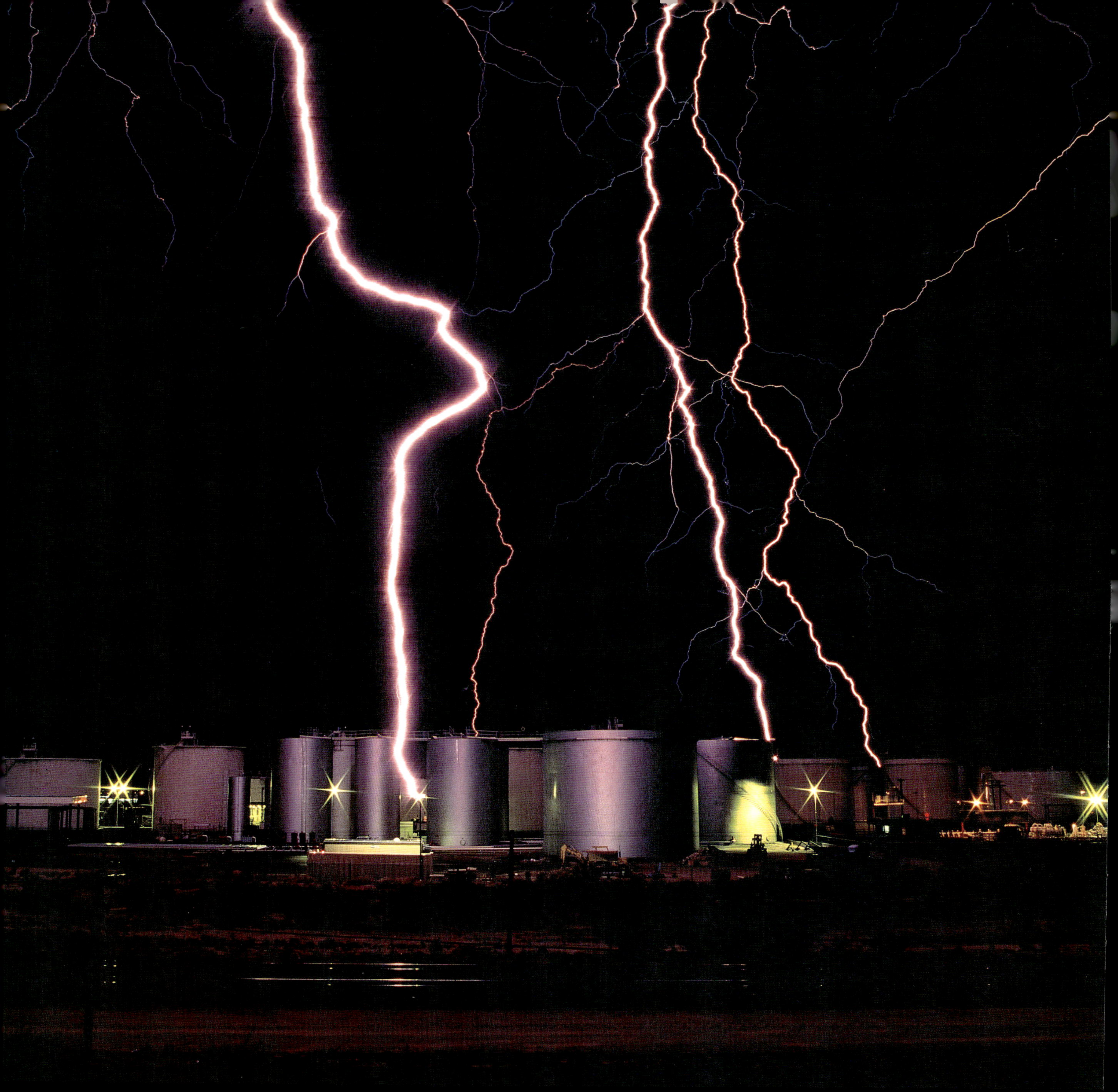

durchschnitt 1176 Zentimeter, was aus dieser kleinen Stadt im Chocó-Gebiet den niederschlagsreichsten Ort der Erde macht.

Cherrapunji und Tutunendo verdanken ihre Rekordniederschläge den örtlichen geographischen Gegebenheiten, die beispielhaft für die Entstehung von Niederschlag sind. An beiden Orten steigt eine feuchte Luftströmung auf und kühlt ab, ihre Feuchtigkeit kondensiert zunächst zu Wolken, dann zu Regen. Um vom Himmel fallen zu können, muß das Wasser erst verdampfen, aufsteigen, kondensieren und dann zur Erde zurückkehren.

Verschiedene Faktoren können verursachen, daß feuchtigkeitsgeladene Luft aufsteigt. Die Luft kann aufwärts gedrängt werden, wenn die Winde auf eine Gebirgsbarriere treffen, wie das im Himalaya, den kolumbianischen Anden, dem Schottischen Hochland oder entlang der Nordwestküste Nordamerikas der Fall ist. Sie kann hochgehoben werden, wenn eine Kaltfront sich unter eine warme Luftmasse schiebt oder eine Warmfront kältere Luft überlagert. Feuchte Luft wird auch durch warme Luftströmungen hochgerissen, die einem Gewitter, Frontentiefs oder Hurrikans vorangehen oder sie begleiten. Ob das Wasser als Regen, Graupel, Hagel oder Schnee zu Erde fällt, oder ob es überhaupt bis zum Boden gelangt, hängt von der Atmosphäre ab, durch die es „fällt".

Um in kühler Luft Tropfen zu bilden, muß das Wasser um einen Kern herum kondensieren, sei es um ein Staubkorn, ein Salzkristall, eine Polle, eine Spore oder einen Schmutzpartikel. Wenn sich genug Wasserdampf um diesen Kern gesammelt hat, wird die kleine Wassermasse schwer genug, um nach unten zu fallen. In den höheren Schichten der Atmosphäre, wo die Temperatur unter dem Gefrierpunkt liegt, gefriert das Wasser vollständig. Hier genügt ein winziger Eiskristall als Kern.

Die gewöhnlichste Niederschlagsform ist Regen, da die Luft in Bodennähe meist über dem Gefrierpunkt liegt. Auch wenn das Wasser aus großer Höhe in Form von Eiskristallen herabfällt, schmilzt es in der wärmeren Bodenluft und erreicht die Erde als Regen. Die Ergiebigkeit des Regens hängt von der Zahl der Kerne, der Größe der Regentropfen und der Höhe, aus der sie herabfallen, sowie vom Feuchtigkeitsgehalt der Luft ab, die er durchquert. Wenn es in der Atmosphäre viele Kerne gibt, die Tropfen groß sind, die Regenwolke nahe am Boden liegt und die Luft über dem Boden feucht ist, kann das zu er-

Ein Regenbogen ziert malerisch das Schottische Hochland, während ein langer, milder Regen allmählich endet.

(SEITE 150): Nirgendwo sonst sind Blitze so gefährlich wie in einer Ölraffinerie. Diese hier, in Arizona, ist jedoch bestens durch Blitzableiter und andere Erdungsmaßnahmen gegen das krachende Gewitter, das eine Kaltfront begleitet, geschützt.

staunlich ergiebigen Regenfällen führen. In Unionville, Maryland, trafen am 4. Juli 1956 alle diese Bedingungen zusammen, und in einer einzigen Minute fielen 3,12 cm Regen: ein Weltrekord. In der Stadt Cilaos am Hang des Piton des Neiges auf der Insel Réunion im Indischen Ozean fielen am 15. und 16. März 1952 188 cm Regen. Dieser Wolkenbruch brach den 24-Stunden-Rekord, den zuvor mit 115 cm Regen an einem einzigen Julitag 1911 Baguio auf den Philippinen hielt, die Stadt, die den Hurrikans dieser Gegend ihren Namen gab.

Regen fällt häufig aus großen Höhen, oder er durchquert trockene Luft, bevor er die Erde erreicht. In diesen Fällen kann es passieren, daß der Regen verdunstet, bevor er am Boden ankommt. Dies führt manchmal zu einer Virga, einem rauchähnlichen Schleier unter einer kleinen Cumulonimbuswolke. Virgas lassen sich besonders in Wüstengebieten beobachten.

Zwischen Wolkenbrüchen und Trockenheit als Extremen gibt es Nieselregen, ein feiner Regen, der aus Wolken fällt, die so tief hängen, daß für die Bildung respektabler Tropfen keine Zeit bleibt. Nieselregen fällt vor allem aus dickem Stratus, der sich um die Spitzen von Gebäuden und Hügeln legt und tagelang seine Feuchtigkeit abgibt.

Zuweilen fällt der Regen aus warmer, feuchter Luft durch eine bodennahe kalte Luftschicht. Beim Durchqueren der kalten Luft vereisen die Regentropfen alles, was sie berühren. Solch ein Eisregen überzieht den Boden mit einer funkelnden Eisschicht. Diese Niederschläge sind zwar attraktiv, gehören jedoch zu den gefährlichsten Phänomenen des Winters. Straßen verwandeln sich in Eisbahnen, Stromleitungen brechen unter dem Gewicht des Eises, und Bäume und Äste zersplittern. Ein besonders heftiger Eisregen suchte Ende November 1921 Massachusetts heim: Eine über fünf Zentimeter dicke Eisschicht zerstörte die Stromleitungen und 200 000 Bäume. Städte wie Worcester waren mehrere Tage lang ohne Elektrizität.

Beim Durchqueren einer bodennahen kalten Luftschicht verwandeln sich Regentropfen oft in Graupelkörner – durchsichtige Eiskügelchen, die gefrieren, bevor sie den Boden erreichen. Bei Temperaturen um den Gefrierpunkt werden diese Eiskügelchen naß und glitschig. Graupelschauer sind von kurzer Dauer, ein leichter Temperaturanstieg verwandelt sie gegebenenfalls in kalten Regen. Von Eisgraupeln sprechen wir bei Eisstückchen, die einen Durchmesser bis zu einem halben Zentimeter haben.

Dieser Grenzwert ist von Bedeu-

(OBEN): Diese riesigen Hagelkörner fielen Anfang der 80er Jahre während eines Sturms auf Fort Collins, Colorado, zerstörten Autos und töteten einen Menschen.

(SEITE 153): Ein ungeheurer, regenbringender Cumulonimbus schwebt über der Wüste von Arizona.

(SEITE 154–155): Eisstürme können verheerende Auswirkungen auf die Tierwelt und die Landwirtschaft haben: Ein plötzlicher Eisregen zum Frühlingsbeginn droht die jungen Knospen einer Obstplantage in Michigan zu vernichten.

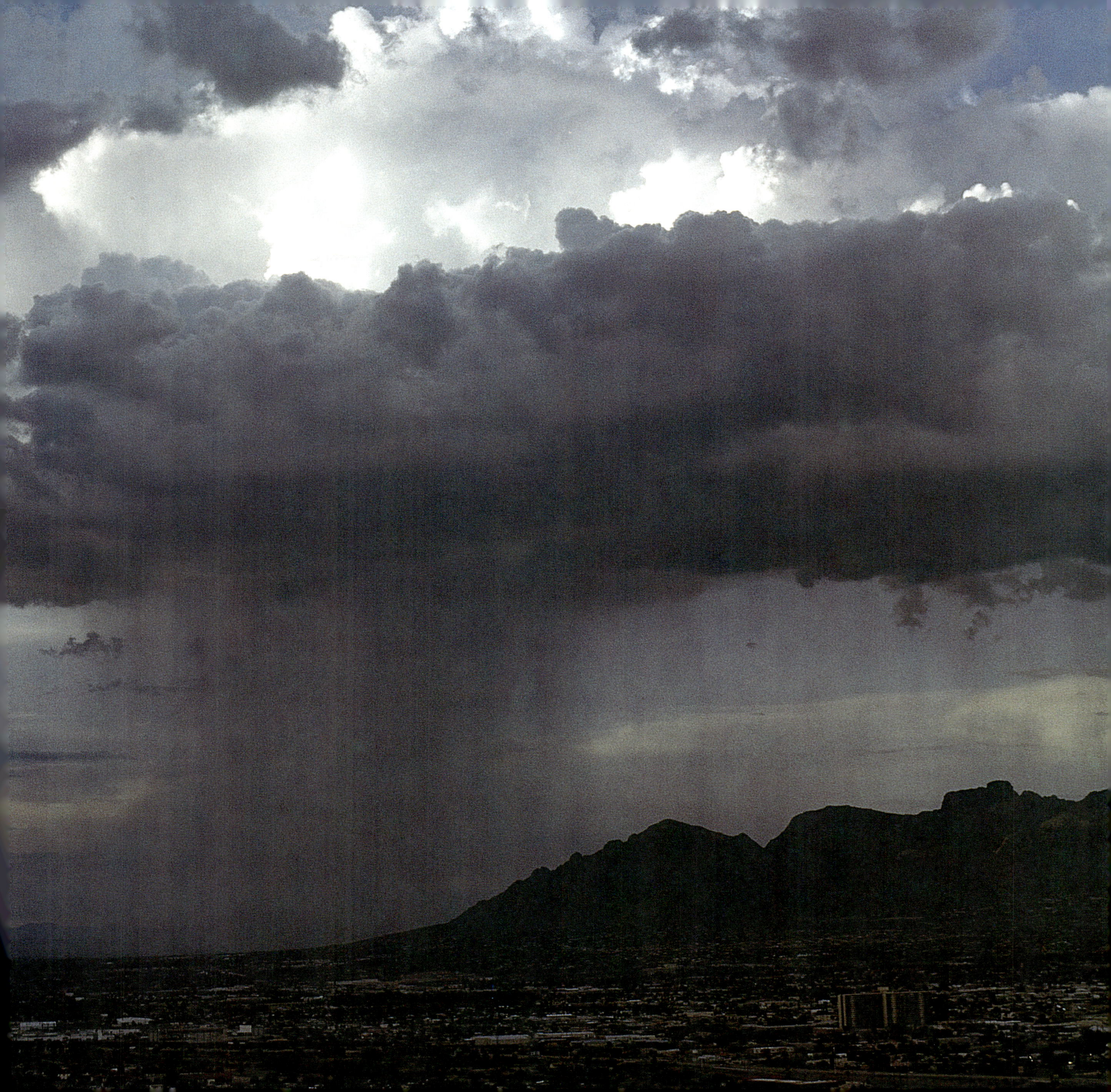

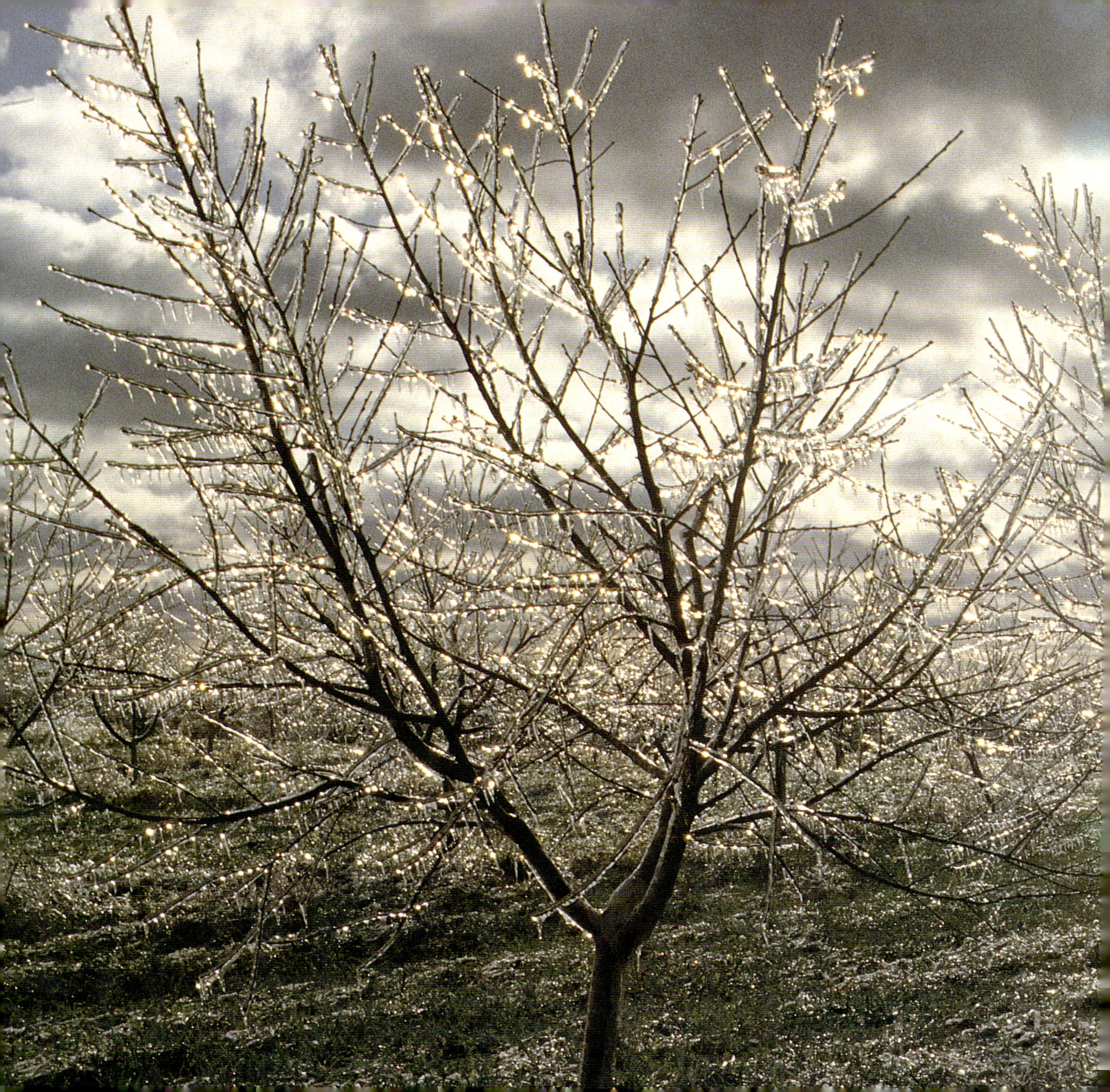

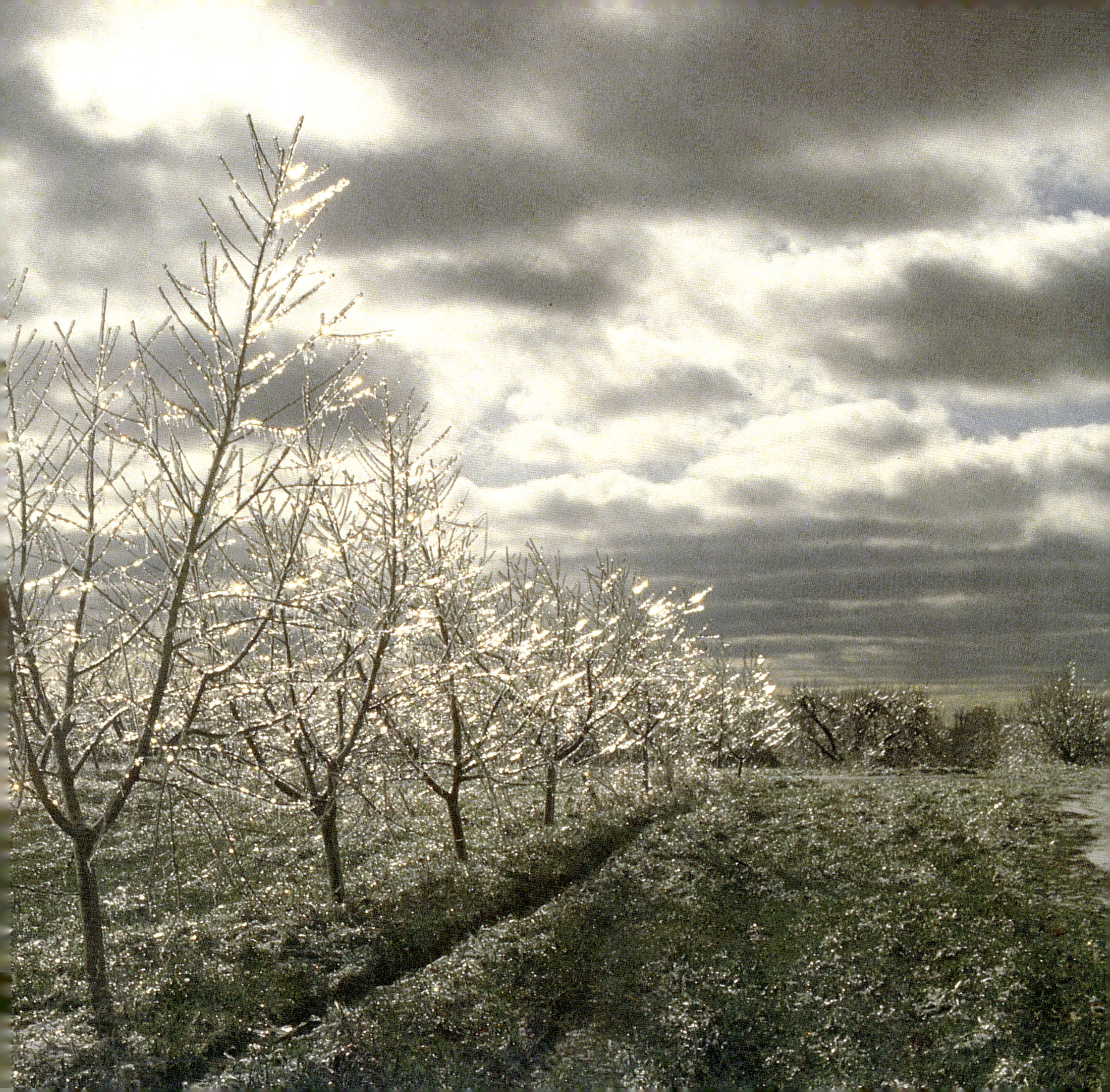

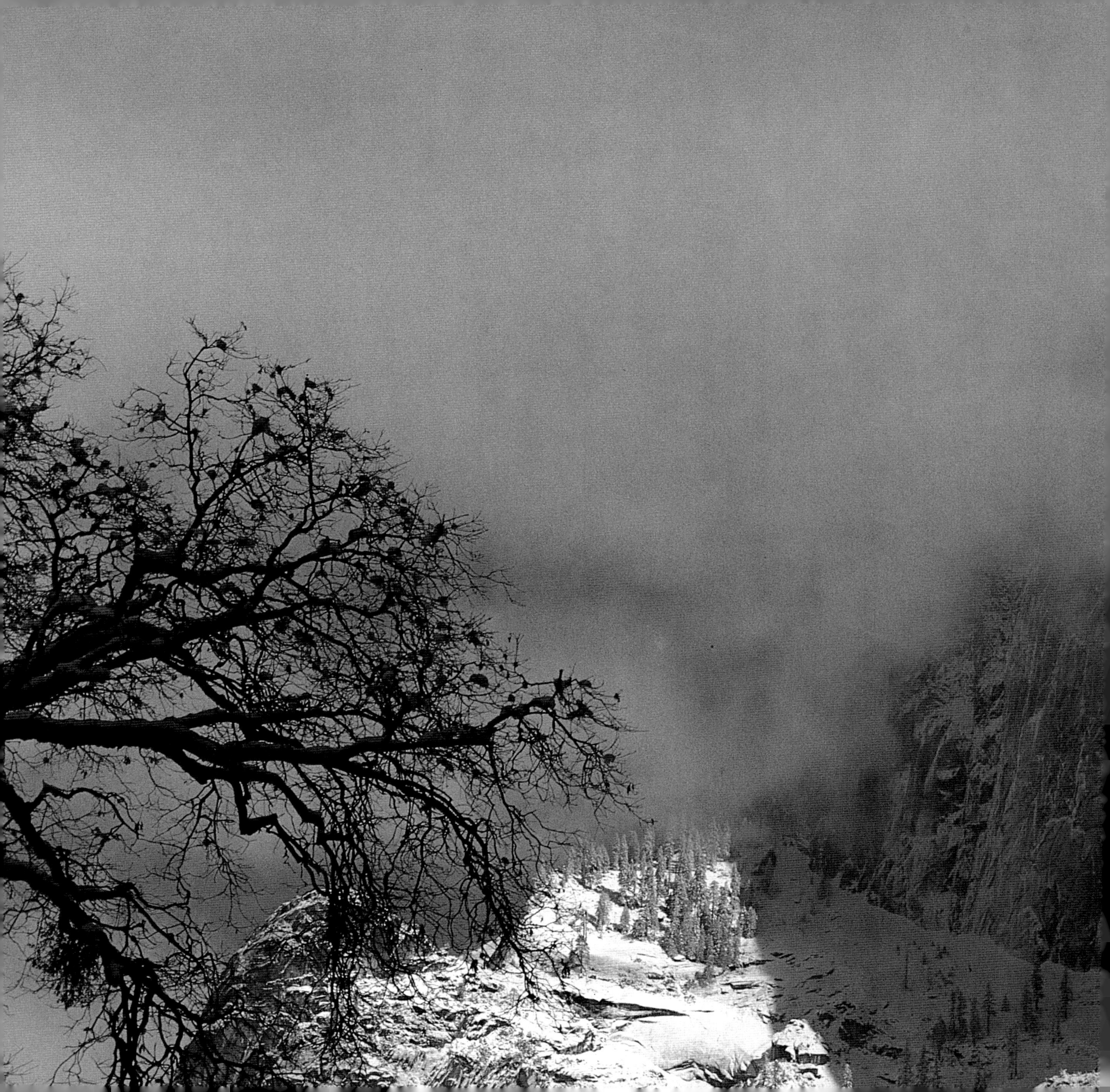

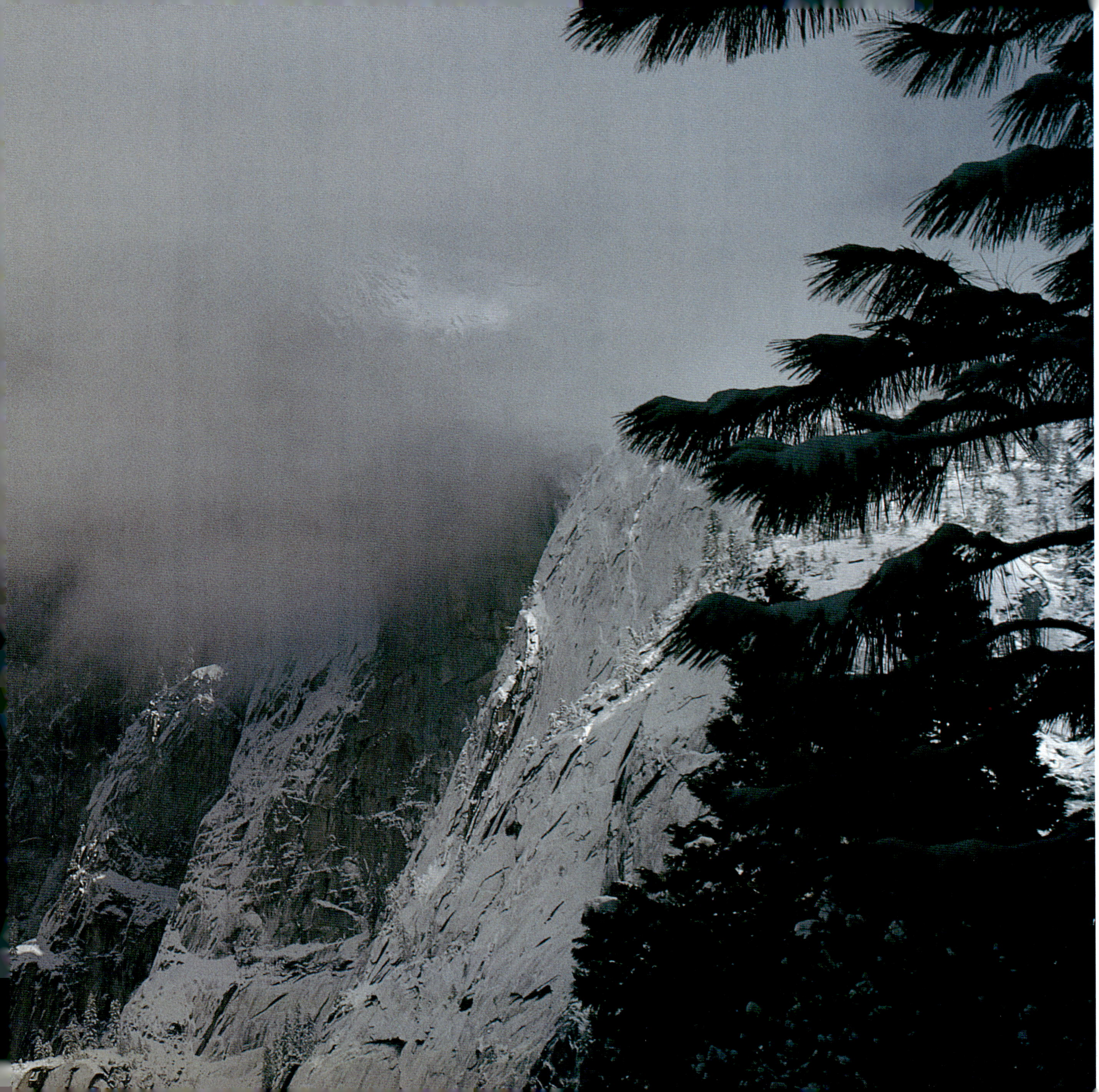

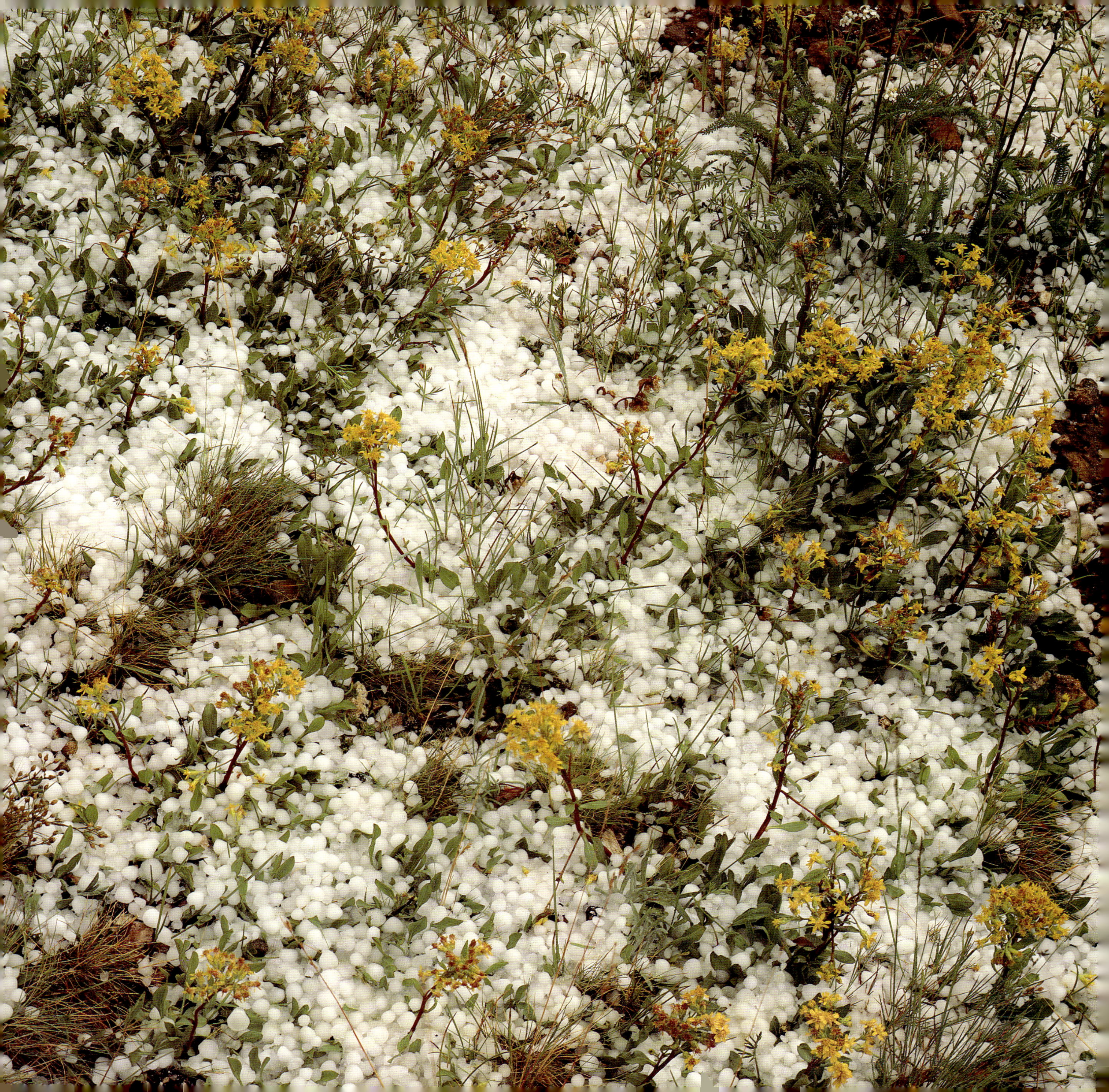

tung, da er den Unterschied zwischen Graupel und Hagel markiert. Regen fällt keineswegs immer aus den Wolken gerade zu Boden. In der turbulenten Strömung eines Cumulonimbus können Regentropfen Hunderte von Metern herabfallen, dann von einer Aufdrift abgefangen und hochgerissen werden bis zu einer Höhe, in der die Temperatur unter dem Gefrierpunkt liegt. Hier gefrieren sie und fallen erneut zu Boden. Dies kann sich wiederholen, so daß sich eine zweite Eisschicht um sie herum bildet. Wenn dies oft genug geschehen ist, werden die Hagelkörner zwiebelartig von Eisschichten umgeben, und sie werden so schwer, daß sie ohne Umweg zu Boden fallen. Da nur Cumulonimbusbewölkung das zur Hagelbildung erforderliche System aus Auf- und Abtrieben bildet, treten Hagelschläge in der Regel in Begleitung dieser Wolken auf und gehen oft mit Tornados einher. Wie Regentropfen brauchen auch die „Embryos" der Hagelkörner einen Kern, um sich bilden zu können. Dies sind zumeist Staubpartikel. Es wurde jedoch im Juni 1975 in Norman, Oklahoma, ein Hagelkorn gefunden, dessen Kern aus einer kleinen Wespe bestand.

Obwohl Hagel aus Eis besteht, kommen Hagelfälle oft bei warmem Wetter vor. Hagelkörner bilden sich für gewöhnlich weit oben in der Frostluft der Spitze eines Sommer-Cumulonimbus und fallen dann, ohne zu schmelzen, herab. Die kleinsten Hagelkörner messen kaum mehr als einen halben Zentimeter, solche jedoch, die vor dem Sturz zur Erde bereits mehrmals auf- und abgewirbelt wurden, können beeindruckende Ausmaße annehmen. Das schwerste je gewogene Hagelkorn wog ein Kilogramm und fiel am 14. April 1986 in Bangladesh. Der Rekordhalter für die Vereinigten Staaten fiel am 3. September 1970 in Coffeyville, Kansas. Er wog 750 g und maß 17 cm im Durchmesser.

Hagelschläge, wie der in Coffeyville, können viel Unglück anrichten: Menschen töten, Ernten verwüsten, Fenster zerschlagen, Dächer durchschlagen und Flugzeuge zum Absturz bringen. Der vermutlich schlimmste Hagelschlag ging am 30. April 1888 in Moradabad in Uttar Pradesh, Indien, nieder. Er wurde von einem Tornado begleitet und tötete 230 Menschen, von denen 200 von Hagelkörnern erschlagen wurden. Der Junge, der das besagte Hagelkorn von Coffeyville fand, war klug genug, seinen Footballhelm zu tragen.

Neben dem Regen ist der Schnee die bekannteste Niederschlagsform. Die Schneebildung beginnt – wie die Regenbildung – mit der Kondensation von Wasserdampf in großer Höhe, wobei die Schneeflocken sich direkt durch das Gefrieren des Dampfes bilden, und sie treffen normalerweise nicht mehr auf warme Luft, wenn sie aus den Wolken fallen. Auf der nördlichen Halbkugel bildet Schnee sich meistens in Zusammenhang mit einem Tiefdruckgebiet, in dem warme, feuchte Luft sich um das Zentrum herum bewegt und sich dann über die kalte Luft nördlich des Tiefdruckgebietes schiebt. Weil hier der Wind aus Osten weht, treffen Schneefälle in der nördlichen Hemisphäre oft mit dem Ostwind ein.

Eine Schneeflocke entsteht als winziges sechseckiges Eiskristall. Diese winzigen Sechsecke bilden die zarten Cirruswolken in großen Höhen. Ist die Luft feucht genug, beginnen die Sechsecke zu wachsen und bilden die klassische sternförmige Eiskristallform. Wenn sie groß und schwer genug sind, sinken sie aus ihrer Wolke herab. Einer solchen Schneeflocke kann auf ihrem Weg vieles geschehen: Sie kann zerbrechen,

---

(SEITE 158): Da Hagel in Gewitterwolken entsteht, kann er zu jeder Jahreszeit vorkommen. Dieser Teppich aus Hagelkörnern legte sich im Juni zwischen die Fettkräuter im Grand Canyon.

(SEITE 156–157): Das atemberaubende kalifornische Yosemite-Tal im Winter.

mit anderen Schneeflocken zusammenwachsen oder mikroskopische Wassertröpfchen anziehen, wenn sie eine Altostratusschicht durchquert. Unten kommt dann eine Nadel, ein Würfel, ein zartes Prisma, ein sechseckiger Zapfen oder ein flaches Sechseck an.

Wenn eine Schneeflocke beim Durchqueren eines Altostratus genug gefrorene Wassertröpfchen aufnimmt, kann sie zum Schneekügelchen werden: einem winzigen Kiesel aus Schnee von weniger als einem halben Zentimeter Durchmesser – kleiner als ein Hagel- und anders als ein Graupelkorn, nämlich undurchsichtig und weiß, nicht durchsichtig wie ein Regentropfen, der während seines Sturzes einfach gefroren ist.

Wenn feuchtigkeitsschwangere Winde im Winter die Berghänge hinaufsteigen, kommt es unter denselben Bedingungen, die bei wärmerem Wetter starke Regenfälle verursachen, zu extremen Schneefällen. An der Paradise Ranger Station an den Hängen des Mount Rainier im Staat Washington, wo feuchte Luft vom Pazifik das Cascade-Gebirge hochsteigt, fielen zwischen dem 19. Februar 1971 und dem 18. Februar 1972 insgesamt 31 Meter Schnee. Das ist der Jahresrekord. Auch der 24-Stunden-Rekord gebührt den Vereinigten Staaten: Am 14. und 15. April 1921 fielen in Silver Lake, Colorado, 193 Zentimeter Schnee.

Diese Schneemassen richteten keinen Schaden an, da sie in entlegenen, dünn besiedelten Gebirgsgegenden sanft niedergingen. Gefährlichere Schneestürme kann es geben, wenn sogar ein spärlicher Schneefall von starken Winden getrieben wird. Obwohl jeder schwere Schneefall gerne als Blizzard bezeichnet wird, meint dieses Wort eigentlich jene alles lahmlegenden Schneefälle, die von eisigen Stürmen begleitet werden und riesige Schneewehen auftürmen.

Um einen solchen Blizzard handelte es sich zum Beispiel bei dem Sturm von 1888. Dieser größte amerikanische Blizzard nahm seinen Anfang in Gestalt zweier Sturmsysteme – das eine vom 8. März aus Salt Lake City, das andere ein Tiefdruckgebiet aus den Südstaaten –, die nach Norden zogen. Der Winter 1887–1888 war hart gewesen, jedoch am Freitag, den 9. März stand das Thermometer bei 10 °C, während sich über New York City und dem übrigen Nordosten das Unheil zusammenbraute, als der südliche Sturm die Oberhand gewann. Am Sonntag, den 11. März erreichte er New York City, und aus Regen wurde Schnee. In der Nacht frischte der Wind auf, die Temperatur sank, und der Schneefall nahm zu. Bis

Während des großen Schneesturms von 1888 mußten die Menschen auf der Brooklyn-Brücke schwer gegen den Sturm ankämpfen, um von ihren Arbeitsstätten in Manhattan nach Hause zu gelangen.

Montag morgen war der Wind auf 135 Stundenkilometer angewachsen, legte die meisten Stromleitungen lahm und schnitt alle Verbindungswege ab. Der Blizzard dauerte über 24 Stunden. Der Schnee türmte sich 20 Stunden lang mit zweieinhalb Zentimetern pro Stunde. In einigen Gegenden New York Citys blies der Sturm eine nur 50 Zentimeter hohe Schneedecke zu 5 Meter hohen Schneewehen. In New Haven fielen insgesamt 12 Meter Schnee, und im nahegelegenen Middletown erreichte er 12,50 Meter und bildete riesige Schneewehen. Für die Städte im Nordosten waren nicht nur die telefonische und telegrafische Verbindung zu anderen Städten abgeschnitten, sondern sämtliche Straßen und Zugstrecken waren von Schneeverwehungen blockiert. Die ersten Rettungszüge kamen am Mittwoch, den 14. März bis New York durch, und bis zum folgenden Morgen war die Temperatur über den Gefrierpunkt gestiegen. Der große Blizzard war vorüber. Er hatte 400 Menschenleben gefordert: die meisten waren der eisigen Kälte zum Opfer gefallen, in Schneewehen geraten, hatten sich im tiefen Schneetreiben verlaufen. Seeleute waren unmittelbar vor der Küste in der schweren, eisigen See ertrunken.

In Gebirgsgegenden stellt der Schnee unterschiedliche Bedrohungen dar. Den ganzen Winter über häuft er sich auf den eisigen Höhen. Durch Wind, das allmähliche Abschmelzen im Frühling oder auch nur durch ein lautes Geräusch, wie etwa einen Gewehrschuß, können Lawinen ausgelöst werden und ganze Dörfer unter sich begraben. Am 10. Januar 1962 lösten sich tonnenschwere Massen Eis und Schnee von den Hängen des Huascarán in den peruanischen Anden, donnerten auf die Bergdörfer herab und begruben über 3000 Menschen unter sich. Selbst der Wind, den eine Lawine verursacht, kann tödliche Folgen haben. Im Dezember 1952 raste ein Wind, der vor einer Lawine hergetrieben wurde, den Arlberg-Paß etwa 100 Kilometer westlich von Innsbruck in den Lechtaler Alpen in Österreich hinunter und fegte einen Bus mit Skifahrern von der Brücke. 23 der 31 Fahrgäste kamen um.

Der Schnee hat aber auch seine schönen Seiten. Wenn er auf einem Hügel leicht zu schmelzen beginnt, treibt der Wind den Oberflächenschnee zuweilen dazu, den Hügel hinunterzurollen. Dabei bilden sich Schneewalzen – faßförmige Schneemassen, die auf dem Weg ins Tal wachsen. Diese Schneewalzen, die man auch auf steilen Dächern beobachten kann, sehen aus wie das Werk von Kindern, die einen Schneemann bauen. Die ersten Siedler

Die Madison Avenue in New York nach dem Schneesturm von 1888 vermittelt einen anschaulichen Eindruck von den ungeheuren Schneemassen, die der Wind in den Straßen der Stadt aufgetürmt hat.

in Nordamerika sprachen von Schneefeuer: einem matten roten Glühen am südwestlichen Himmel, das oft einem Schneefall vorausging. In der hellbeleuchteten heutigen Welt ist solch ein Schneefeuer selten zu beobachten, aber es gibt es noch, als zuverlässigen Boten eines herannahenden Schneesturms. Ein Phänomen, das nie ausreichend erklärt werden konnte.

Im Frühling kommt es in Südeuropa hin und wieder zu farbigen Schneefällen, wenn der *Samum* Saharastaub über das Mittelmeer weht. Am 9. März 1972 färbten Kupfersalze als Bestandteile des Saharastaubs den Schneefall in den Alpen blaßblau. Andere Staubwinde aus der Sahara verursachten in Südeuropa rosafarbenen Schneefall. Während des Dust Bowl in den dreißiger Jahren fiel in New York und Vermont schwarzer Schnee. Auch Regen kann farbigen Staub transportieren: Am 9. April 1970 erzeugte der Saharastaub in Thessaloniki in Nordgriechenland blutroten Regen. Solch roten Regen hat es im Norden schon bis nach Cornwall und Devonshire in England gegeben.

Schnee und Regen nähren die Flüsse und Ströme, die die Erde bewässern. Auch auf diesem Wege können sie Katastrophen und Zerstörungen verursachen. Niemand weiß genau, welche Wetterbedingungen zu der biblischen Sintflut führten – einer Flut, die in den Sagen der Ureinwohner Amerikas, der australischen Aborigines und sogar der Fidschi-Insulaner vorkommt. Was jedoch im November 1966 in Florenz geschah, wurde gewissenhaft aufgezeichnet und wird noch lange in Erinnerung bleiben. Es begann mit einem schweren Regen, verwandelte sich dann aber zu einer der bekanntesten und schlimmsten Überschwemmungen der Neuzeit. Nach unaufhörlichen Regenfällen während der Nacht wachten die Einwohner von Florenz am Morgen des 3. November auf und stellten fest, daß der Arno über die Ufer getreten war und die Straßen und Alleen in reißende Bäche verwandelt hatte. Die Berghänge hinter der Stadt waren vor einiger Zeit ihrer Bäume beraubt worden, die einiges von dem Wasser hätten abfangen können, das sich nun in das schmale Flußbett ergoß, welches sich durch die Stadt schlängelt. Der Boden war bereits durch schwere Herbst-Regenfälle gesättigt.

In dieser Novembernacht gab der mächtige Damm eines Wasserkraftwerks 47 Kilometer stromaufwärts plötzlich eine ungeheure Wasserwand frei. Das Becken eines anderen Staudamms sechseinhalb Kilometer flußabwärts floß nahezu unmittelbar über, und die Ingenieure hatten keine andere Möglichkeit, als die Schleusen zu öffnen, bevor der untere Damm brach und die Stadt unter sich buchstäblich weggespült hätte. Unaufhaltsam stieg der Fluß über seine Ufer, erst im Süden, dann im Norden, überflutete den mittelalterlichen Stadtkern von Florenz und drang in Häuser und Geschäfte ein. Über 100 000 Einwohner retteten sich in die oberen Stockwerke oder auf die Dächer ihrer Häu-

(SEITE 163): **Als am 31. Mai 1889 die Deiche am Conemaugh-Fluß brachen, erlitt Johnstown, Pennsylvania, die fürchterlichste Überschwemmung in der amerikanischen Geschichte** (OBEN). (UNTEN): **Zwei Tage nach der Überschwemmung vom November 1966 standen die Autos in Florenz vor der Basilica di Santa Croce aus dem 13. Jahrhundert immer noch tief im Schlamm.**

(SEITE 164–165): **In ihrem oberen Verlauf von Schmelzwasser gespeist, ergießen sich die schlammigen Fluten des Little-Colorado-Flusses über Sandsteinterrassen in Nordarizona.**

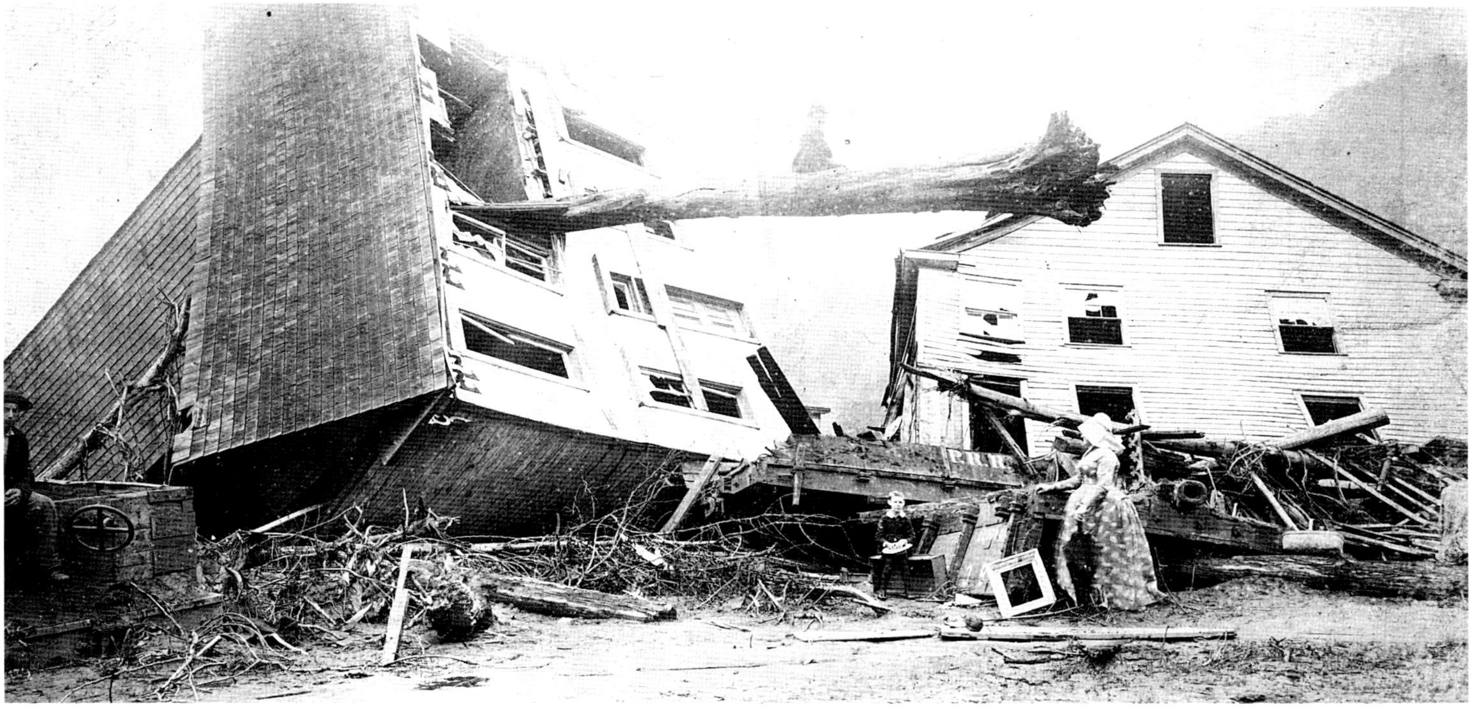

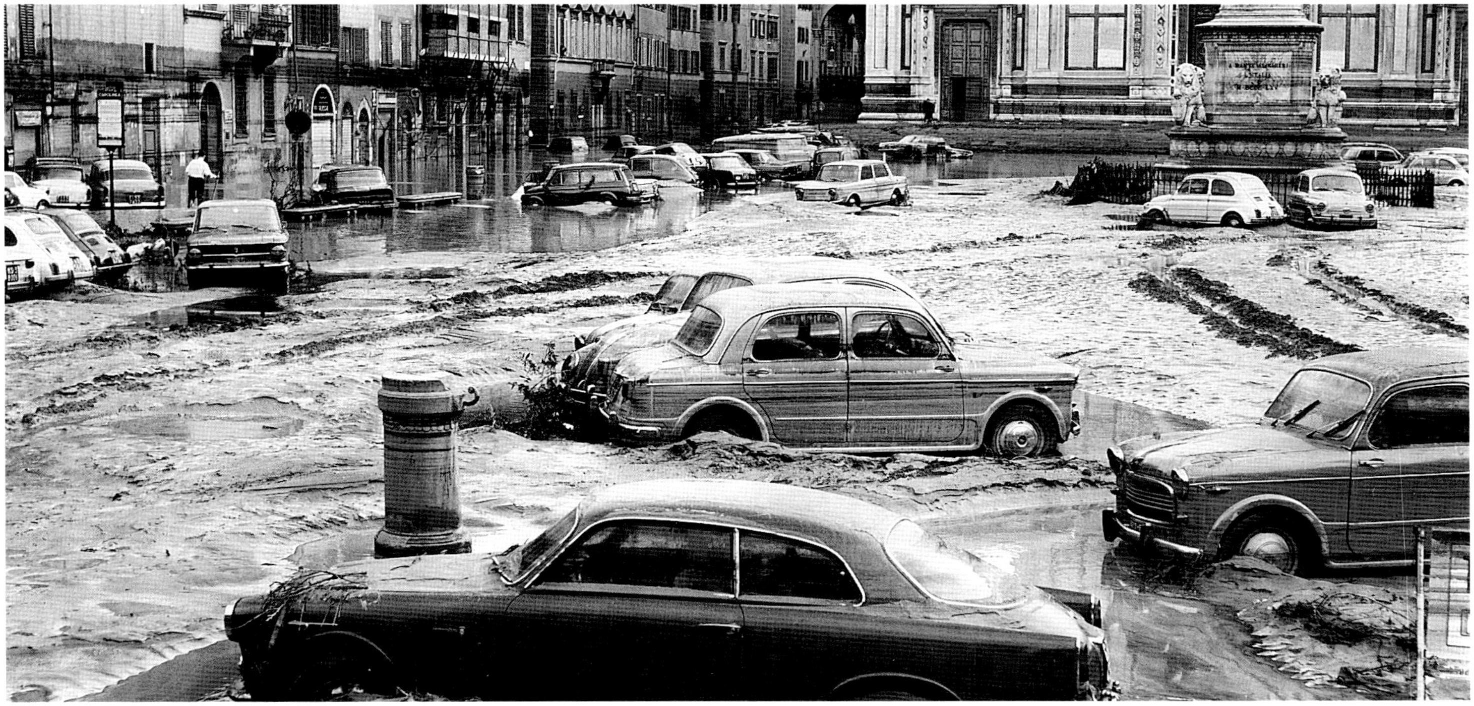

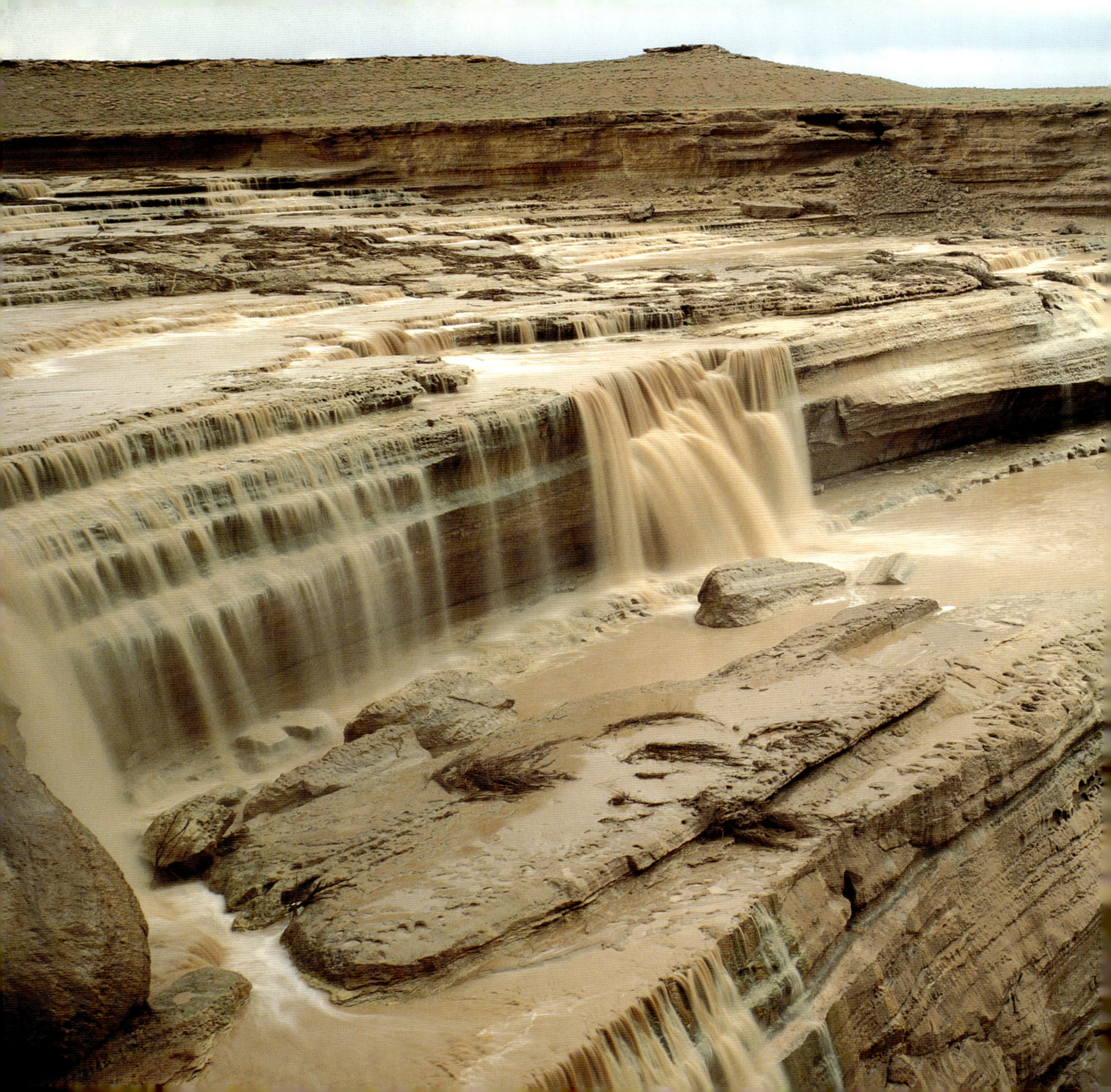

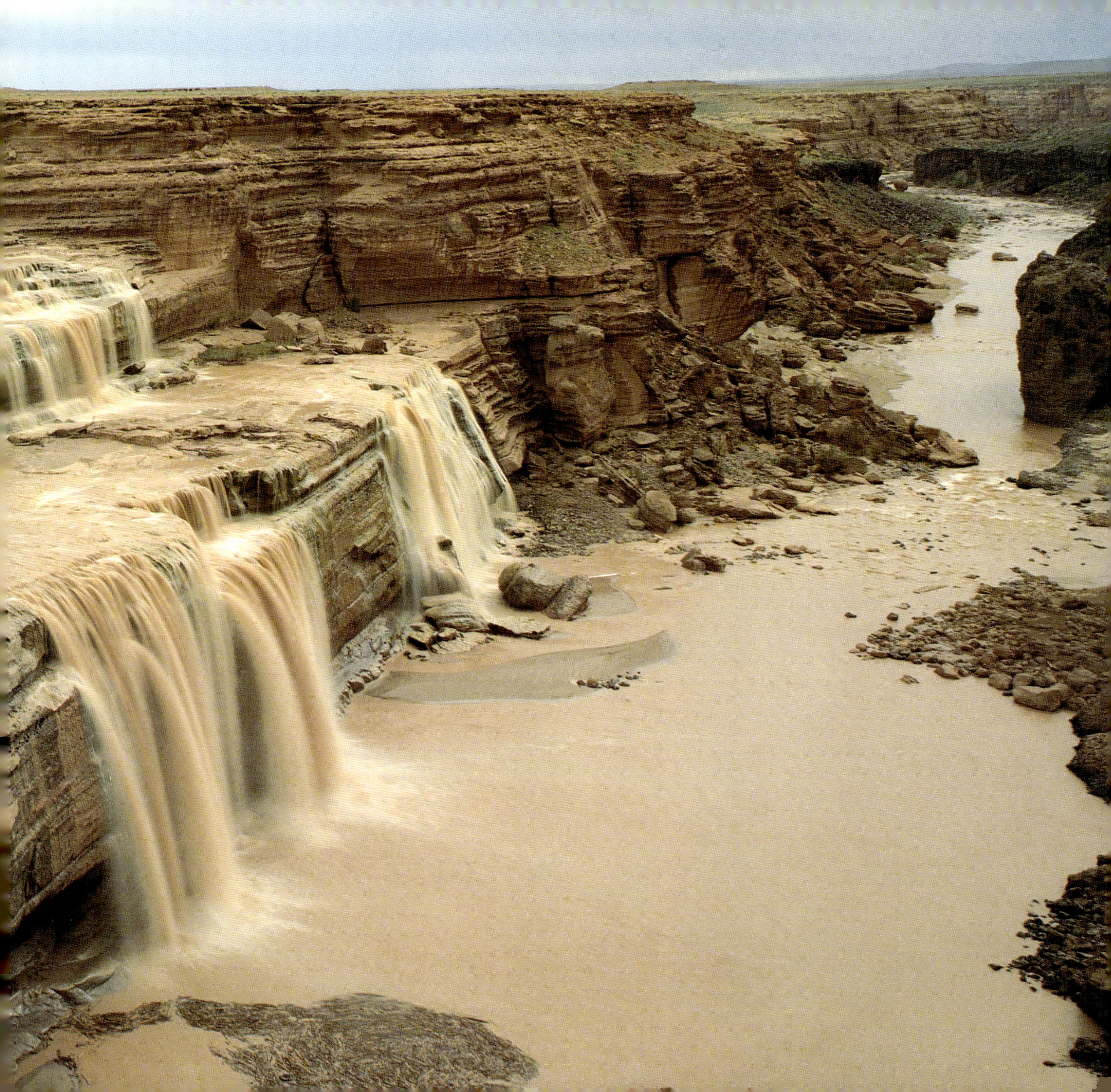

ser, wo sie den ganzen Tag und die folgende Nacht ausharren mußten.

Als am Morgen des 3. November die Regenfälle anhielten und das Wasser an die Portale der Ognissanti-Kirche schwappte, versuchten die Priester verzweifelt, Wertstücke aus der Kirche in Sicherheit zu bringen. Schließlich brachen die Türen jedoch krachend auf, und eine ölige braune Brühe strömte in das Kirchenschiff, schob ein Gewirr von Stühlen vor sich her und durchtränkte Botticellis Freske des Heiligen Augustinus aus dem 15. Jahrhundert. In der Kirche Santa Croce aus dem 13. Jahrhundert lagen die Gräber Galileis, Michelangelos und Machiavellis 5 Meter unter Wasser. Die einzigartige Sammlung etruskischer Kunstgegenstände im Museum für Archäologie erlitt irreparable Schäden. Die Flut stieg bis in den dritten Stock der Uffiziengalerie. In der Nationalen Zentralbibliothek wurden über eine Million unbezahlbarer Handschriften und Bücher unter einer tiefen Schlammschicht begraben. 35 Menschen ertranken, 15 000 Autos wurden zerstört, wie durch ein Wunder blieben jedoch sämtliche Brücken unversehrt.

Nie zuvor war ein so großes Erbe der westlichen Zivilisation einer solchen Vernichtungsgefahr ausgesetzt gewesen. Am folgenden Tag hörte der Regen endlich auf, und innerhalb weniger Stunden kamen Schüler, Studenten, Künstler, Techniker und Hilfswillige aus aller Welt in die zerstörte Stadt, um bei den aufwendigen Restaurationsarbeiten zu helfen. Heute, fast ein Vierteljahrhundert später, bemerkt der Besucher in Florenz nur noch wenig von dieser kolossalen Katastrophe, aber die Aufbauarbeiten gehen weiter. Hinter den Kulissen, in den großen Palästen, Kirchen und Museen restauriert ein internationales Heer von Helfern die Stadt Dantes, Leonardos, Michelangelos und Raphaels und die Geburtsstätte des Oratoriums, des Pianos und des Barometers.

Wenn sie sich von ihrer freundlicheren Seite zeigen, können Regen- und Schneefälle etwas Reinigendes und Schönes haben. Trotz ihrer Kälte schützt eine Schneedecke kleine Pflanzen und Tiere vor den noch härteren Außentemperaturen. Nicht nur der Saharastaub verleiht dem Schnee verschiedene Farben, auch das Sonnenlicht kann in seinem Spiel aus Licht und Schatten im Morgengrauen oder in der Abenddämmerung rosa und blaue Töne hervorbringen. Der Regen reinigt die Luft, singt uns in den Schlaf, wenn er gleichmäßig aufs Dach trommelt, tränkt die Pflanzen und entlockt der Erde eine Vielzahl von Düften. Regen wie Schnee nähren die Flüsse, und es sind diese Flüsse – auch der Arno – die die Felder fruchtbar machen. So gefährlich sie zuweilen auch sein mögen – machmal sind Regen und Schnee doch schön anzusehen, wenn Regentropfen die Oberfläche eines Teiches sprenkeln, oder wenn Schneeflocken friedlich auf die Zweige von Nadelbäumen niedersinken. Sie sind Teil des ewigen Naturkreislaufs des Wassers auf unserem Planeten – von der See zum Himmel, herab auf den Boden und in die Flüsse und schließlich zurück in das Meer. An irgendeinem Punkt dieses Kreislaufs schöpfen alle Lebewesen Kraft und Leben aus dem Wasser – auch wir Menschen sind Teil dieses Zyklus.

(SEITE 167): **Schnee kann Probleme bringen, aber auch sehr schön sein** (SEITE 168–169).

(SEITE 170–171): **Während der tägliche Regenschauer allmählich abklingt, erstrahlen Guatemalas ehrwürdige, vom häufigen Regen sauber gewaschene Pyramiden von Tikal schon wieder im Schein der Sonne.**

167

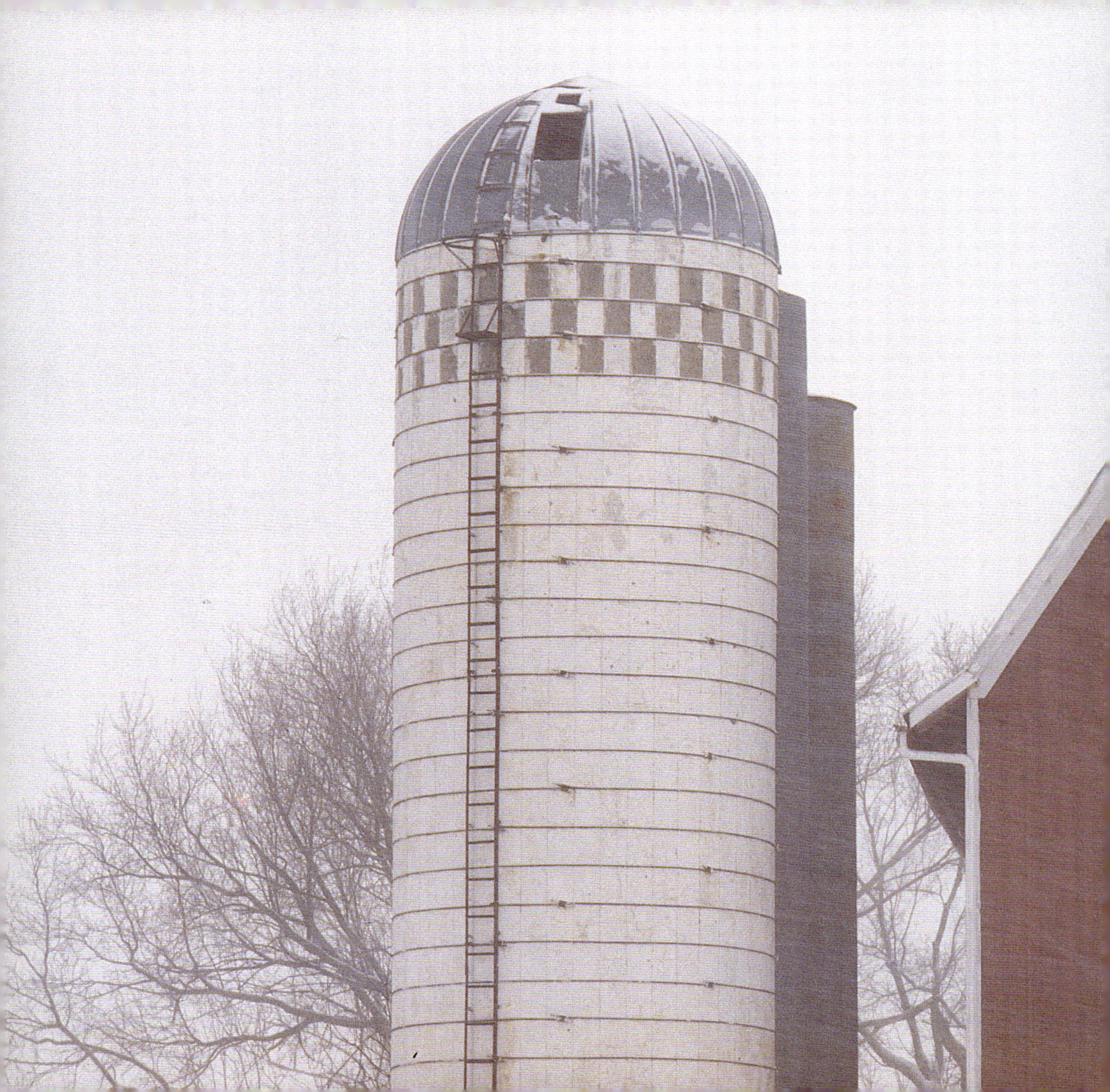

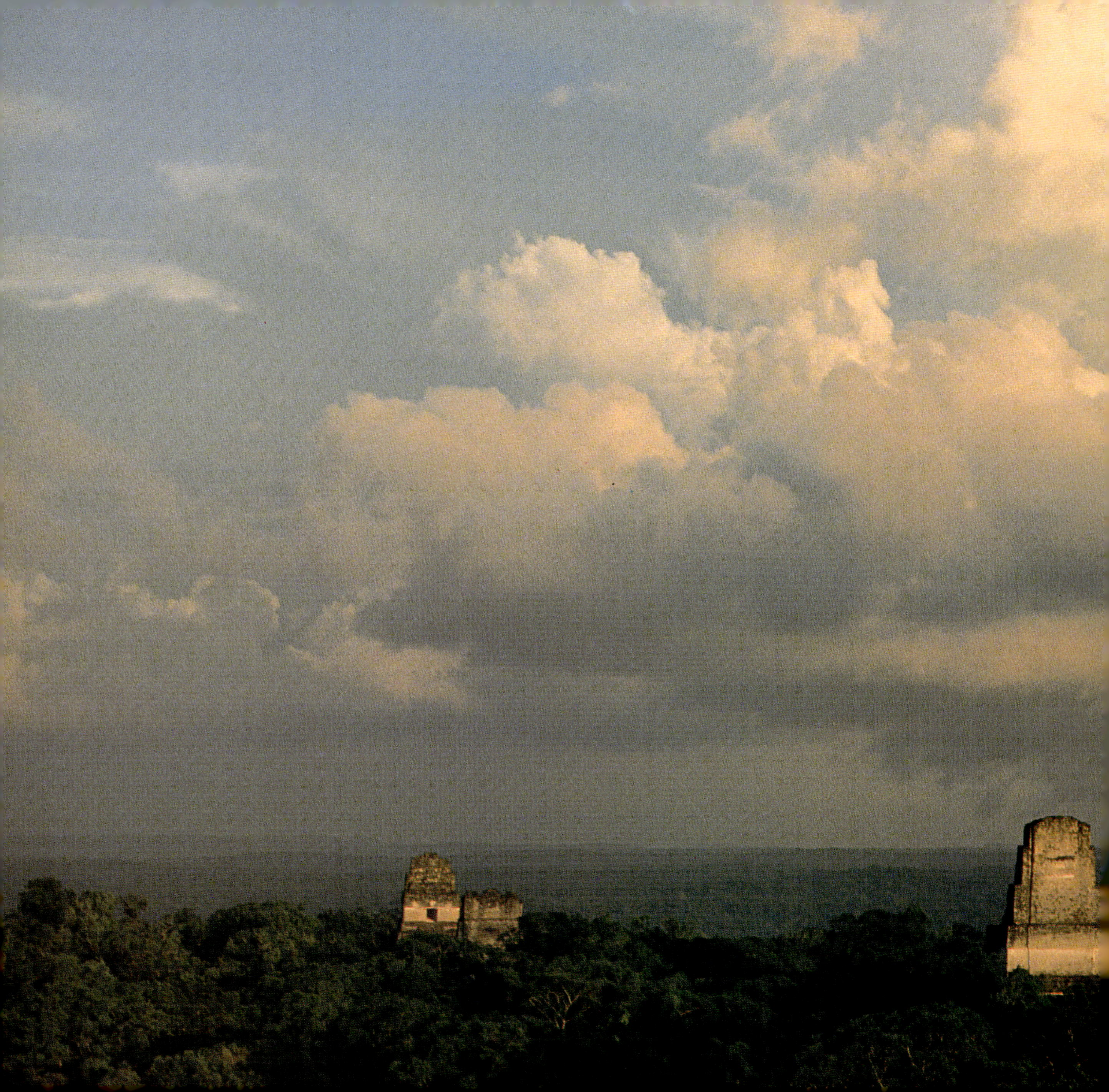

8
SEENEBEL UND STAUBSTÜRME: PARTIKEL IN DER ATMOSPHÄRE

WÄHREND IN SHAKESPEARES *RICHARD III.* DER HERZOG VON Clarence im Tower von London schmachtet, klagt er, daß seine Seele nicht frei sei, um die „leere, weite und wandernde Luft" zu finden. Er kann noch nicht wissen, daß die Luft um ihn herum zwar weit ist und wandert, daß sie jedoch keineswegs leer ist. Neben unzähligen Molekülen von Stickstoff, Sauerstoff, Argon, Kohlendioxid, Wasserdampf und mehreren anderen Gasen enthält die Luft größere Partikel wie Staub, Asche von Waldbränden und Vulkanausbrüchen, Salzkristalle, Sporen, Pollen, Wassertröpfchen und Eiskristalle. Und heute, fast 400 Jahre nachdem Shakespeare *Richard III.* schrieb, müssen wir diesen natürlichen Teilchen eine weitere Klasse von Teilchen hinzufügen: vom Menschen erzeugte Luftverschmutzung.

Es sind tatsächlich diese Moleküle und Partikel, die dem Himmel oftmals seine Farbe verleihen. Die längeren Wellen des Sonnenlichts, die roten und gelben, durchdringen die Atmosphäre, die kürzeren, blauen, werden jedoch von den Teilchen unterbrochen und gestreut. Wenn wir zum Himmel blicken, sehen wir gebrochenes, indirektes Licht. Wenn der Himmel tiefblau ist, heißt das nicht, daß keine Teilchen vorhanden sind, sondern nur, daß sie sehr klein sind. Am klarsten ist das Himmelsblau, wenn nur wenige kleine Teilchen in der Luft schweben – am Morgen, im Winter, über dem Meer, oder nachdem ein Regen die Luft von ihren größeren Teilchen gereinigt hat. Die größeren Partikel brechen mehr einfallendes Licht, was eine blaßblaue oder weißliche Himmelsfarbe zur Folge hat, da nur die längeren gelben Wellen zur Erde durchdringen. Bei Sonnenaufgang und -untergang wirkt die Sonne rot oder gelb, da das Sonnenlicht auf einem bogenförmigen Weg mehr Atmosphäre durchdringen muß. Die kürzeren blauen Wellen werden gefiltert, und nur die längeren roten und gelben Wellen gelangen zur Erde.

Obwohl der Wasserdampf nur 1,4 Prozent der Luft ausmacht, ist er der einflußreichste der atmosphärischen Partikel, die das Wetter beeinflussen. Kalte Luft hält Feuchtigkeit schlechter als warme, und wenn die Temperatur sinkt, verliert die Luft allmählich ihre Fähigkeit, Wasserdampf zu halten. Das führt dazu, daß die Luft beim Abkühlen ihren Sättigungspunkt erreicht. Ein minimales Absinken der Temperatur genügt dann,

---

(SEITE 173): **Nach einer starken Eruption können die feinen Ascheteilchen eines Vulkans monate- oder jahrelang zu glutroten Sonnenuntergängen führen.**

(SEITE 174–175): **Entlang der Na-Pali-Küste der Insel Kauai treiben Schwaden von Seenebel, die im Sog der während des Tages erwärmten und aufsteigenden Luft die steilen Klippen emporkriechen.**

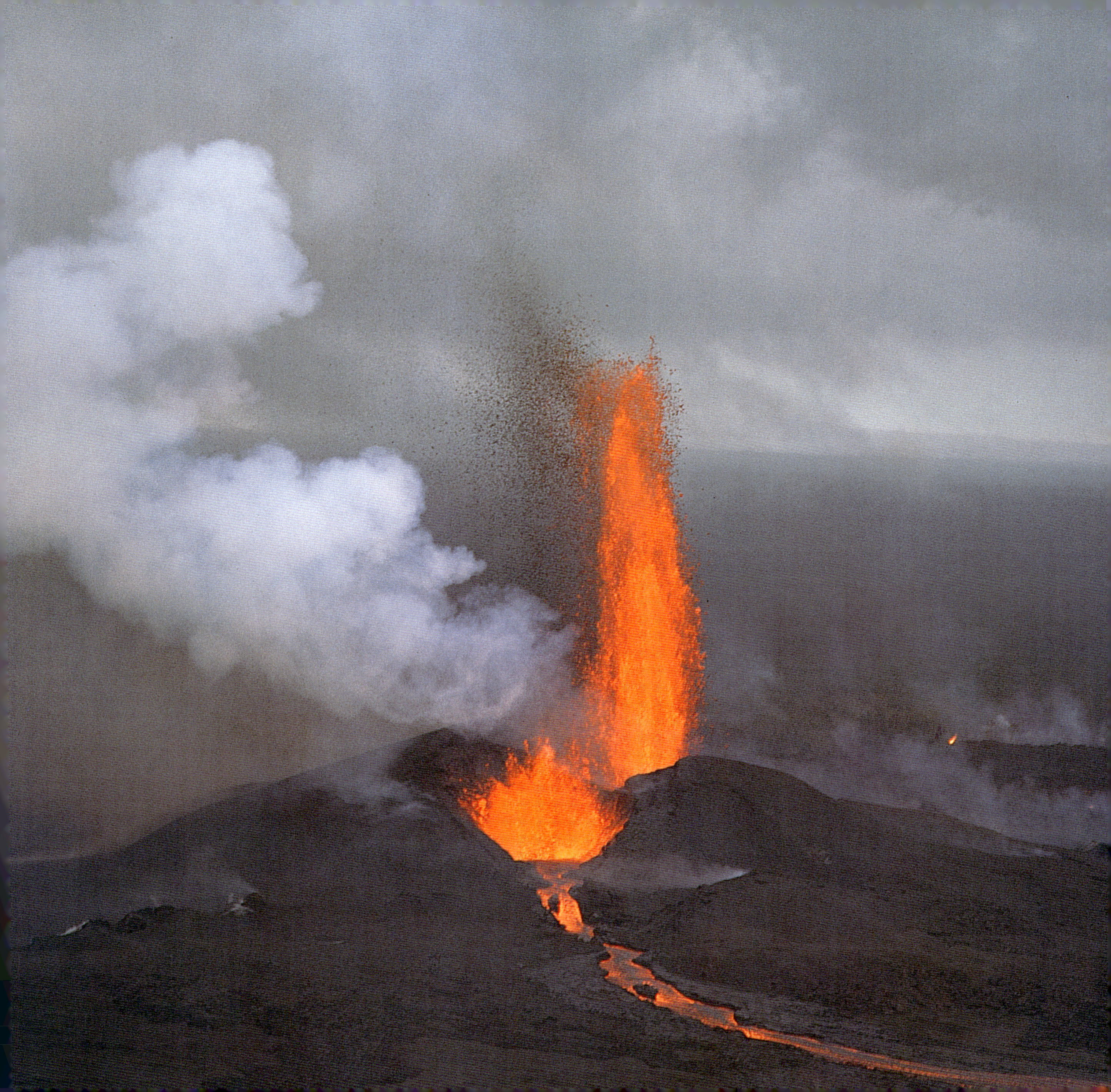

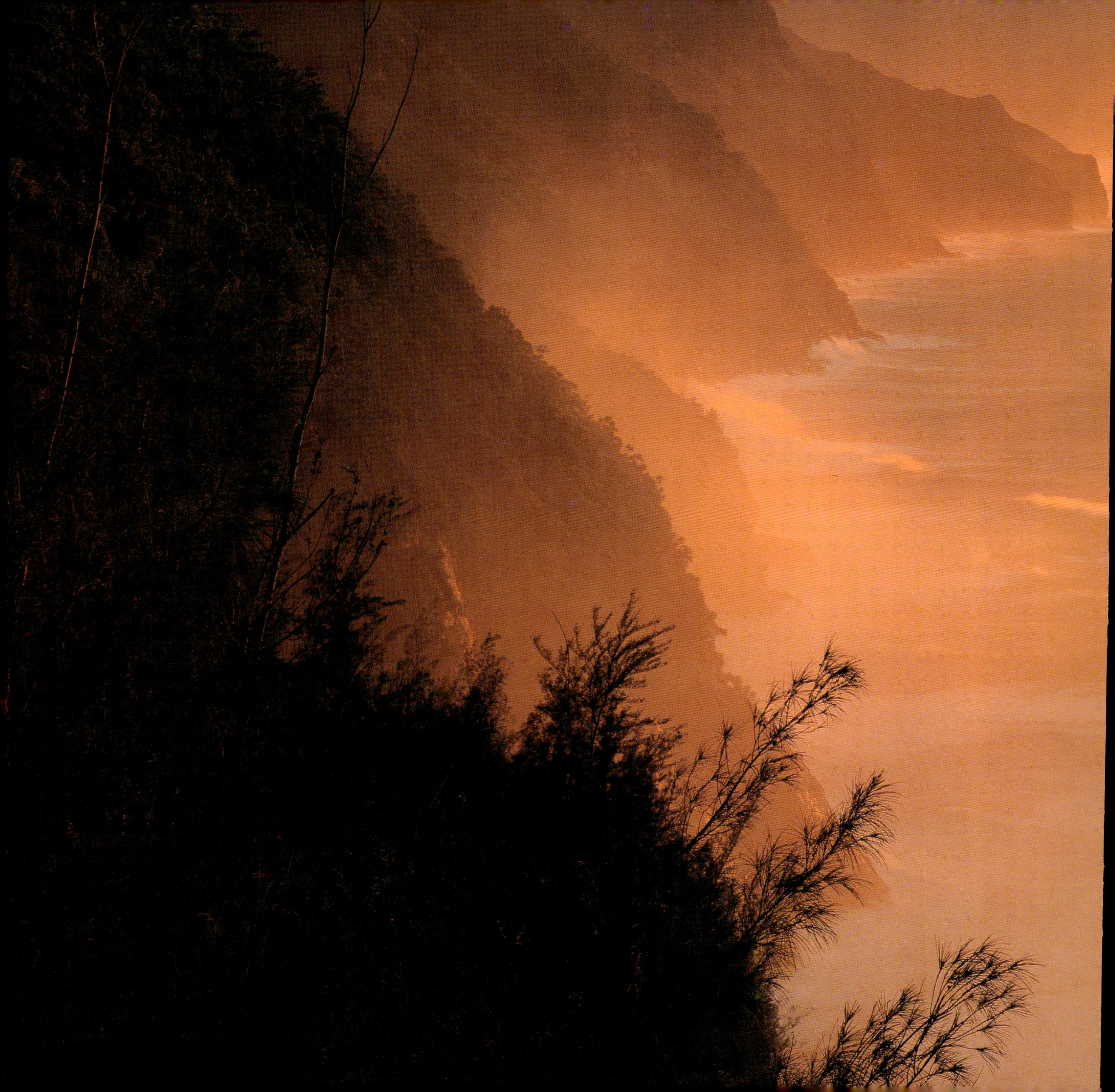

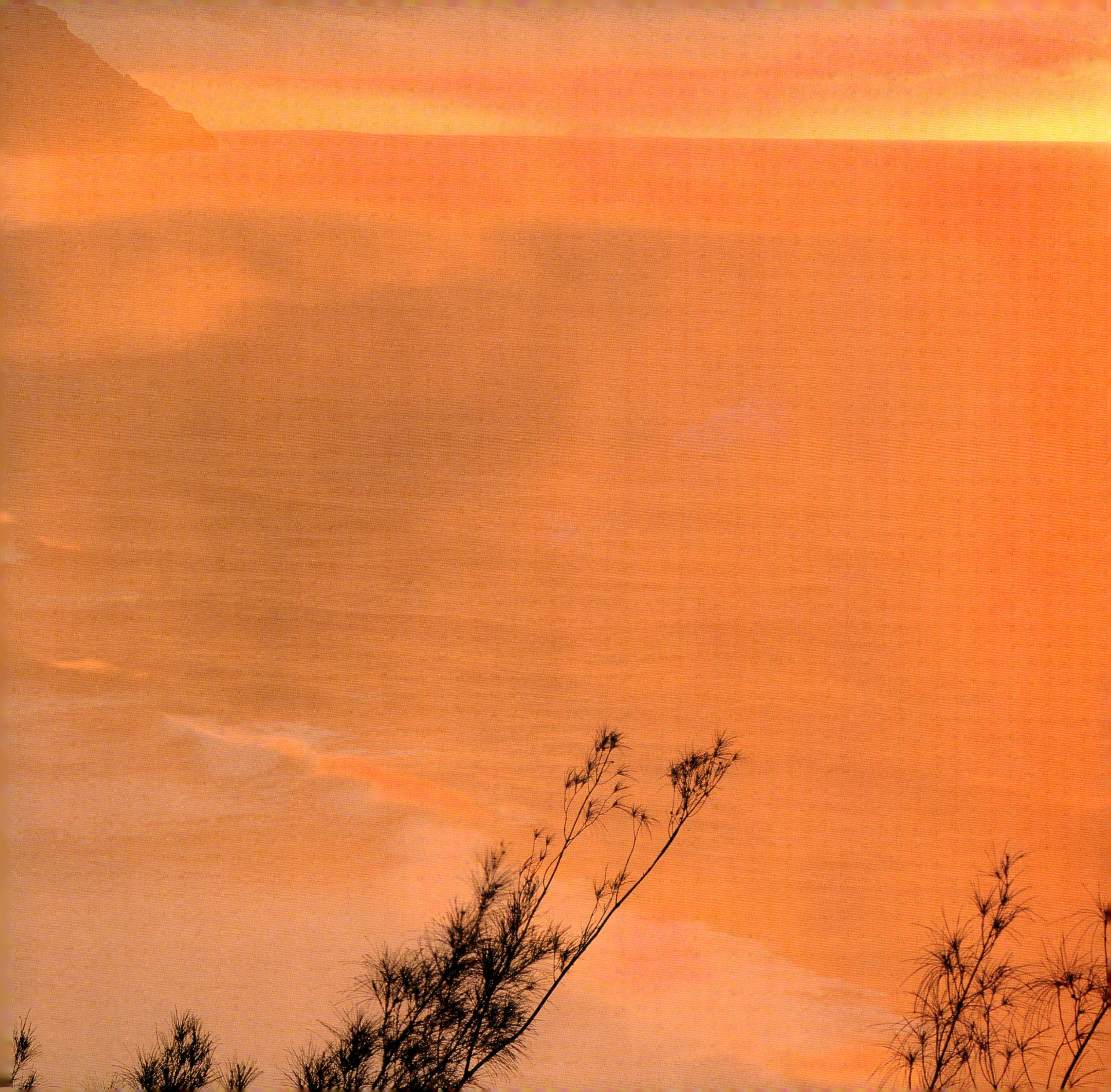

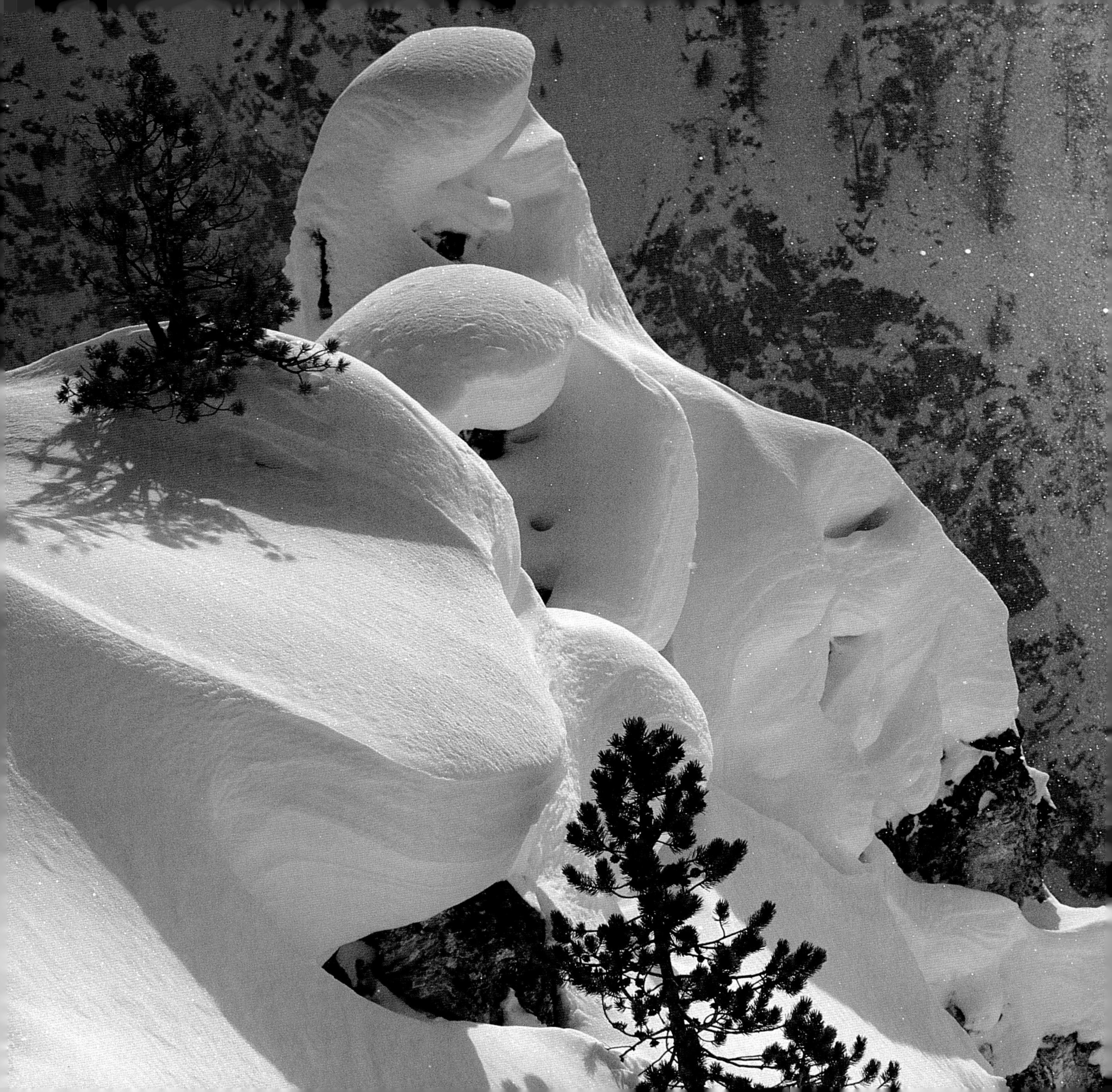

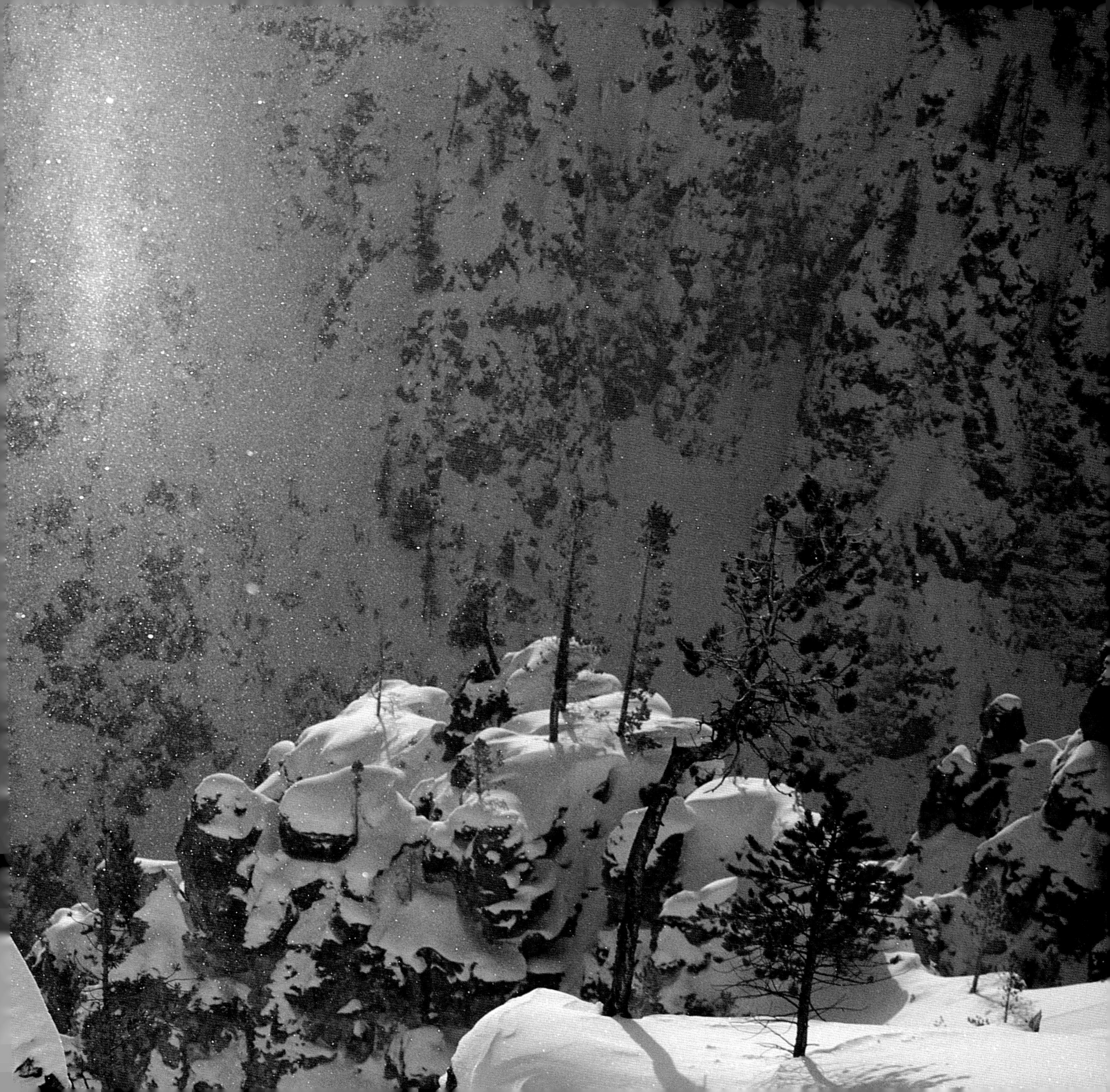

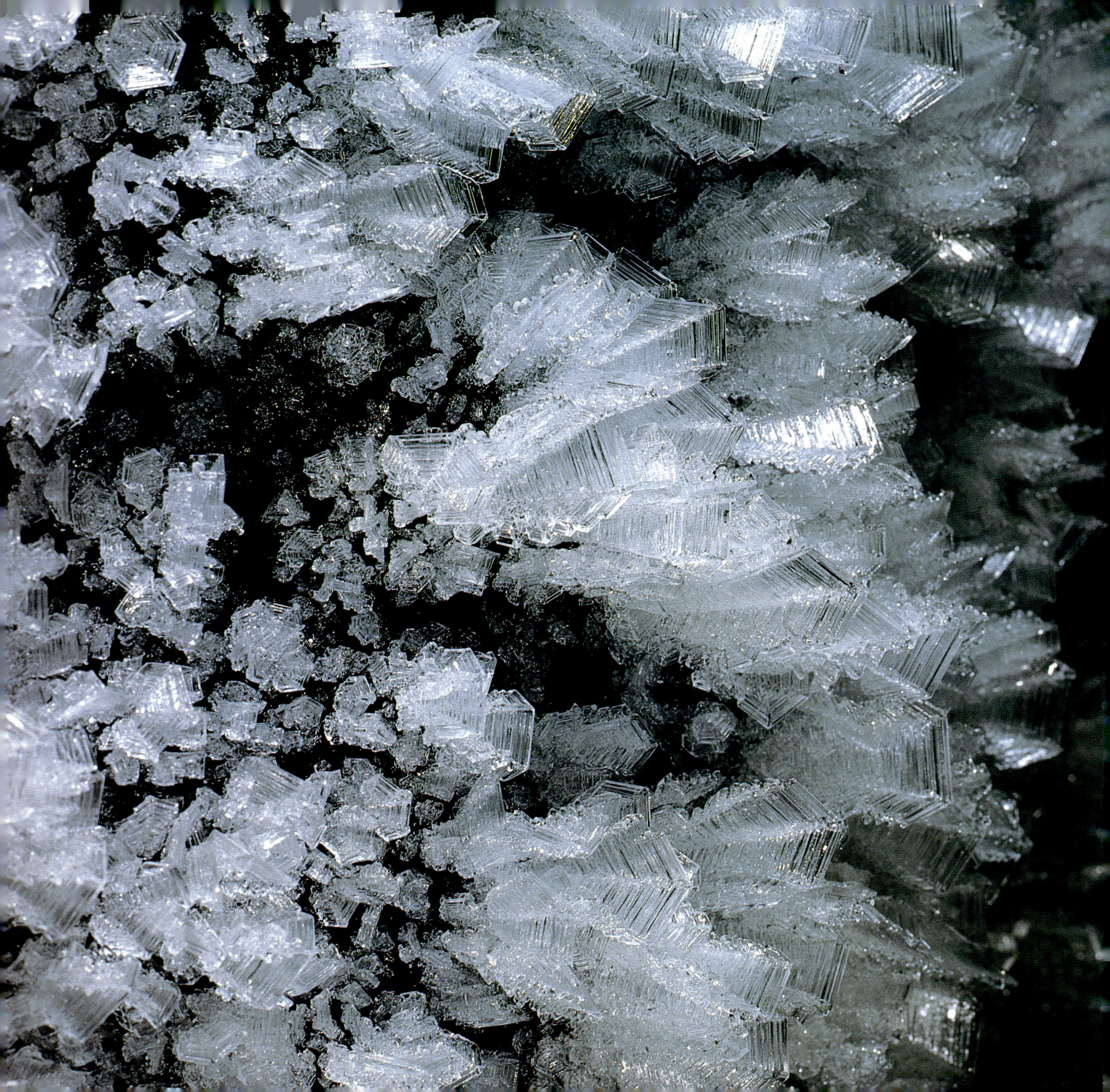

um den Wasserdampf zu Teilchen – Regentropfen oder Eiskristallen – kondensieren zu lassen. Die Temperatur, bei der dies geschieht, wird Taupunkt genannt. Normalerweise findet diese Kondensation hoch über der Erde statt und führt zur Wolkenbildung. Unter bestimmten Umständen kondensiert der Wasserdampf jedoch eher am Boden als am Himmel. Dann entsteht Dunst, wenn die Sichtweite über achthundert Meter beträgt, bzw. Nebel bei geringerer Sichtweite.

Häufig bildet Nebel sich in klaren, windstillen Nächten, wenn die Erde die Sonnenwärme des Tages abstrahlt und die Luft am Boden abkühlt. Diesen Nebel sehen wir am nächsten Morgen als Bodennebel: Nebelschwaden ziehen über Teiche, Marschen und nasse Wiesen an einem ansonsten klaren, sonnigen Morgen. Oder Schwaden dichten Nebels reflektieren das Scheinwerferlicht eines Autos, das ein Tal oder eine Klamm durchquert, in das sich kühle Luft aus den Höhen ergossen hat. Bodennebel löst sich für gewöhnlich auf, sobald die Sonne die Luft erwärmt. Er kündet häufig schönes Wetter an. Während einer Inversionswetterlage bildet sich Talnebel. Die kühle, feuchte Luft im Tal ist unter einer warmen Luftschicht gefangen, kann nicht entweichen und bildet Nebel. Wie Bodennebel löst sich auch Talnebel bald nach Sonnenaufgang auf.

Advektionsnebel entsteht, wenn feuchte Luft über eine kältere Land- oder Wasserfläche zieht. Wenn in Maine der Südwind vom warmen, küstenfernen Wasser über das kältere Wasser in der Nähe der Küste weht, kondensiert der Wasserdampf rasch. Solchen Nebel erkennen wir an schnell ziehenden Nebelbänken, die eine Insel nach der anderen einhüllen, während sie sich der Küste nähern. Advektionsnebel finden wir häufig an der europäischen Westküste und an der nordamerikanischen Pazifikküste. In Kalifornien kriecht Advektionsnebel von See her über die Hügel und die Küste entlang. Wenn er die Hügelkämme erreicht, wird er von den warmen Strahlen der Morgensonne rasch aufgelöst. Nebelschwaden ergießen sich die Osthänge hinab und verschwinden, noch bevor sie die Ebene erreichen. Advektionsnebel entsteht auch unter umgekehrten Umständen: wenn kalte Luft sich über eine warme Oberfläche verteilt, verdampft die warme Luft über dem Boden bei der Berührung mit der kälteren Luft darüber. Das gleiche gilt für die Bildung von Seenebel: zarte Nebelschwaden steigen von den Wellen auf, wo kalte Luft über warmem Wasser liegt.

Wenn Advektionsnebel die Schiffahrt gefährdet, warnen Nebelhörner, die an Leuchttürmen auf Felsklippen angebracht sind, die Schiffe, sobald die Sichtweite unter 800 Meter sinkt. Da feuchte Luft den Ton weiter trägt als trockene Luft, hat man festgestellt, daß Nebelhörner bei gleichmäßigem Nebel weiter zu hören sind, als bei klarem Wetter. Selbst vor der Nebelbildung reicht der Ton des Nebelhorns in der feuchten Luft weiter, auch wenn der Taupunkt noch nicht eingetreten ist. Unregelmäßiger Nebel ist allerdings gefährlicher. Der Ton wird von den einzelnen Nebelflächen reflektiert und führt den Kapitän zuweilen in die Irre, so daß das Risiko eines Schiffbruchs steigt.

Wenn Luft einen Gebirgshang hinaufgedrängt wird, kann sie beim Aufsteigen abkühlen und auf der Windseite des Hanges Bergnebel bilden. Solcher Bergnebel bildet sich oft im Nordwestpazifik und in den Alpen, tritt aber in großen Flächen auch in den Hochebenen des westlichen Kansas und Colorado auf, wo der feuchte Wind vom Golf von Mexiko sich abkühlt,

Eiskristalle sind häufig von atemberaubender Schönheit, egal, ob sie in der Luft kristallisieren (SEITE 176–177) oder am Boden wachsen (SEITE 178).

sobald er auf die östlichsten Hänge der Rocky Mountains trifft. Eine weitere Nebelart, der Frontennebel, bildet sich zuweilen im Vorfeld von Warmfronten, wenn Regen die der Front vorgelagerte kalte Luft durchquert und in Bodennähe eine Zone kleiner Tropfen bildet.

Wenn in klaren Nächten die Luftfeuchtigkeit nicht ausreicht, um Nebel zu bilden, die Temperatur am Boden jedoch unter dem Taupunkt liegt, kondensiert der Wasserdampf zu Tau. Taubildung in klaren Nächten, in denen kein bedeckter Himmel den Boden vor dem Auskühlen bewahrt, künden schönes Wetter an. Tautropfen bilden sich normalerweise durch rasch sinkende Temperatur bei Sonnenuntergang und überdauern bis zum Morgen. Läuft man in der Abenddämmerung mit der Sonne im Rücken über eine taugetränkte Wiese, spiegeln die Tautropfen das Bild der Sonne wider. Der Schatten des Kopfes trägt dann einen Lichtkranz. Manchmal wirken die Tautropfen sogar wie kleine Prismen, die das Sonnenlicht in mehrfarbigen Ringen um den Schatten des Kopfes erstrahlen lassen. In diesem Fall sprechen wir von einem Heiligenschein. Ein solches Phänomen kann man noch besser aus einem Flugzeugfenster beobachten, wenn der Schatten des Flugzeuges über eine Nebelbank oder Wolke huscht.

Wenn die Bodentemperatur unter dem Gefrierpunkt liegt, kondensiert die Feuchtigkeit zu Frost. Im Spätherbst und Frühwinter kommt Frost in gemäßigten Zonen meist in Binnentälern vor, wenn die kalte Luft die umgebenden Hügel herabfließt. Später bildet sich überall Frost, und wenn die Luft feuchtigkeitsschwanger ist, bilden sich auf den Zweigen und dem Boden wunderschöne Eiskristalle, und an den Innenseiten der Fenster von feuchten Räumen formen sich hübsche Blumenmuster. Ebenso wie Tau bildet sich auch Frost bevorzugt in klaren Nächten, da der bedeckte Himmel die Wärme am Boden hält und nicht entweichen läßt.

Nebel, Tau und Frost bilden sich aus Wasserdampf. Außer bei Schiffsunglücken, die heutzutage, wo mit Radar navigiert wird, selten geworden sind, und bei Verkehrsunfällen durch unvermittelt auftauchende Nebelfelder gehören Wasserdampf und seine Tröpfchen und Kristalle eher zu den schönen als zu den gefährlichen Erscheinungen des Wetters.

Andere Teilchen in der Atmosphäre richten mehr Schaden an. Die kleinen Staubteufel, die für kurze Zeit durch Wüsten und trockene Prärien wirbeln, sind harmlos. Etwas anders sieht es schon mit den Staubstürmen aus. Außer in den ödesten Wüstengegenden, wo aller loser Sand schon vor Jahren hinweggeweht wurde, halten Pflanzenwurzeln normalerweise das Erdreich fest. Nach einer längeren Dürre jedoch, oder wenn die Krume durch das Pflügen zerstört oder durch ein Überweiden ihrer Pflanzendecke beraubt ist, besteht die Gefahr von Staubstürmen. Am Südrand der Sahara in der Sahelzone ernährte einst üppiges Grasland die wohlhabenden Hirtenstämme. Heute, nach Jahren der Dürre und des Überweidens und nachdem die Bäume als Feuerholz gefällt wurden, ist diese Gegend praktisch selbst zu einem Teil der Sahara geworden. Ganze Völker wurden gezwungen, nach Süden abzuwandern, politische Grenzen zu überschreiten, die kaum hundert Jahre alt waren, und in Gebiete zu ziehen, die bereits von anderen Stämmen bewohnt wurden. Staubstürme haben zu Hungersnö-

(SEITE 181): **In einem Zypressensumpf im Süden erkennt man durch dichten Bodennebel einen Silberreiher** (OBEN).
Ein plötzlicher Temperatursturz läßt die Feuchtigkeit der Luft zu einer frostigen Umsäumung kondensieren (UNTEN).

Verschiedene Nebelarten: **Bodennebel im Glacier-Nationalpark in Montana** (SEITE 182–183), **Advektionsnebel über der schottischen Insel Foula** (SEITE 184–185) **und über der kalifornischen Golden Gate** (SEITE 186–187).

181

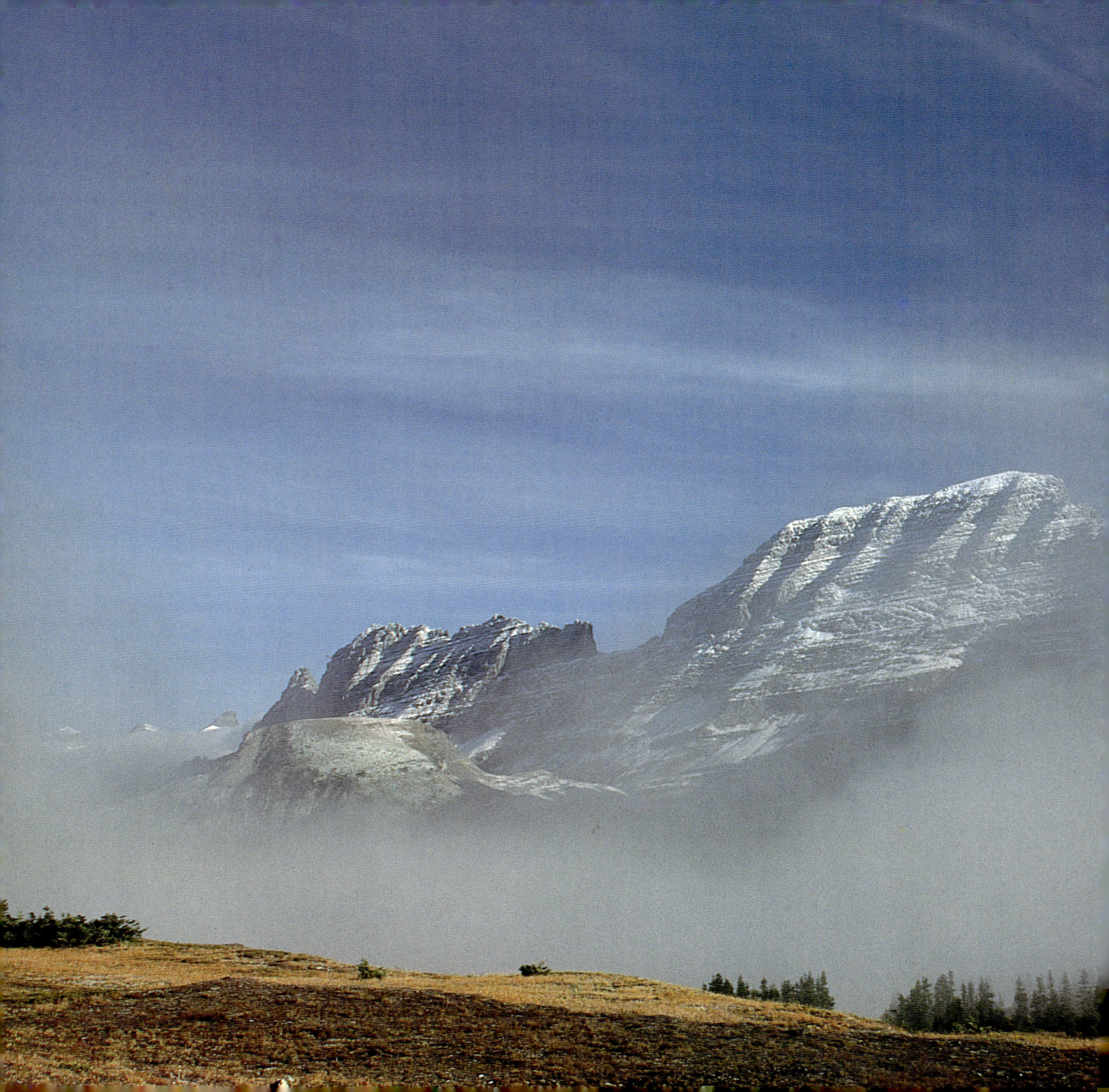

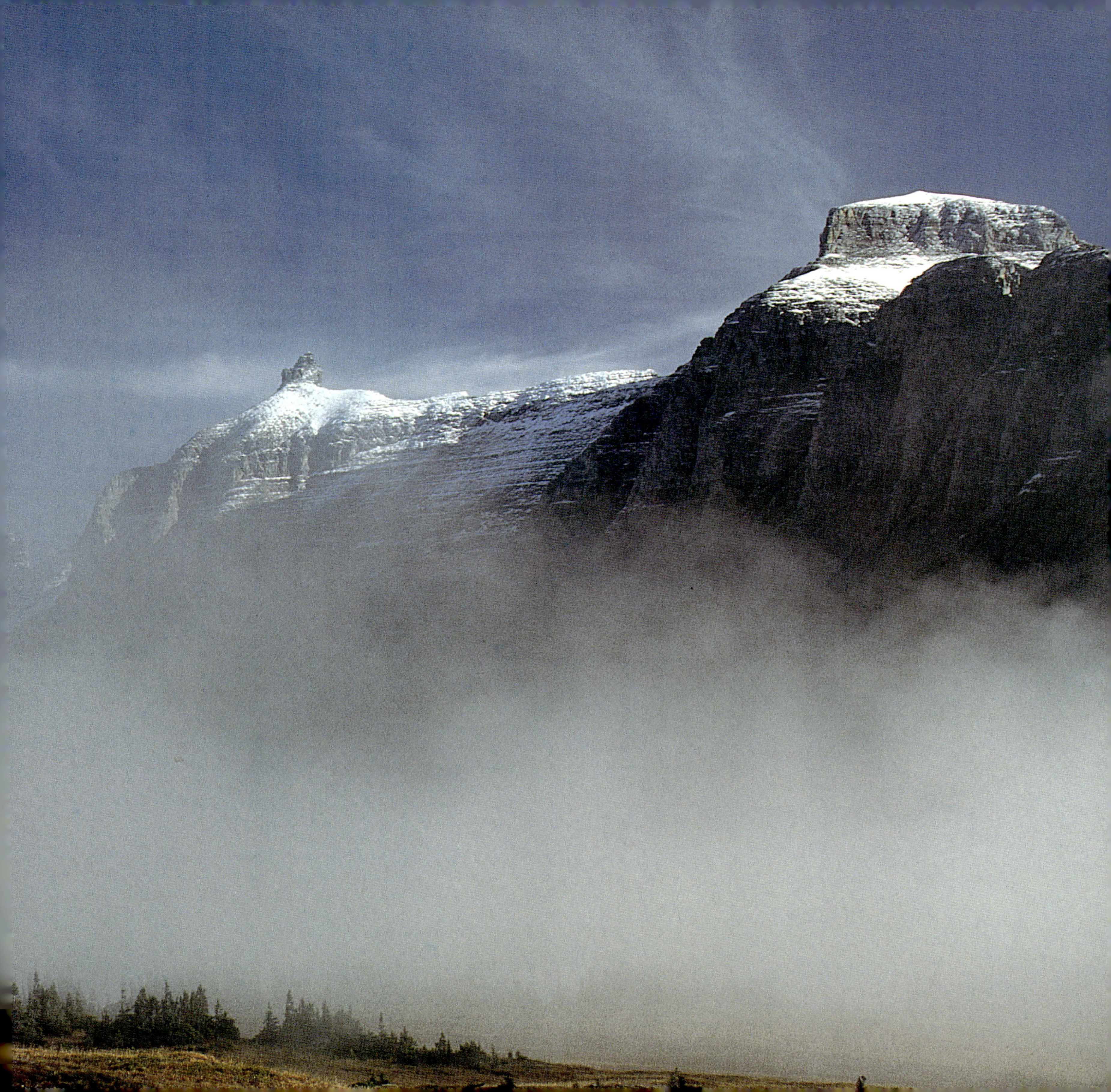

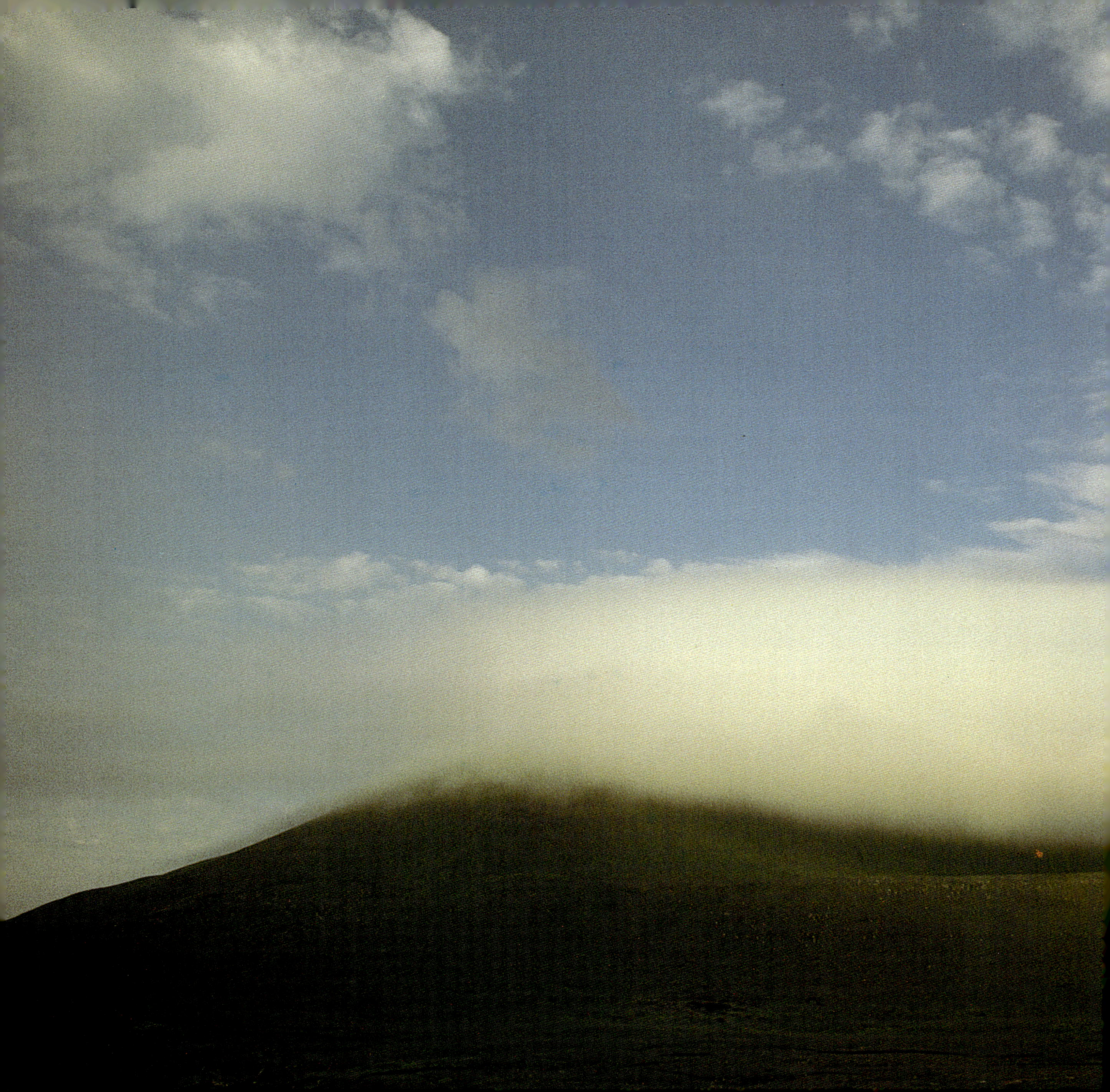

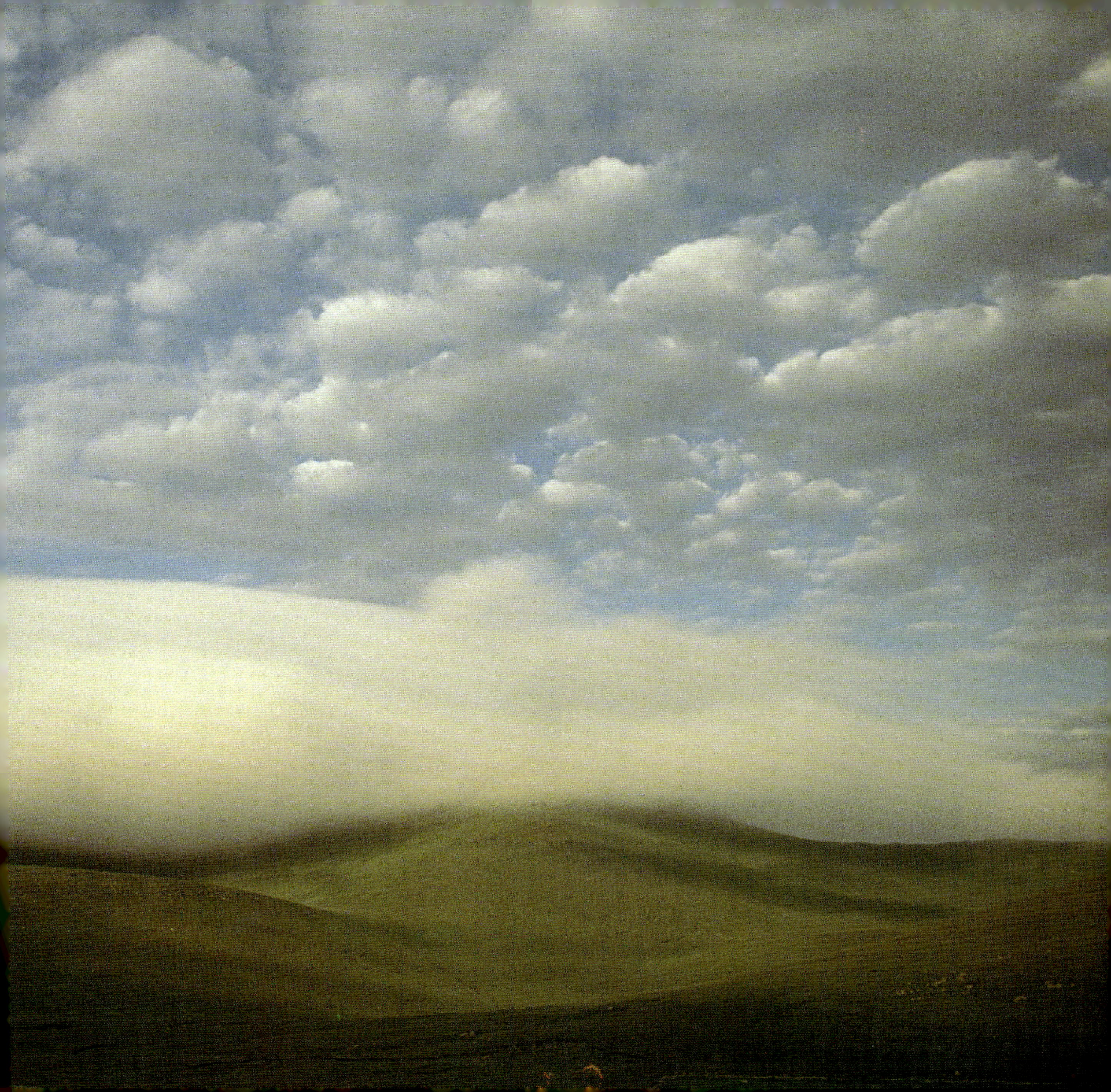

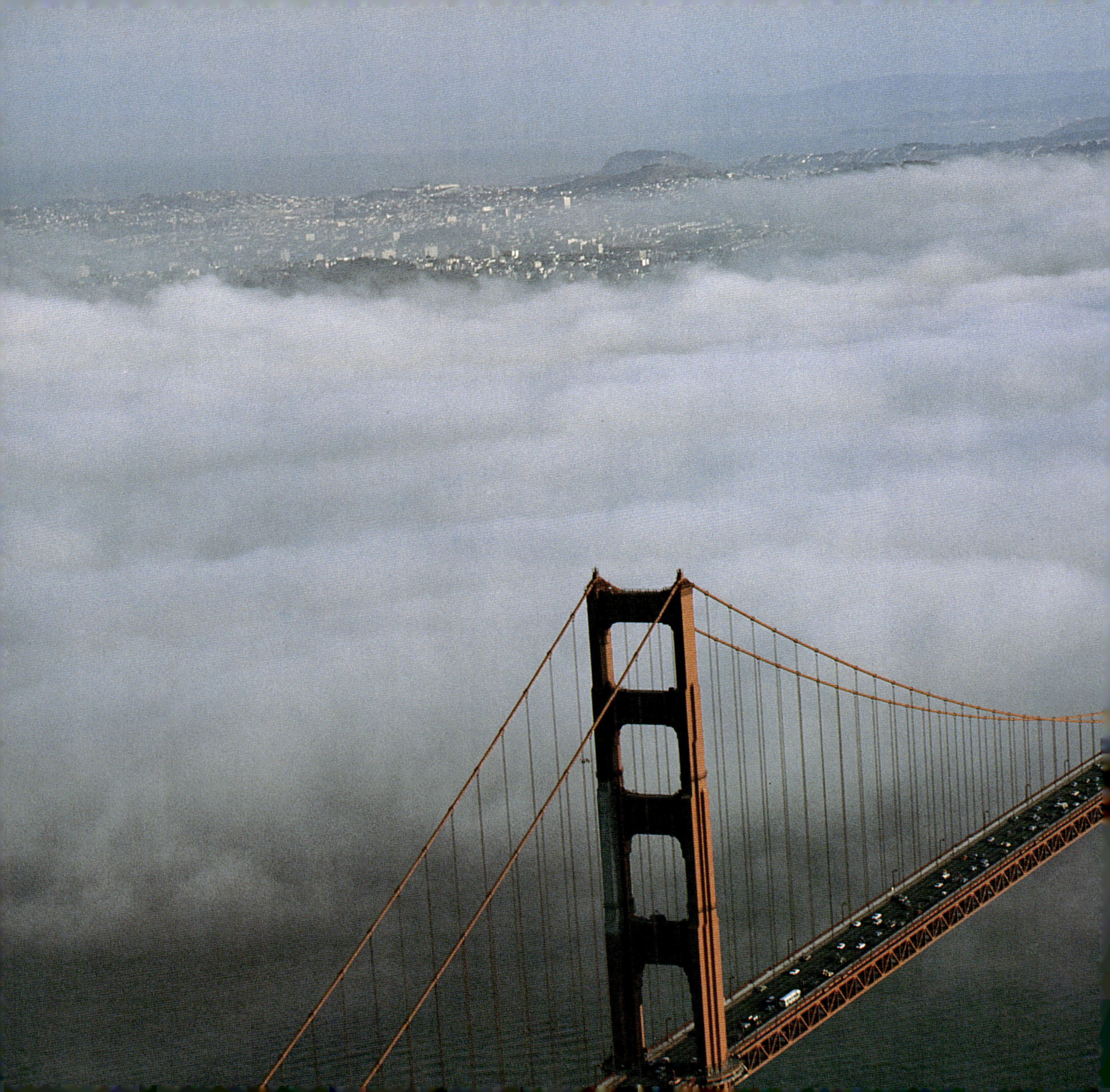

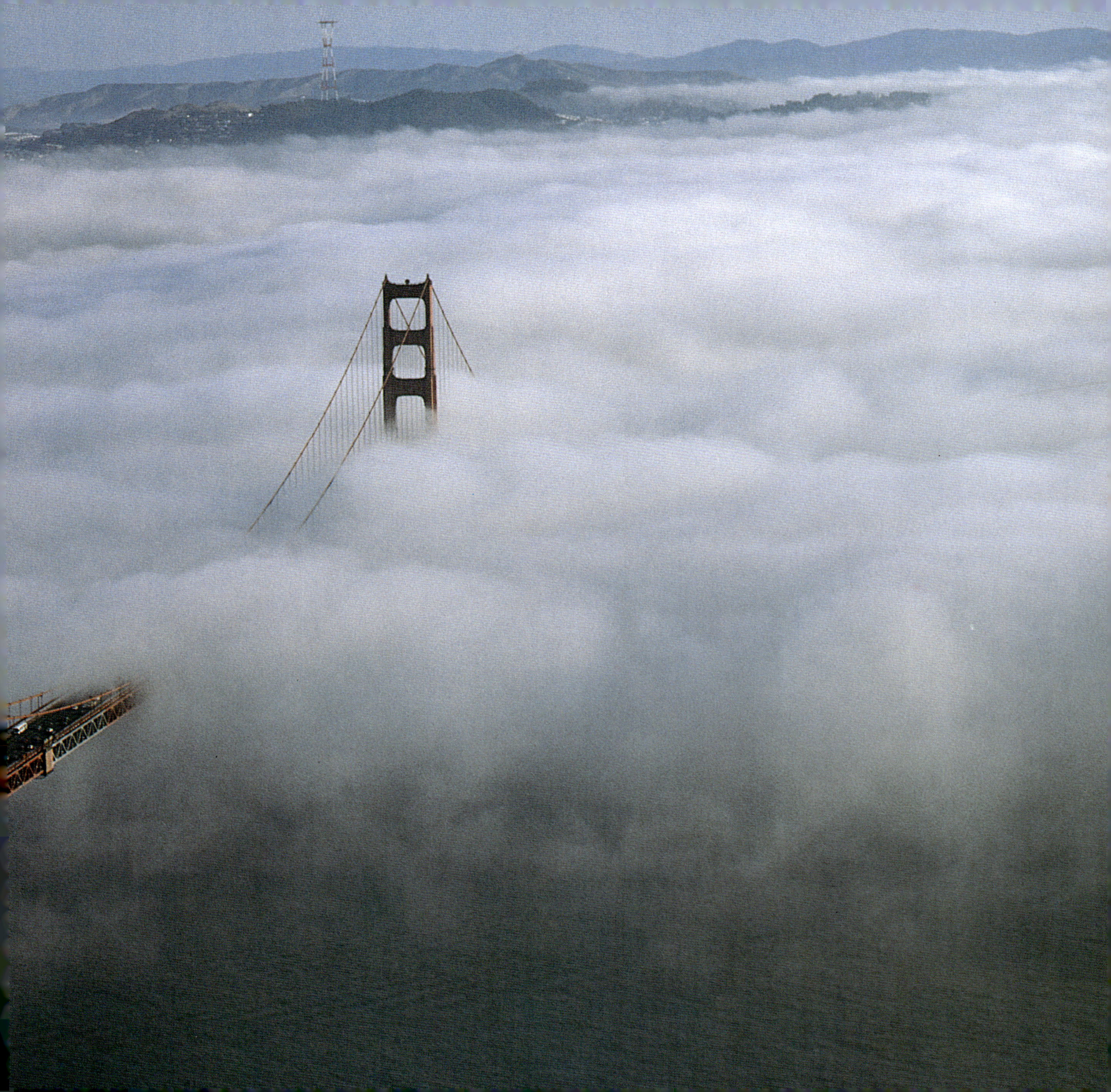

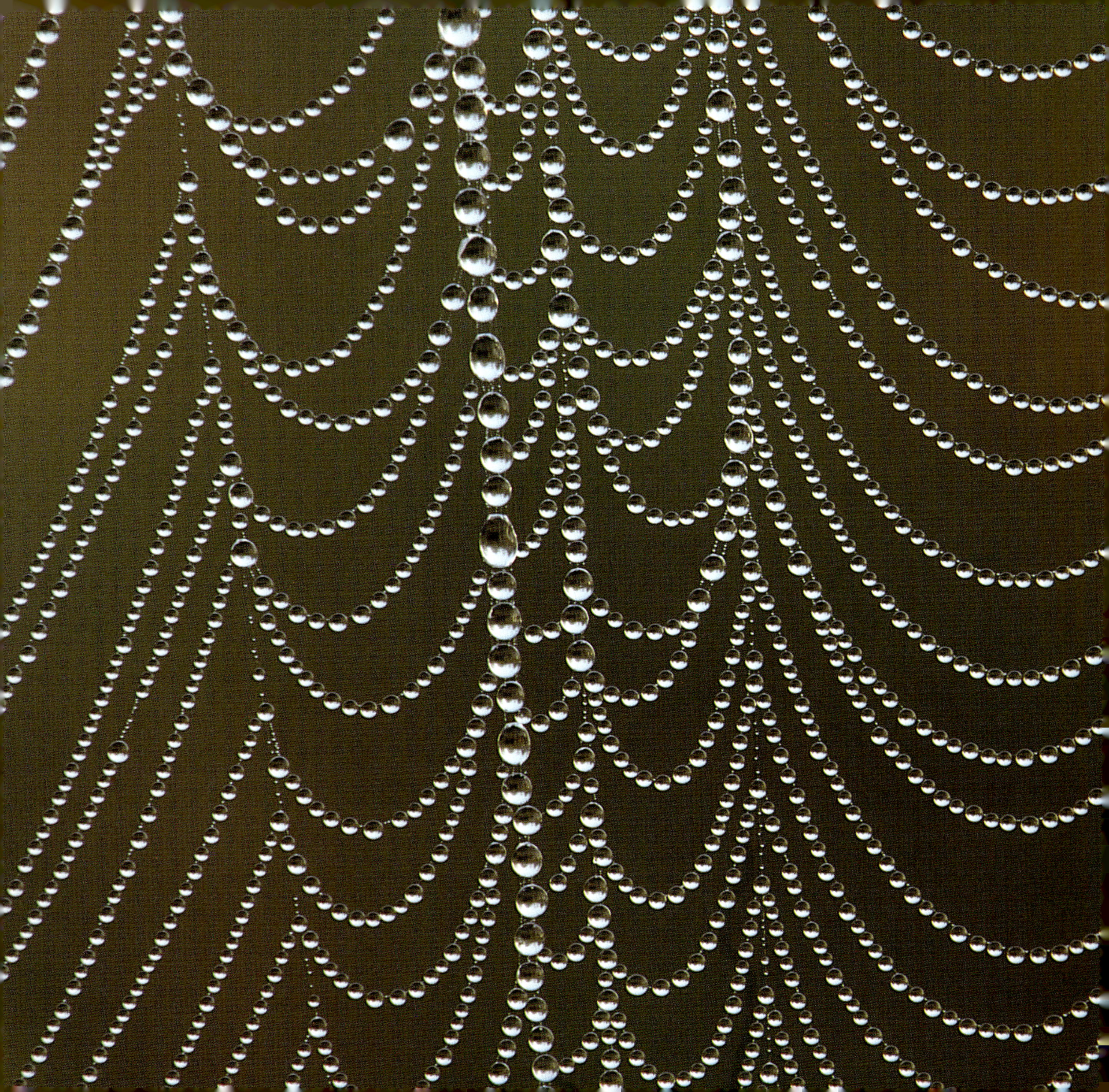

ten geführt und dort, wo lange Zeit viehzüchtende Kulturen gelebt haben, eine harte, öde Landschaft geschaffen. Ähnliche Staubstürme suchten Indien heim, und in den vergangenen Jahrhunderten ist soviel Staub aus der Wüste Gobi in den Pazifik vor Chinas Küste geweht worden, daß man die See vor der Küste der Provinzen Jiangsu und Shangdong das Gelbe Meer nennt. Der schlimmste Staubsturm aller Zeiten fegte jedoch über die Great Plains in Nordamerika. Hier bedeckte das Präriegras den wohl fruchtbarsten Boden der Welt. Übermäßiges Pflügen, dem eine lange Trockenperiode Anfang der dreißiger Jahre folgte, führte zu dem sogenannten Dust Bowl (Staubschüssel) und verursachte schwere Staubstürme, die Ernte und Häuser unter sich begruben und Millionen Morgen wertvollen Ackerboden wegtrugen. Augenzeugen berichten von rötlichbraunen Staubwänden, die wie wandernde Berge aussahen, von so dichtem Staub in der Luft, der die Sonne total verdunkelte, so daß man keinen Meter weit sehen konnte, und von über 50 Meter tiefen Verwehungen. Genau wie in der Sahelzone in Afrika verursachte diese Periode der großen Staubstürme eine Völkerwanderung. In seinem Roman *Früchte des Zorns* schildert John Steinbeck eindringlich das Elend einer Familie die, wie Tausende anderer Familien, nach dem berühmten Dust Bowl ihr zerstörtes Farmland verläßt und nach Kalifornien auswandert. Heute, nachdem man Gras und Pflanzen angebaut hat, die den Ackerboden halten, haben sich die Präriestaaten erholt, obschon einige Fachleute eine weitere Dürreperiode vorhersagen. Vielleicht eignet sich dieses Land bei aller Fruchtbarkeit einfach nicht zum Pflügen. Solange Menschen die Scholle wenden und den Winden aussetzen, bleibt ein neuer Dust Bowl eine ständige Bedrohung.

Staubstürme können überall dort auftreten, wo der Erdboden dem Wind ausgesetzt ist. Sie entstehen im allgemeinen in Wüstengebieten. Im Frühling wandern im Mittelmeerraum eine Reihe von Tiefdruckgebieten von Westen nach Osten, die die furchtbaren *Samum*-Winde aus der Sahara anziehen. Sandstürme nehmen nicht nur die Sicht, wie Staubstürme, sondern ihre größeren und scharfkantigen Körner schmirgeln über die Außenwände von Gebäuden und zernarben die Oberflächen von Hochplateaus und anderen Felsformationen. Ganze Städte können unter Sanddünen begraben werden, die ein britischer Meteorologe einmal als „eine Art Schnee, der niemals schmilzt" beschrieb. Die nordamerikanischen Wüsten

(OBEN): Weit hinter der flachen Krone einer Akazie im afrikanischen Flachland weist ein Regenbogen darauf hin, daß dort ein leichter Schauer aus einer großen Cumuluswolke niedergeht.

(SEITE 188): In der Morgendämmerung eines klaren Herbsttages schmücken Tautropfen die Fäden eines Spinnennetzes.

sind zu klein, als daß größere Sandstürme entstehen könnten. In der riesigen Wüste Gobi bezeichnet man die verheerendsten von ihnen als *Karaburan*, „schwarze Blizzards", die alles auf ihrem Wege begraben. Anders als Staub und Asche sind Sandkörner schwer und fallen rasch auf die Erde zurück, können dadurch jedoch auch schwere Schäden anrichten.

Asche und Staub gelangen unter anderem durch Vulkanausbrüche in die Atmosphäre. In historischen Zeiten gab es über 500 Vulkanausbrüche, von denen viele riesige Wolken von Partikeln ausstießen. Am 27. August 1883 explodierte der ruhende Vulkan Krakatau in Indonesien, zwischen Java und Sumatra, mit großer Wucht. Über 36 000 Menschen ertranken in der folgenden Flutwelle, Trümmer fielen 6500 Kilometer entfernt auf Madagaskar nieder, und im 10 000 Kilometer entfernten Kapstadt schaukelten die Schiffe an ihrem Liegeplatz. Die Schockwelle umrundete die Erde siebenmal in neun Tagen, jedesmal so stark, daß die Barometer in London sie registrierten. Im über 16 000 Kilometer entfernten Hawaii war der Himmel aufgrund der Vulkanasche in der Atmosphäre noch zehn Tage danach eher weiß als blau, und zwei Jahre lang konnte man überall in der Welt blutrote Sonnenuntergänge beobachten, ein Zeichen dafür, daß die Asche dieser stärksten bekannten Eruption noch immer nicht vollständig aus der Atmosphäre herabgesunken war.

Eine andere Quelle für Teilchen in der Atmosphäre sind Waldbrände. Während die Flammenwand die Bäume vernichtet, reißt ihre Hitze Rauch und feine Asche in die Luft empor, ähnlich einer warmen Luftströmung, die vom sonnenerwärmten Boden aufsteigt. Der Rauch eines großen Feuers kann sich auftürmen wie ein Cumulonimbus, und in großen Höhen können die Aschepartikel als Kerne zur Bildung von Regentropfen dienen. Einige Waldbrände können so den Regen, der sie löscht, selbst verursachen. Ein größerer Waldbrand überlebt jedoch häufig einen Wolkenbruch. Die aufsteigende Luft kann heftige Winde ins Zentrum des Brandes ziehen, die die Flammen zusätzlich anfachen, so wie die Brände während der Bombardements europäischer Städte im Zweiten Weltkrieg Feuerstürme entfachten, die größere Schäden anrichteten als die Bomben. Am 12. Oktober 1918 erzeugte der große Waldbrand von Cloquet, Minnesota, derartig starke Winde, daß die Feuerwehrwagen umkippten und Bäume wie Streichhölzer geknickt wurden. Normalerweise steigt der Rauch langsam auf, bis er sich in einer stabilen Zone der

1956: Der Sturm treibt eine dunkle Wand aus Staub und Sand vor sich her, die eine kleine Stadt in Colorado zu begraben droht.

(SEITE 191): **Entlang des dürren Wadi Muhjeeb in der Wüste Jordaniens haben Wind und Sand die Klippen geformt.**

(SEITE 192–193): **Von winzigen Eiskristallen eingehüllte Bäume in Montana.**

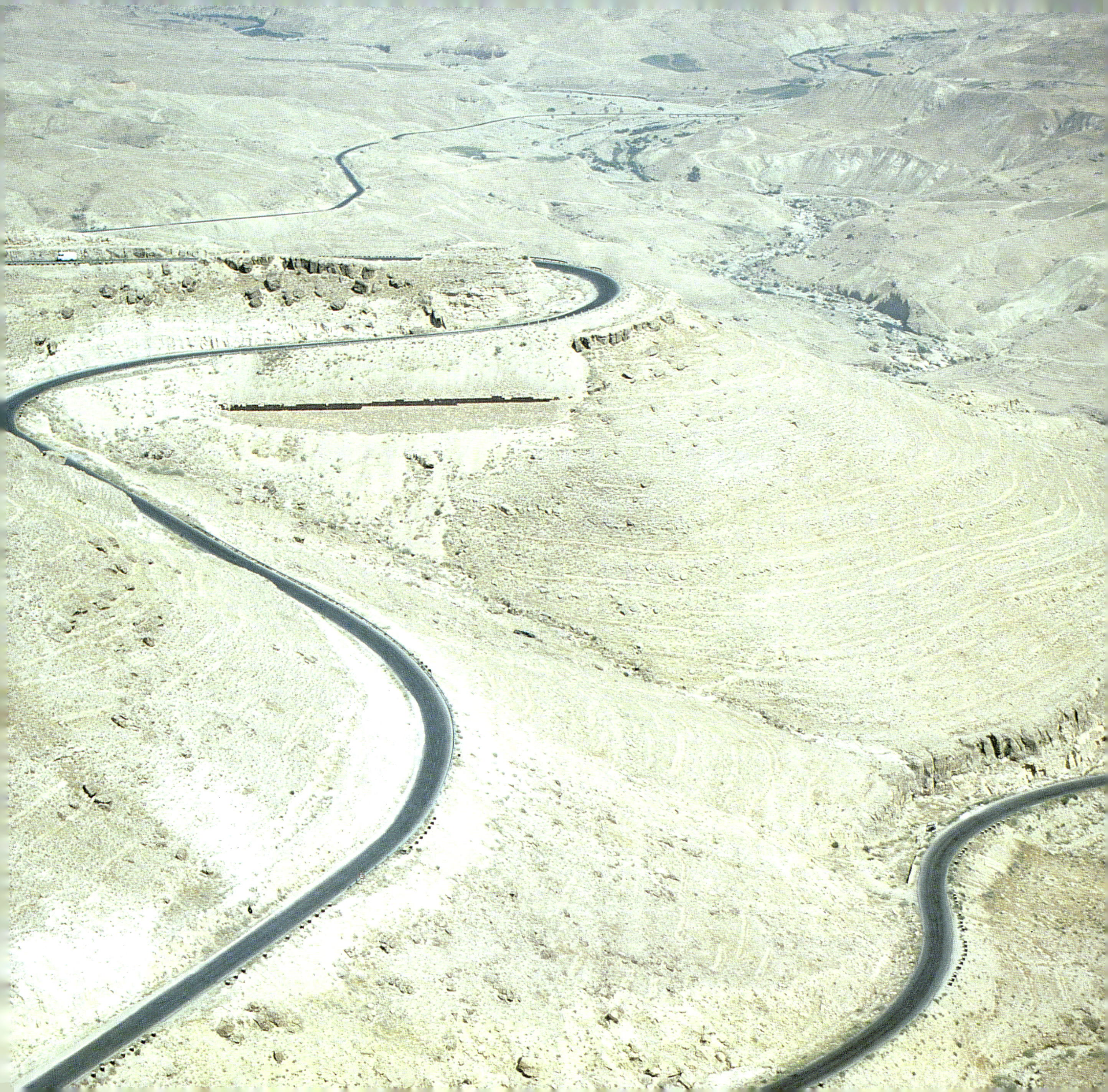

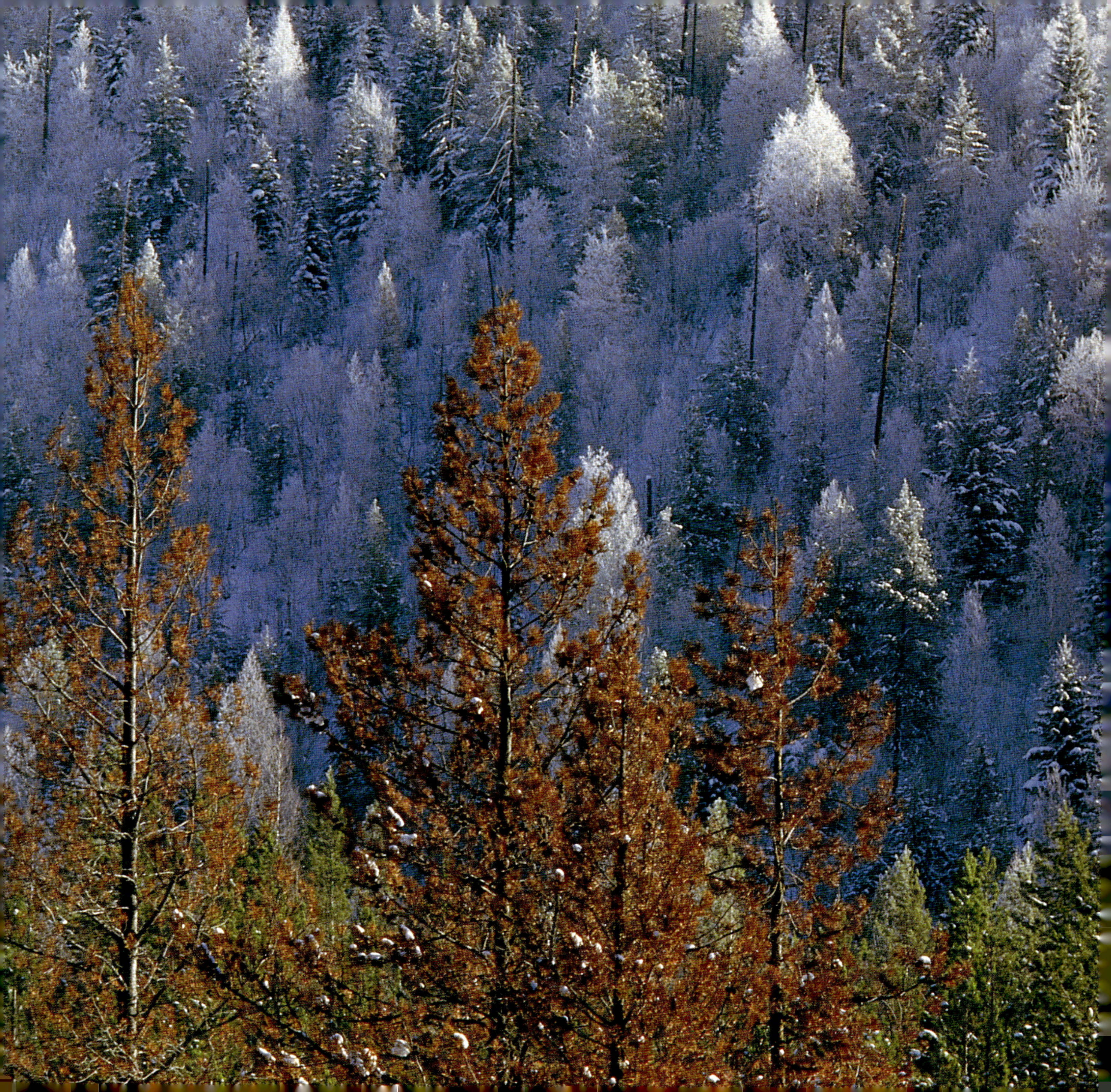

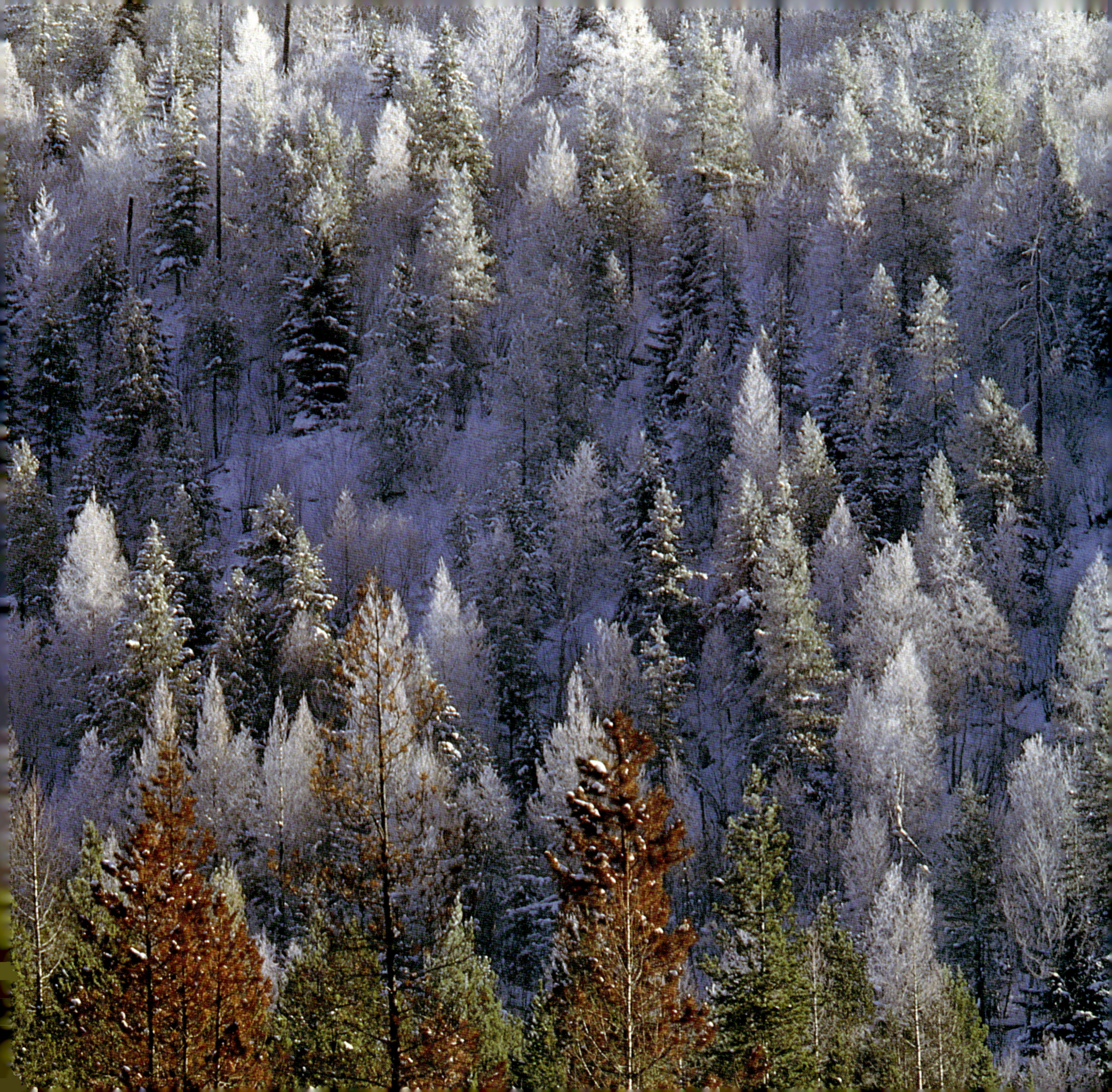

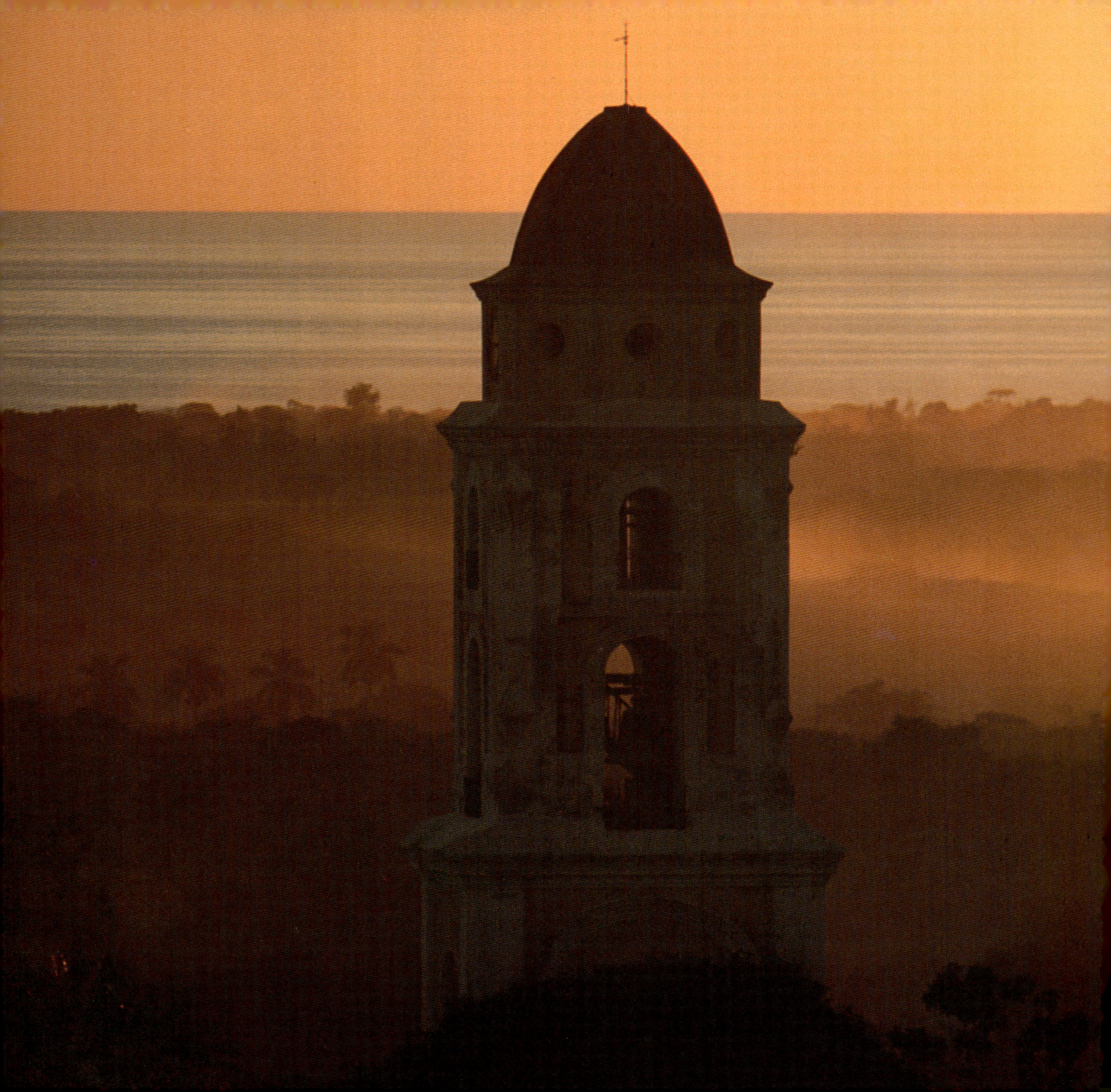

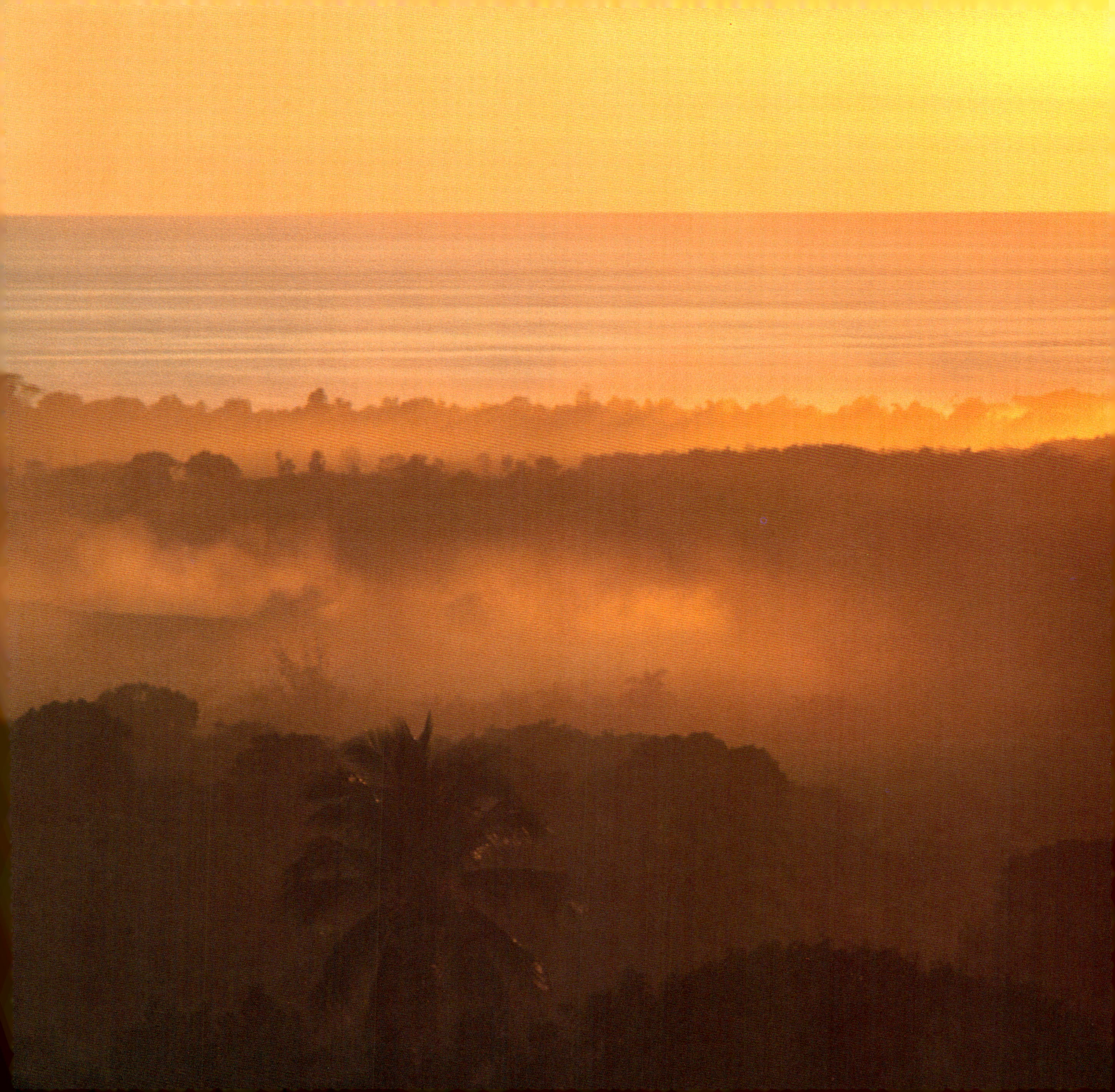

Atmosphäre verteilt und mit dem Winde verweht. Ist das Feuer stark genug, kann der Rauch möglicherweise Tausende von Meilen im Wind treiben. Ende September 1950 erreichte der Rauch von Bränden in Nordwestkanada die Atlantikküste, wo er die Sonnenuntergänge tagelang blutrot färbte und die Sonne sogar mittags noch einen bläulichen Schimmer aufwies.

Nicht alle Moleküle und Partikel in der Luft haben einen natürlichen Ursprung. Seit Beginn der industriellen Revolution gelangen durch die Verbrennung von Kohle und anderen fossilen Brennstoffen immer mehr Kohlendioxid, Methan, Stickoxide und Fluorchlorkohlenwasserstoffe in die Atmosphäre. Diese „Treibhausgase" lassen die Sonnenhitze zur Erdoberfläche dringen, verhindern jedoch ihr Entweichen, gerade so, wie die Fenster eines Treibhauses die Pflanzen im Winter warmhalten. Das ist deshalb der Fall, weil die längeren Wellen der Sonnenstrahlung diese Gasschicht mühelos durchdringen können, die von der Erde abgestrahlte Wärme jedoch aus kürzeren Wellen besteht,

(OBEN): Qualm und giftige Chemikalien werden aus dieser Ölraffinerie in New Jersey in die Luft geblasen.

(SEITE 194–195): Überall in den Tropen gelangen durch Waldbrände Tonnen von Kohlendioxid in die Atmosphäre und bedrohen das Klima aufgrund des Treibhauseffektes. In Kuba z. B. verleiht die aufgehende Sonne dem Rauch brennender Bäume eine trügerisch attraktive Färbung.

die die Decke nicht durchdringen können, um ins All zu entweichen. Genau wie das blaue Licht von Partikeln in der Atmosphäre gefiltert wird, wird die Kurzwellenstrahlung der Erde durch Kohlendioxid und andere Gase in der Atmosphäre abgefangen. In vorindustriellen Zeiten sorgte das natürliche Kohlendioxid in der Atmosphäre für einen stabilen Wärmeaustausch. Das hat sich nun geändert. Die Experten sind sich einig, daß der „Treibhauseffekt" zu einer allmählichen Erwärmung des Erdklimas führt. Man nimmt an, daß die Temperatur in den kommenden 50 Jahren um 2,8 °C steigen wird. Diese Erwärmung, die mindestens zehn mal schneller voranschreitet als nach der letzten Eiszeit, wird die größte Erdwärme seit 100 000 Jahren bringen und somit erhebliche Schwankungen in den Weltklimazonen verursachen. Für das Wetter bedeutet das häufigere und stärkere Stürme. In einigen Regionen werden längere und stärkere Hitzewellen eintreten, während in anderen Gegenden die Regenfälle zunehmen.

Nun gelangen auch noch andere von Menschen erzeugte Chemikalien, darunter Schwefeldioxid, in die Atmosphäre. Fabriken in Nordamerika und Westeuropa und sogar Ölraffinerien in Mexiko pumpen Rauch und chemische Giftstoffe in die Atmosphäre, wo die Sonnenenergie chemische Reaktionen auslöst. Die Giftstoffe kehren als saurer Regen zur Erde zurück, lassen die Seen im Osten der Vereinigten Staaten, in Kanada und Skandinavien umkippen, töten die Bäume des verträumten, romantischen Schwarzwaldes in Deutschland, zerfressen das Lincoln Memorial in Washington, die großen mittelalterlichen Kathedralen Europas und sogar die Denkmäler der Maya-Kulturen in Yucatán und Guatemala. All dies geschieht so rasch, daß die Pflanzen und Tiere keine Chance haben, sich an die neuen Gegebenheiten anzupassen. Es ist schwer vorherzusagen, wie die Tiere der Erde diese raschen Veränderungen verkraften werden, ohne Zweifel aber stehen viele Arten vor dem Aussterben.

Zahllose Jahrhunderte ist das Wetter zustande gekommen wie heute. Erst in diesem Jahrhundert haben wir gelernt, die Funktionsweise der Wetterelemente zu verstehen. Vielleicht ist es die Ironie des Schicksals, daß wir nun, da wir endlich das Wie und Warum unserer Atmosphäre begreifen, an der Schwelle zu Veränderungen in unserem Wetter und Klima stehen, die unsere Einsichtsfähigkeit wie nie zuvor beanspruchen. Die Zukunft des Menschen wie die vieler anderer Lebewesen, mit denen wir diesen Planeten teilen, hängt davon ab, wie wir diese Änderungen begreifen und meistern.

(OBEN): Industrielle Umweltverschmutzung in Westeuropa schädigt die Wälder und übersäuert Seen in Skandinavien, Deutschland und Polen. Hier steigt Rauch aus den Schloten einer walisischen Bergbaustadt.

(SEITE 198–199): Zu den von der Luftverschmutzung bedrohten Denkmälern gehören auch die Gebäude der Akropolis in Athen, die nun von Gerüsten umstellt sind.

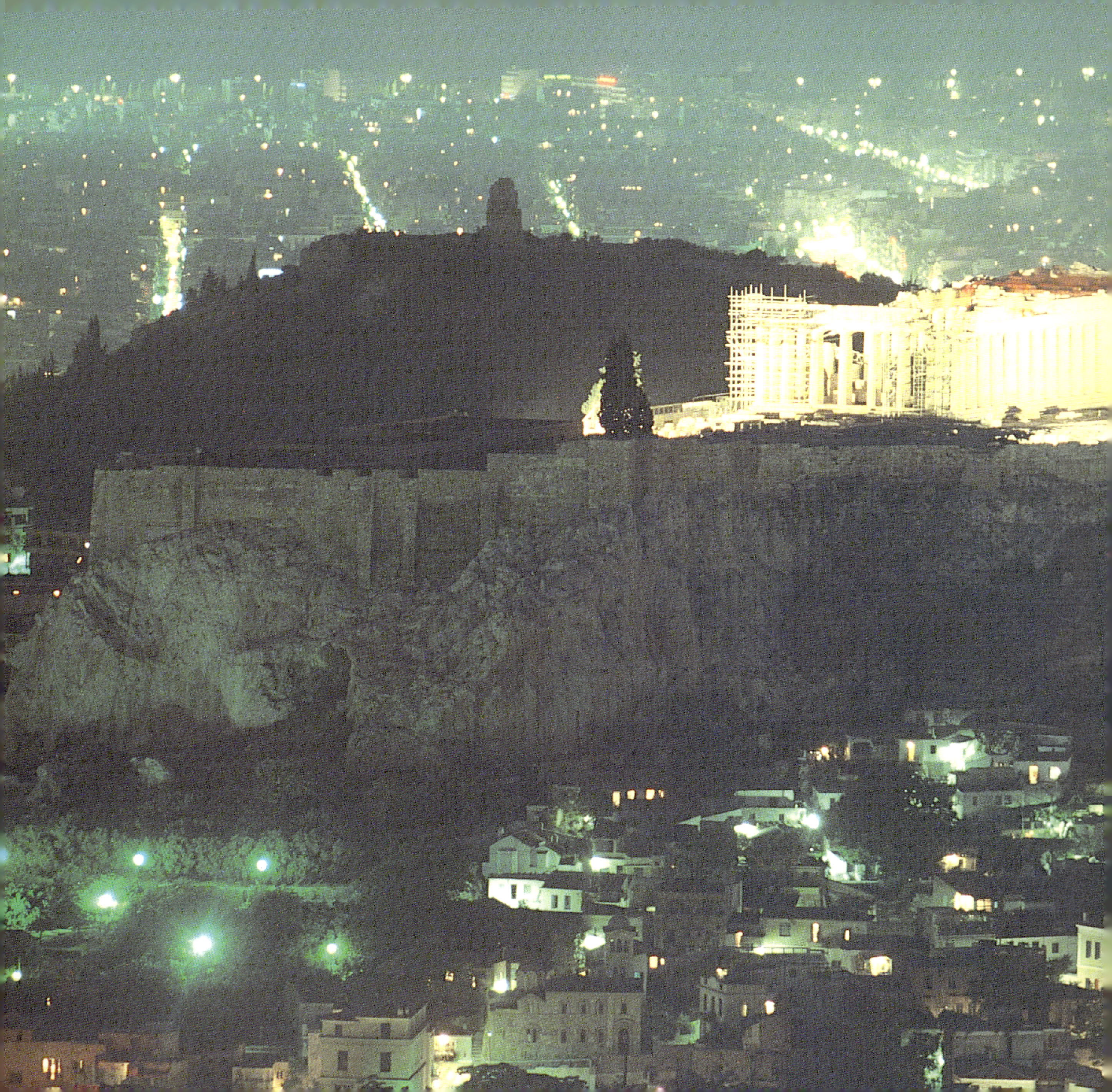

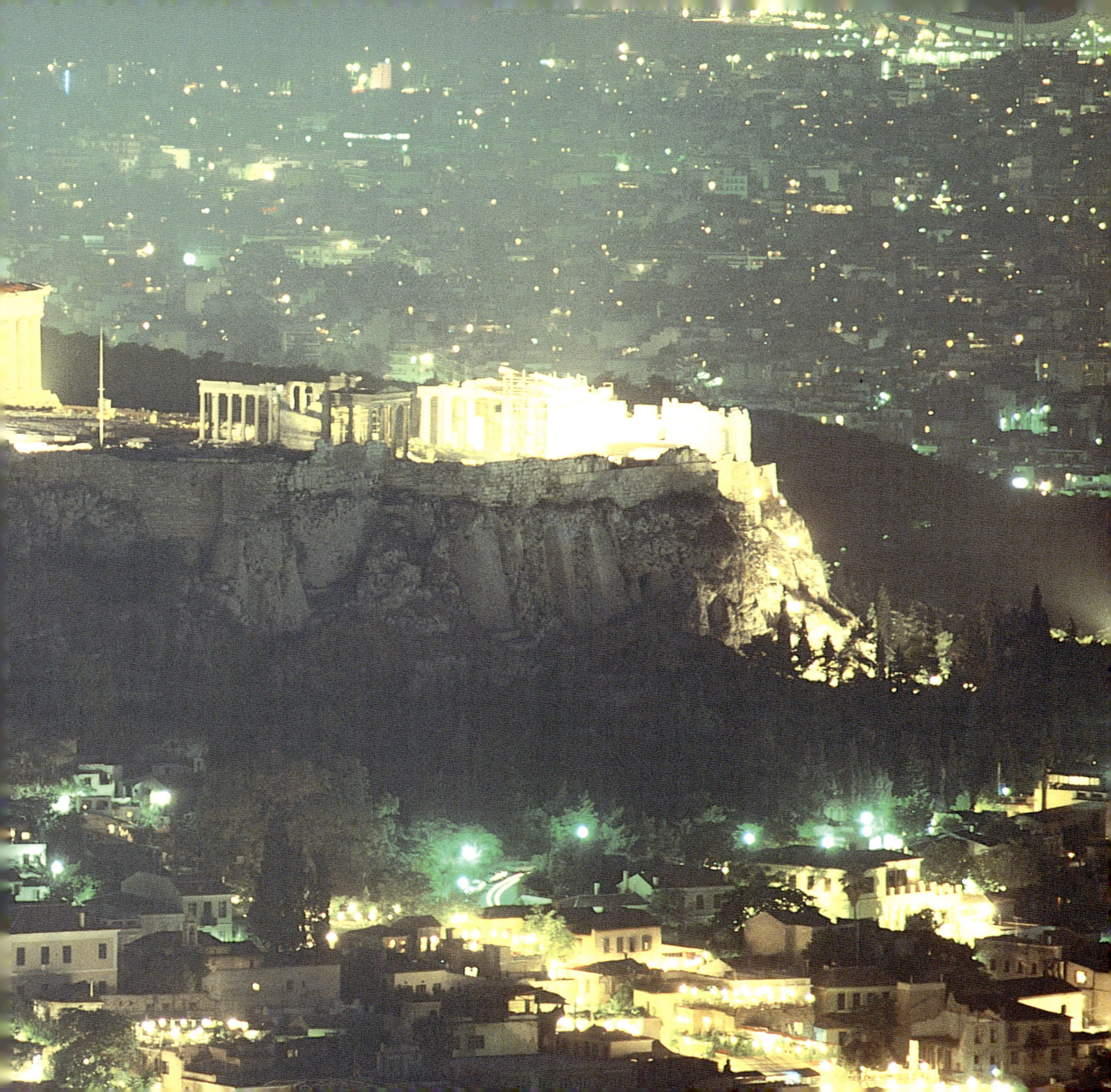

9
MORGENROT BRINGT SCHIFF IN NOT: WETTERVORHERSAGE

SCHON LANGE BEVOR ARISTOTELES DIE METEOROLOGIE ALS Wissenschaft aus der Taufe hob, sagten die Menschen das Wetter voraus. Von der Genauigkeit dieser Vorhersagen hing ihr Erfolg als Jäger und Sammler, als Bauern und Seefahrer ab. Wenn die Ureinwohner Amerikas im Nordosten den Frühlingsmais erst aussäten, wenn die Eichenblätter mausohrengroß waren, oder wenn alte Seebären bei einem roten Sonnenuntergang davon ausgingen, daß der nächste Tag gutes Wetter bringen würde, handelten sie aufgrund jahrhundertealter überlieferter Erfahrungen. Sie wußten zwar nicht, wie das Wetter funktioniert, aber sie konnten die Zeichen lesen, von denen ihr Leben und ihr Lebensunterhalt abhingen.

Als Virgil die *Georgica* drei Jahrhunderte nach Aristoteles' Tod schrieb, gab er ein paar Bauernweisheiten der italienischen Landbevölkerung wieder:

Der Regen überrascht die Menschen nie ohne Warnung:
Sei es, daß sein Herannahen die Kraniche vom Himmel in die Tiefen der Täler gezwungen hat.
Oder eine Färse schaute gen Himmel, die Nüstern weit blähend, um die Brise zu erhaschen.
Oder stets um den Teich herum ist die zwitschernde Schwalbe geschwirrt.
Und im Schlamm haben die Frösche ihr ewiges Quaken zur Klage erhoben.

Ebenso wie die Volksmedizin sich auf die heilenden Kräfte der Pflanzen stützt, so hat die moderne Wissenschaft die Zeichen der Bauernweisheiten gedeutet. Wir wissen heute, daß die Wolken, die stürmischem Wetter folgen oder vorangehen, die Ursache für rote Sonnenaufgänge oder -untergänge sind. Wenn ein Sturm vorübergezogen ist, lassen die ihm folgenden Wolken – im Westen – einige Sonnenstrahlen durch die untere Atmosphäre scheinen. Alle Strahlen außer den roten werden durch Dunst oder verschmutzte Luft absorbiert, so daß die Wolken sich rot färben. Dasselbe geschieht bei Sonnenaufgang, wenn die Wolken im Osten vor dem schlechten Wetter liegen und starke Wolkenbänke, die bald den ganzen Himmel bedecken und vielleicht Regen bringen, im Westen stehen.

(SEITE 201): Ein Heißluftballon steigt in der kühlen Luft der Morgendämmerung. Auch wenn es kein Wetterballon ist, verrät seine Bewegung einiges über die wechselnde Windrichtung hoch über dem Erdboden.

(SEITE 202–203): Nicht nur in den Tropen gibt es Regenwälder. Im Glacier-Bay-Nationalpark in Alaska fallen jährlich rund 5 Meter Regen. Baumstämme, Äste und der Boden werden von Moosen und Farnen überwuchert.

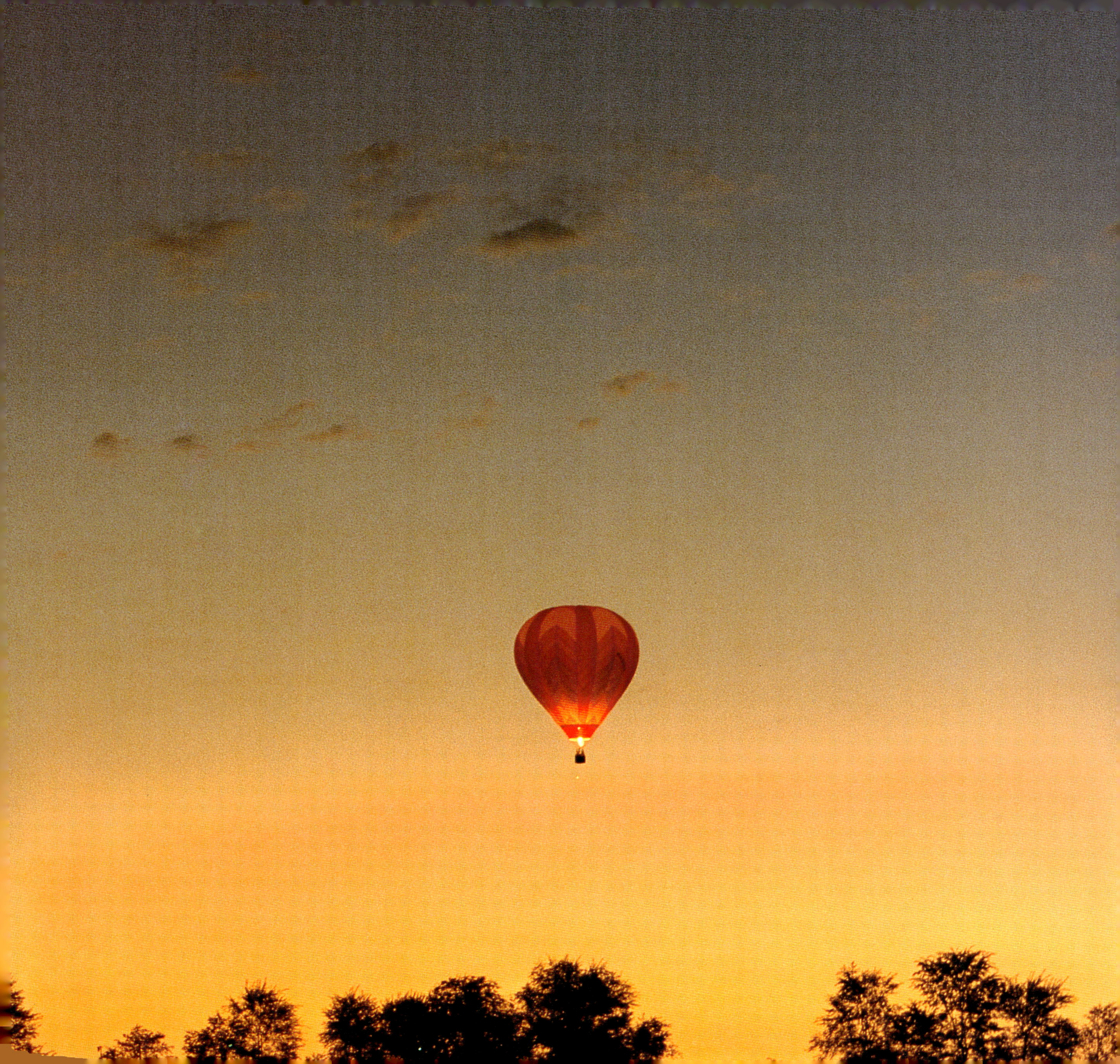

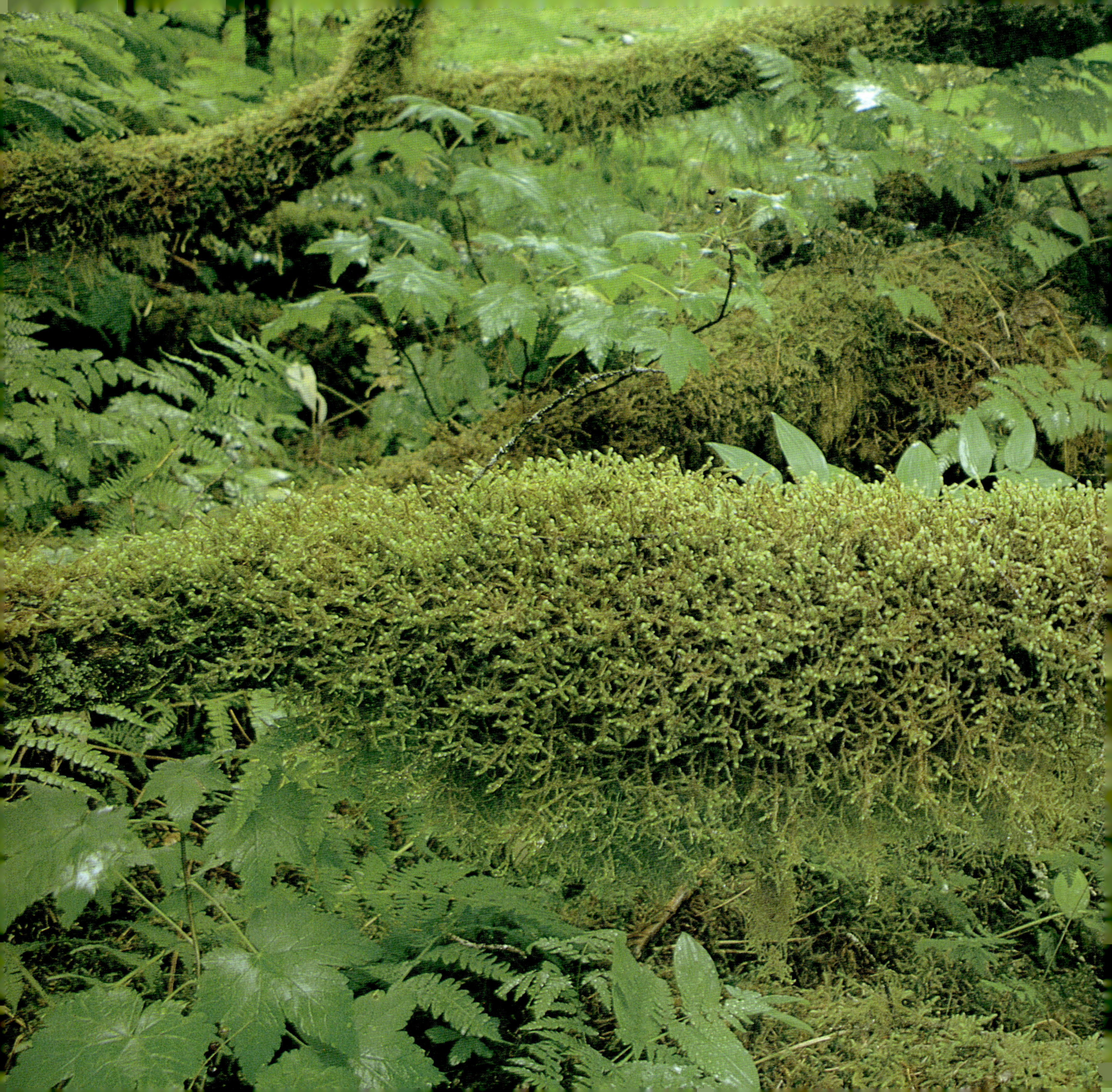

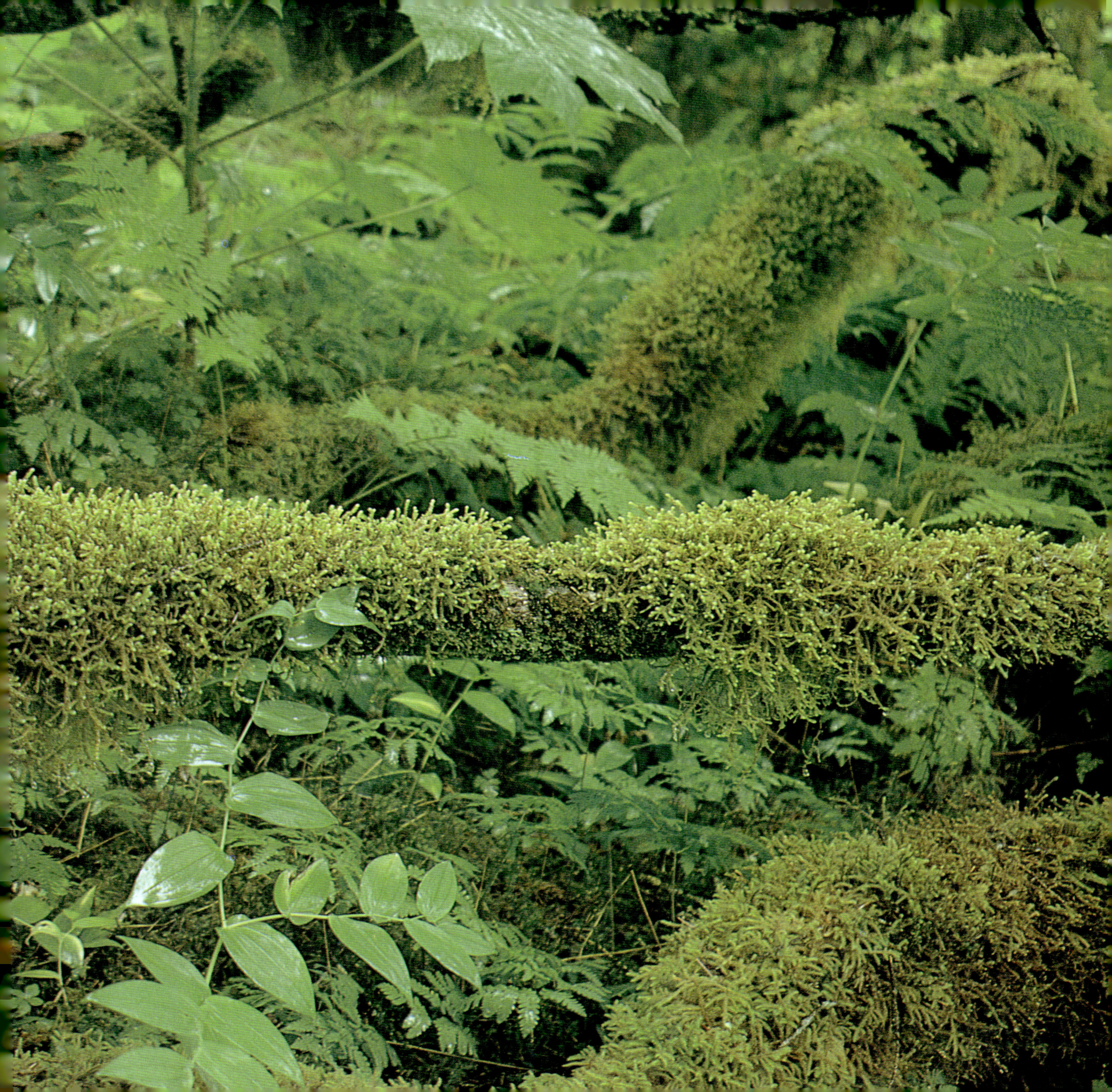

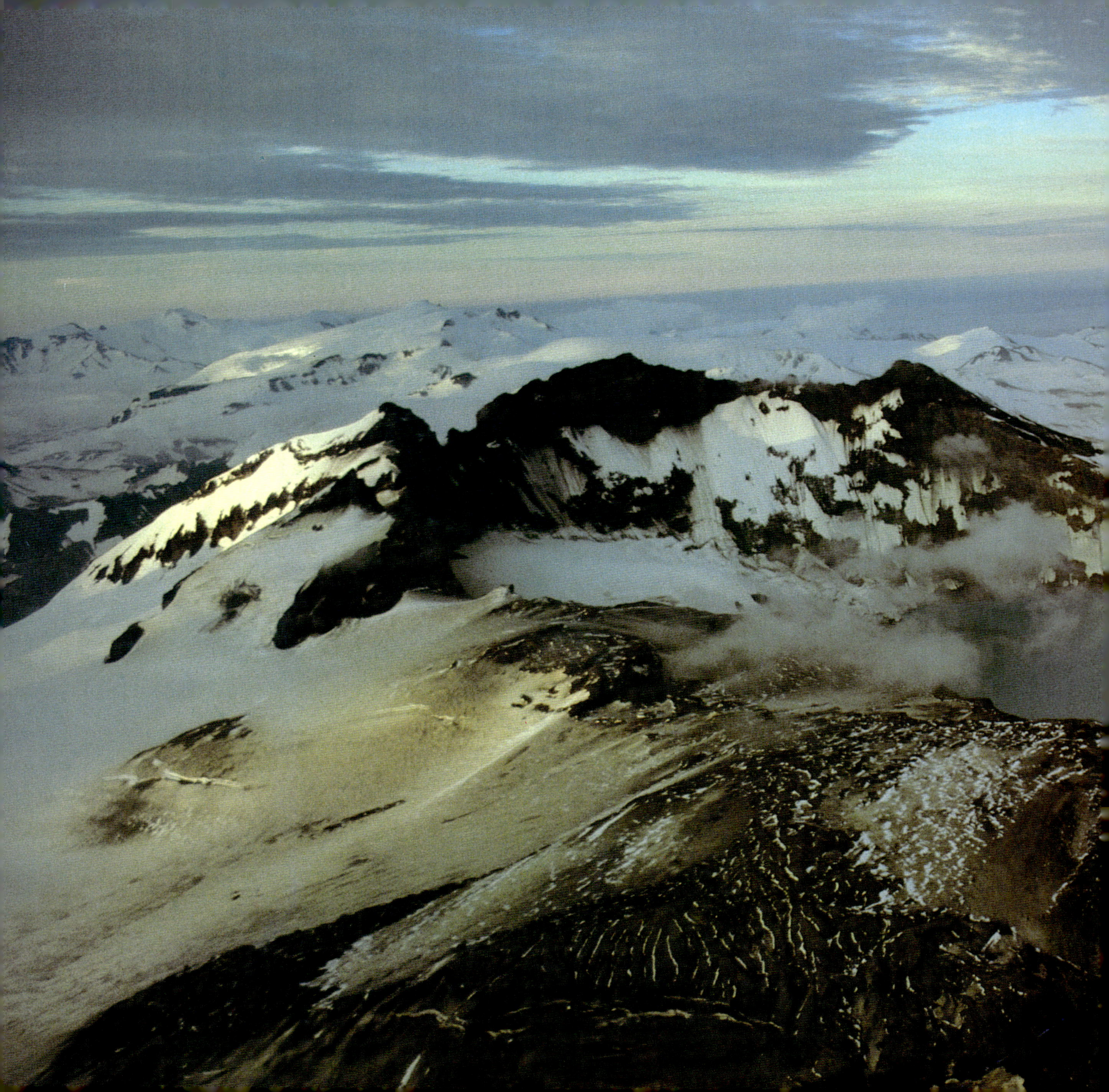

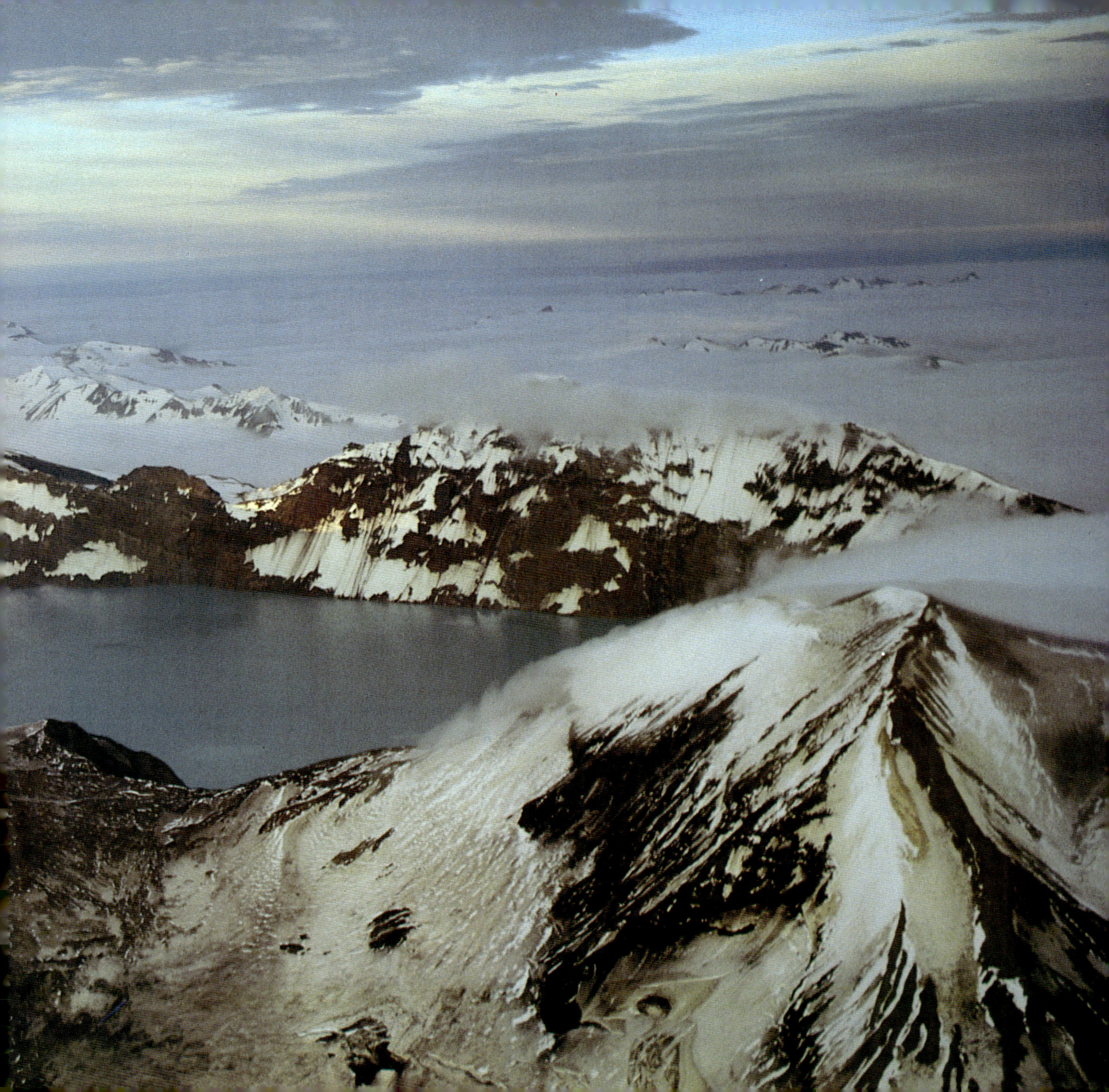

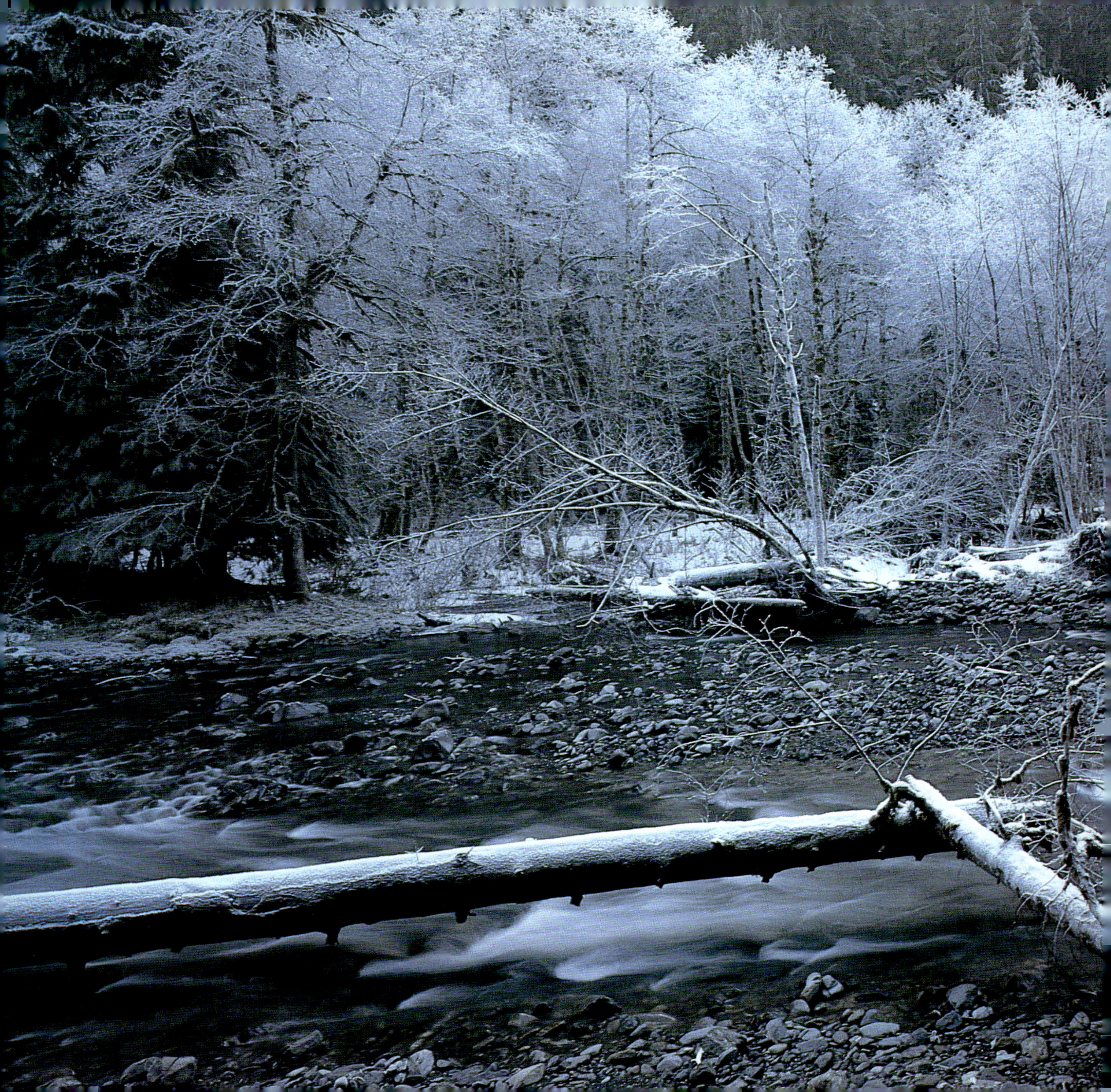

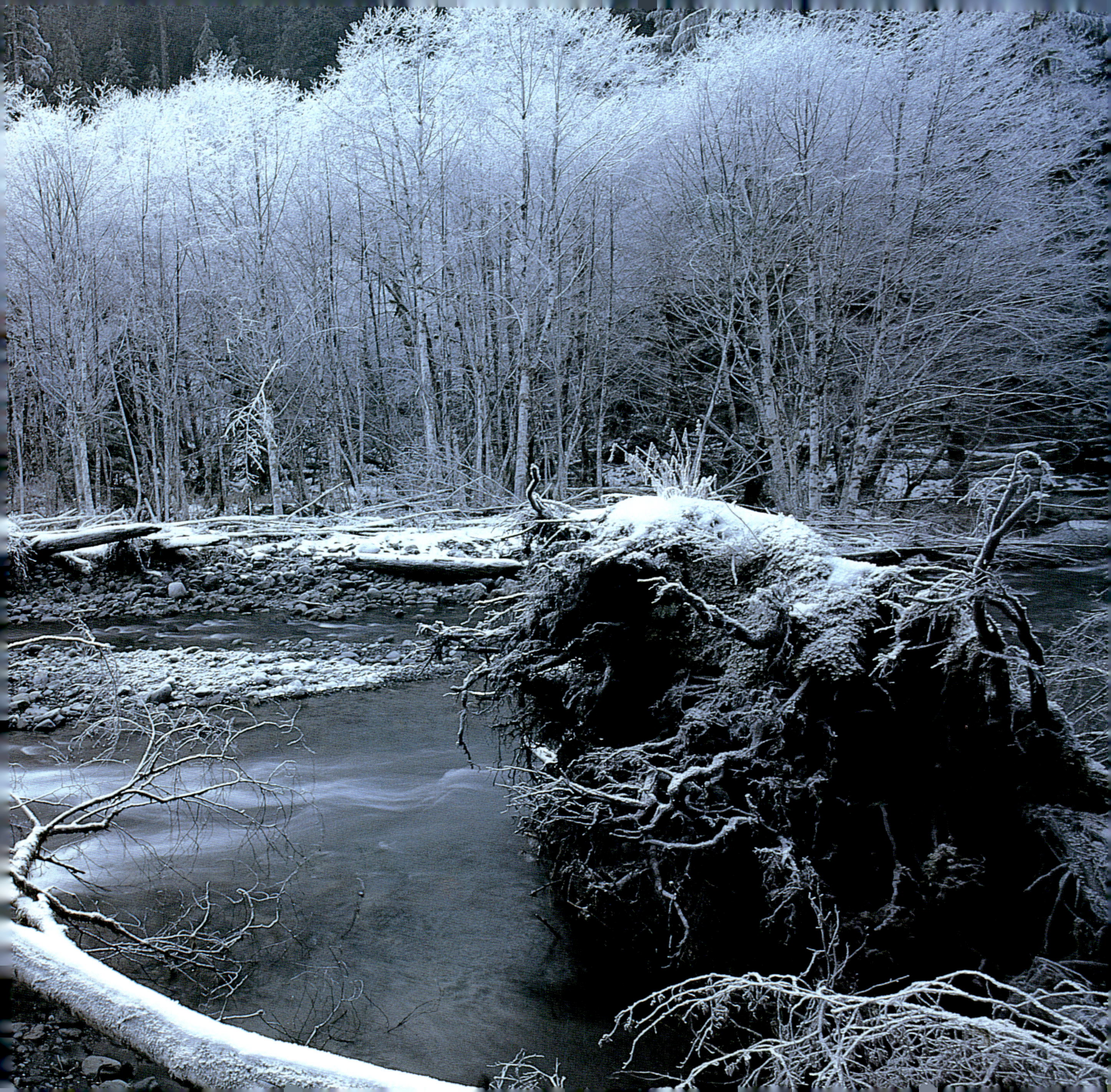

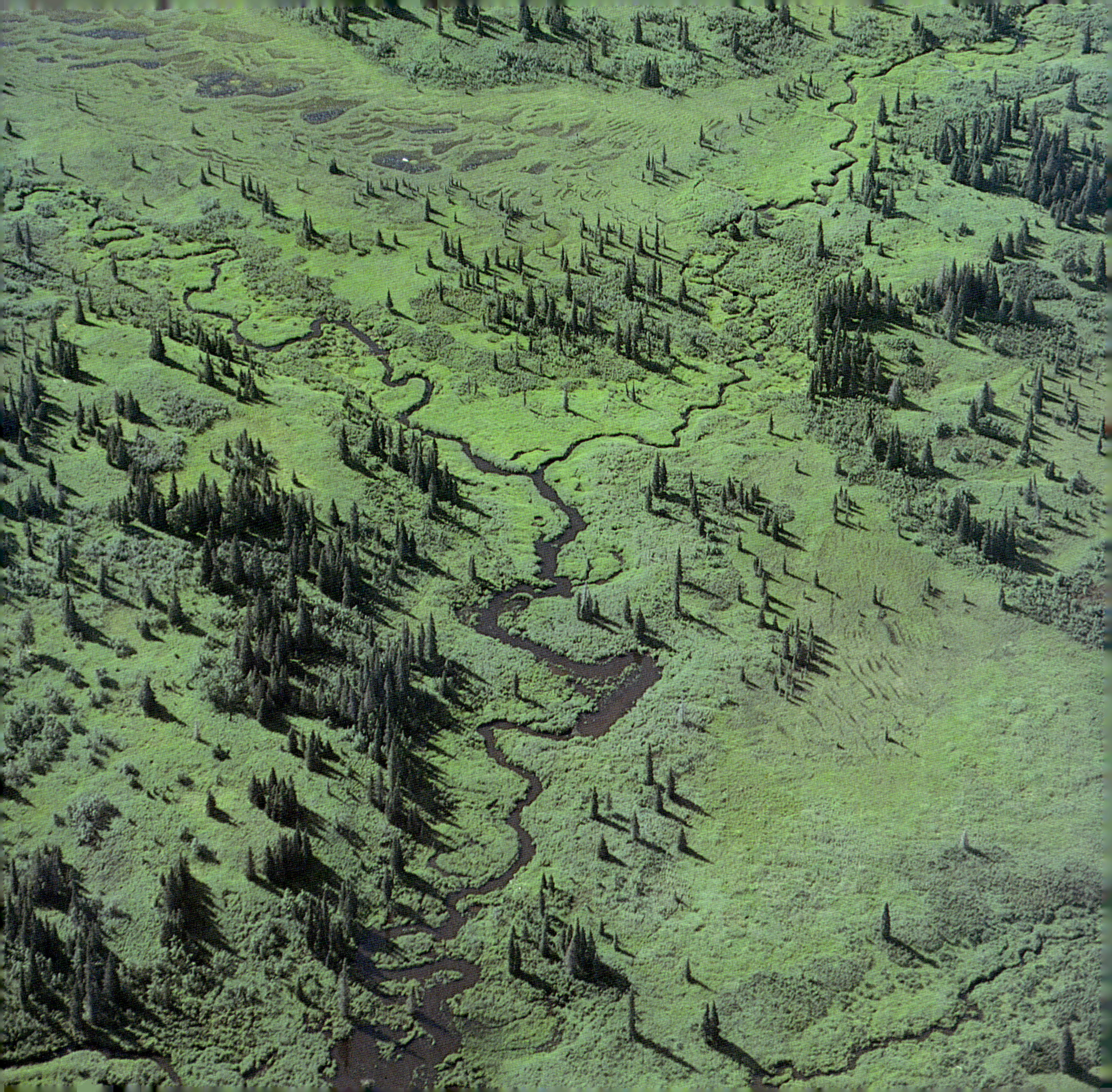

Die moderne Wettervorhersage stützt sich sowohl auf örtliche Beobachtungen der Wetterbedingungen anhand weltweit vernetzter Wetterstationen als auch auf Daten von Satelliten, die die Erde umkreisen. Dabei werden für die Vorhersage die Meßdaten der örtlichen Temperatur, des atmosphärischen Drucks, der relativen Luftfeuchtigkeit, Angaben über die Windrichtung und -geschwindigkeit und die Niederschlagsmengen gesammelt. Um diese Daten zu erhalten wird eine Vielzahl von Geräten eingesetzt – einige davon gibt es seit Hunderten von Jahren, sie alle werden jedoch ständig auf den neusten Stand gebracht.

Für die Aufzeichnung und Vorhersage von Wetter gibt es drei grundlegende Daten: die Temperatur, den atmosphärischen Druck und die relative Luftfeuchtigkeit. Die Temperatur wird für gewöhnlich mit versiegelten Röhrchen gemessen, die eine Flüssigkeit – normalerweise Quecksilber oder Alkohol – enthalten. Mit steigender Temperatur dehnt sich die Flüssigkeit aus und steigt als Säule in der mit Fahrenheit- oder Celsius-Graden markierten Röhre. Sinkt die Temperatur, zieht sich die Flüssigkeit zusammen und sinkt in der markierten Röhre. Zwar reagieren solche Thermometer kontinuierlich mit den Temperaturschwankungen, sie sind jedoch in der Lage, die Temperaturhöchstwerte zu verzeichnen, indem ein Teil der Flüssigkeit auf dem höchsten erreichten Punkt festgehalten wird. Die Tiefsttemperatur wird mit Hilfe eines horizontalen Alkoholthermometers aufgezeichnet, das einen kleinen, beweglichen Glasstift enthält. Wenn sich die Flüssigkeit zusammenzieht, wird dieser Stift durch kapillare Anziehung in der Röhre bewegt, wenn jedoch die Temperatur wieder steigt und der Alkohol sich ausdehnt, wird er an dem untersten Ablesepunkt festgehalten.

Bimetallthermometer enthalten Spiralstreifen aus zwei verschiedenen Metallen. Da die beiden Metalle sich bei gleichen Temperaturen unterschiedlich stark zusammenziehen oder ausdehnen, verursacht eine Temperaturschwankung eine Krümmungsänderung in der Spirale. Eine an der Spirale angebrachte Nadel bewegt sich dann an einer Skala entlang. Elektrische Thermometer beruhen auf dem physikalischen Prinzip, daß sich die Leitfähigkeit von Metallen mit steigender oder fallender Temperatur verändert. Solche Thermometer können ihre Meßdaten über weite Entfernungen als Funksignale abgeben und sind somit bestens für die Temperaturmessung in großen Höhen geeignet.

Da direkte Sonneneinstrahlung ein Thermometer stärker erhitzen kann als die umgebende Luft, müssen Thermometer immer an schattigen Plätzen aufgestellt werden. Sie sollten stets der fließenden Luft ausgesetzt sein, da bewegungslose, „tote" Luft eine andere Temperatur haben kann, als fließende. Darum werden Thermometer normalerweise an freien Stellen der Landschaft in hölzernen Hütten mit einer überlappenden Blende, die das Sonnenlicht abhält, die Luft aber durch das Innere des Kastens zirkulieren läßt, angebracht. Glücklicherweise wird der Abkühlungseffekt des Windes nur vom menschlichen Körper wahrgenommen und beeinflußt die Thermometeraufzeich-

---

(SEITE 208): Den größten Teil des Jahres ist die Tundra auf der Halbinsel Alaskas abweisend, kalt und trocken. Während des kurzen arktischen Sommers jedoch, wenn das Schmelzwasser weite Sumpf- und Morastflächen bildet, wird die Landschaft ebenso grün wie anderswo auf der Erde.

(SEITE 206–207): Der vom Frost eingehüllte Olympic National Park im Staate Washington.

(SEITE 204–205): Wo einst feurige Vulkane den Himmel in rotes Licht tauchten, ist aus dem Katmaigebiet in Alaska heute eine ruhige, eisige Wildnis geworden. Nach dem Ausbruch von 1918 bedeckte jedoch ein 30 Zentimeter hoher Ascheteppich die 160 Kilometer entfernte Insel Kodiak.

nungen nicht. Trotz aller Vorsichtsmaßnahmen können jedoch immer noch örtliche Faktoren, wie zum Beispiel in der Nähe liegende sonnenbeschienene Stellen, die Temperaturmessung beeinflussen. Deshalb geht man bei Bodenthermometern allgemein von einer Fehlerquote bis zu 1 oder 2 Grad Celsius aus.

Da Schwankungen des Luftdrucks die Ankunft oder den Abzug eines Hoch- oder Tiefdruckgebietes begleiten, sagen Barometer, besonders wenn die Meßdaten an vielen Stellen gesammelt werden, eine Menge über das bevorstehende Wetter aus. Ein Barometer mißt normalerweise das Gewicht der über ihm befindlichen Luft. Wenn eine große, relativ schwere „Säule" von Luft, die sich in der Mitte einer Luftmasse befindet, über einem Barometer liegt, zeichnet es einen hohen Druck auf. Beim Durchzug eines Tiefs liegt über dem Barometer weniger Luft, was einen niedrigeren Meßwert ergibt.

Ein Quecksilberbarometer ist eine an einem Ende versiegelte Glasröhre, deren anderes Ende in einem Behälter mit Quecksilber steckt. Steigt das Gewicht der darüberliegenden Luft an, wird das Quecksilber durch den von der Luft erzeugten Druck in die Röhre gepreßt. Dann kann man den Luftdruck an der Höhe der Quecksilbersäule in der Röhre in Millimetern ablesen. In Höhe des Meeresspiegels ist ein barometrischer Druck von 760 mm normal. Fällt die Anzeige, wissen wir, daß der Luftdruck sinkt – ein sicheres Zeichen für ein heranziehendes Tief mit wolkigem oder regnerischem Wetter.

Da das Quecksilberbarometer von der Temperatur und der lokalen Schwerebeschleunigung abhängig ist, was bei den Meßdaten stets beachtet werden muß, ist das Dosenbarometer eine vorteilhafte Alternative. Dabei handelt es sich um eine fast luftleere Blechdose. Der die Dose umgebende Luftdruck drückt die Blechkammer aufgrund ihres teilweisen Vakuums zusammen. Eine Sprungfeder verhindert das gänzliche Zusammenpressen der Dose, und wenn die Feder mit einer Nadel verbunden wird, die eine Skala entlangfährt, läßt sich der jeweilige Luftdruck daran ablesen. Wie elektrische Thermometer lassen sich auch Dosenbarometer elektrisch betreiben, die ihre Daten über weite Entfernungen aussenden können. Dosenbarometer sind weniger exakt als Quecksilberbarometer, doch da sie Messungen angeben und kein Quecksilber vergießen können, werden sie häufig in Wetterraketen und als Höhenmesser für Bergsteiger benutzt. Der Wasserdampfgehalt in der

Obwohl der Himmel sich bewölkt hat, wenden die riesigen Sonnenblumen in Süddakota ihre Köpfe weiter in die Richtung, wo die Sonne zuletzt zu sehen war.

Luft ist für die Wettervorhersage wichtig, weil er die Feuchtigkeitsquelle für Regen- und Schneebildung ist. Er kann von nahezu 0 bis 4 Prozent reichen. Je mehr Wasserdampf sich in der Atmosphäre befindet, desto schwerer kann Wasser verdampfen. Wenn der Sättigungspunkt der Luft (der Taupunkt) erreicht ist, kann kein Wasser mehr verdampfen, und es bildet sich Nebel oder Tau. Die relative Luftfeuchtigkeit, die dafür verantwortlich ist, daß wir uns an heißen, feuchten Tagen unwohl fühlen, stellt das Verhältnis zwischen dem tatsächlichen Wasserdampfgehalt in der Luft und dem am Taupunkt, in gesättigter Luft dar. Diese Angabe erfolgt in Prozent. Eine relative Luftfeuchtigkeit von 100 Prozent bedeutet, daß die Luft gesättigt ist. Das gebräuchlichste Meßinstrument zur Bestimmung der relativen Luftfeuchtigkeit besteht aus zwei gewöhnlichen, versiegelten Thermometern. Die Kugel des einen Thermometers – die „Feuchtkugel" – wird in ein nasses Tuch gehüllt. Die andere, die „Trockenkugel" ist nicht eingehüllt und mißt die Lufttemperatur. Das am Feuchtkugelthermometer verdunstende Wasser kühlt das Thermometer und mißt eine niedrigere Temperatur als das Trockenthermometer. Die Differenz zwischen den Angaben der beiden Thermometer zeigt an, wieviel Wasserdampf sich in der Luft befindet: bei Trockenheit ist die Temperatur am Feuchtkugelthermometer sehr niedrig, während am Taupunkt keine Verdampfung – und damit keine Kühlung – erfolgt. Mittels dieser beiden Meßdaten und der Differenz zwischen ihnen lassen sich bei der Verwendung geeigneter Tabellen die relative Luftfeuchtigkeit und der Taupunkt ablesen.

Ein anderes Instrument zum Ablesen der relativen Luftfeuchtigkeit ist das Elektrohygrometer. Es besteht aus einem metallenen elektrischen Leiter, der mit wasserabsorbierendem Chlorlithium ummantelt ist. Die absorbierte Wassermenge beeinflußt die Leitfähigkeit des Metalls. Da diese Unterschiede in der Leitfähigkeit über Funk übertragen werden können, begleitet dieses Instrument elektrische Thermometer und Dosenbarometer, die in Raketen oder Ballons in die Atmosphäre geschickt werden. Eine solche Instrumentenkombination heißt Radiosonde. Sie leistet wertvolle Hilfe bei der Untersuchung des Wetters in großen Höhen.

Die Bestimmung der Windrichtung und -geschwindigkeit ist viel einfacher. Eine einfache Windfahne, wie sie die Bauern seit Jahrhunderten auf ihren Scheunendächern anbringen, zeigt in die Richtung, in die der Wind weht. Die Windge-

Ein leichter, feuchter Schneefall hat jeden Zweig dieses Ahorns „verzuckert".

schwindigkeit wird mit einem Schalenkreuzanemometer gemessen, einem dreiarmigen Stern, an dessen Zacken halbkugelförmige Hohlschalen montiert sind. Der Wind bringt die Schalen zur Drehung, und die Drehgeschwindigkeit läßt sich in Stundenkilometer umrechnen. Zur Messung der Windverhältnisse in großen Höhen verwendet man mit Helium gefüllte Ballons, die dann mit dem Auge oder mit Radar verfolgt werden. Anhand ihrer Bewegungen kann man problemlos die Richtung und die Geschwindigkeit des Windes in der Höhe erkennen. Viele Wetterballons führen Funksender mit und senden ihre Meßdaten zu einer Wetterstation.

Moderne Niederschlagsmesser sind eine kaum verbesserte Version der einfachen Regenschale, die im 4. Jahrhundert v. Chr. in Indien benutzt wurde. Ein Zylinder, in dem ein Trichter steckt, ist mit einer Zentimeterskala versehen. Nach dem Regen zeigt der Wasserstand in dem Zylinder an, wieviel Regen auf einer Fläche von der Größe der Trichteröffnung niedergegangen ist. Die meisten Niederschlagsmesser des Deutschen Wetterdienstes haben einen Trichter mit einem Durchmesser von 159,6 mm bzw. einer Auffangfläche von etwa 200 cm^2. Die Regenmenge auf dieser Fläche wird mit einem markierten Stab im Innern des Zylinders abgelesen.

Eine Wolke ergießt sich mit ihrer vom fernen Pazifik mitgeführten Feuchtigkeit über die Continental Divide im Glacier National Park. Auf der anderen Seite dieser Gipfel regnet es vermutlich.

Die Höhe des Schneefalls ist ein wichtiger Faktor, da der Schnee möglicherweise einige Zeit liegenbleibt, dann aber nach dem Ende des Kälteeinbruchs oder im Frühling als Wasser die Flüsse speist. Die Messung erfolgt üblicherweise durch einen fest im Boden verankerten Meßstab. Die Umrechnung der Schneehöhe in Wasser ist schwierig, weil der Umfang und die Dichte des Schnees erheblich variieren. Im allgemeinen geht man davon aus, daß zehn Zentimeter Schnee einem Zentimeter Wasser entsprechen. Bei außergewöhnlich lockerem Schnee kann das Verhältnis allerdings 20 : 1 betragen.

All diese Messungen werden seit Jahrhunderten durchgeführt. Heutzutage werden die Daten von Hunderten von Wetterstationen gesammelt und ergeben so ein Gesamtbild des Wetters über weite Gebiete, sowohl am Boden als auch in den höheren Gefilden der Atmosphäre. Die gesammelten Daten können in Computer eingegeben werden, die die Wetterbewegungen graphisch aufzeichnen und Prognosen stellen. Radarstationen spüren schwere Unwetter, Schnee, Wolken und Staubstürme auf und geben an, wo sich ein Wettersystem befindet, welche Art von Niederschlag es bringt, welche Richtung es nimmt und wie rasch es sich bewegt. Wettersatelliten umkreisen die Erde und übertragen Fotos von Wolkenmustern und sonnenbestrahlten Teilen der Erdoberfläche. Sie ermöglichen die Erfassung größerer Stürme so exakt, daß ein so hinterhältiger Überfall wie der durch den großen Hurrikan im September 1938 auf Long Island und Neuengland sich nicht wiederholen wird. Lange bevor eine tropische Störung die Gestalt einer dichten, kreisenden weißen Wolkenmasse in den Kalmengürteln angenommen hat, hat der Satellit sie erkannt, und ihre Bewegungen und ihr Verhalten werden verfolgt.

Mit dem Einsatz dieses Instrumentariums und mit Fachleuten, die den Himmel vom Boden und von Flugzeugen aus beobachten und Daten messen, sammeln die nationalen Wetterdienste alle Informationen und erarbeiten Computermodelle und Vorhersagen, die in der Landwirtschaft, in der Industrie und in der Öffentlichkeit Verwendung finden. Die modernen Vorhersagen erfolgen mittels einer Technik, die man rechnergestützte Vorhersage nennt. Mit mathematischen Gleichungen und Rechnern, die Millionen von Hochgeschwindigkeitsberechnungen durchführen, werden zukünftige Wetterbedingungen auf der Grundlage von Temperatur, Luftdruck, Windgeschwindigkeit, relativer Luftfeuchtigkeit und anderen Variablen zu einem gegebenen Zeitpunkt errechnet. Dabei muß man berücksichtigen, daß bestimmte Wetterphänomene nur eine Lebensspanne von wenigen Tagen haben, so daß die Genauigkeit der Projektionen mit dem Vorhersagezeitraum abnimmt. Solche Computervorhersagen sind jedoch unsere besten Mittel zur Wettervorhersage, besser als die Voraussagen auch des erfahrensten menschlichen Wetterfrosches.

Die „weite" Luft ist in Wirklichkeit ein ewig in Bewegung befindlicher Fluß, und darin können so viele Variablen eine Rolle spielen, daß weder mathematische Gleichungen noch Computermodelle jede mögliche Wetterlage vorhersagen können. Immer häufiger kommt das Gespräch auf die „Wissenschaft des Chaos", ein neues Forschungsgebiet über das Verhalten von bewegten Strömen. Dieser Ausdruck macht die Schwierigkeiten deutlich, auf die wir treffen, wenn wir das Wetter exakt voraussagen wollen.

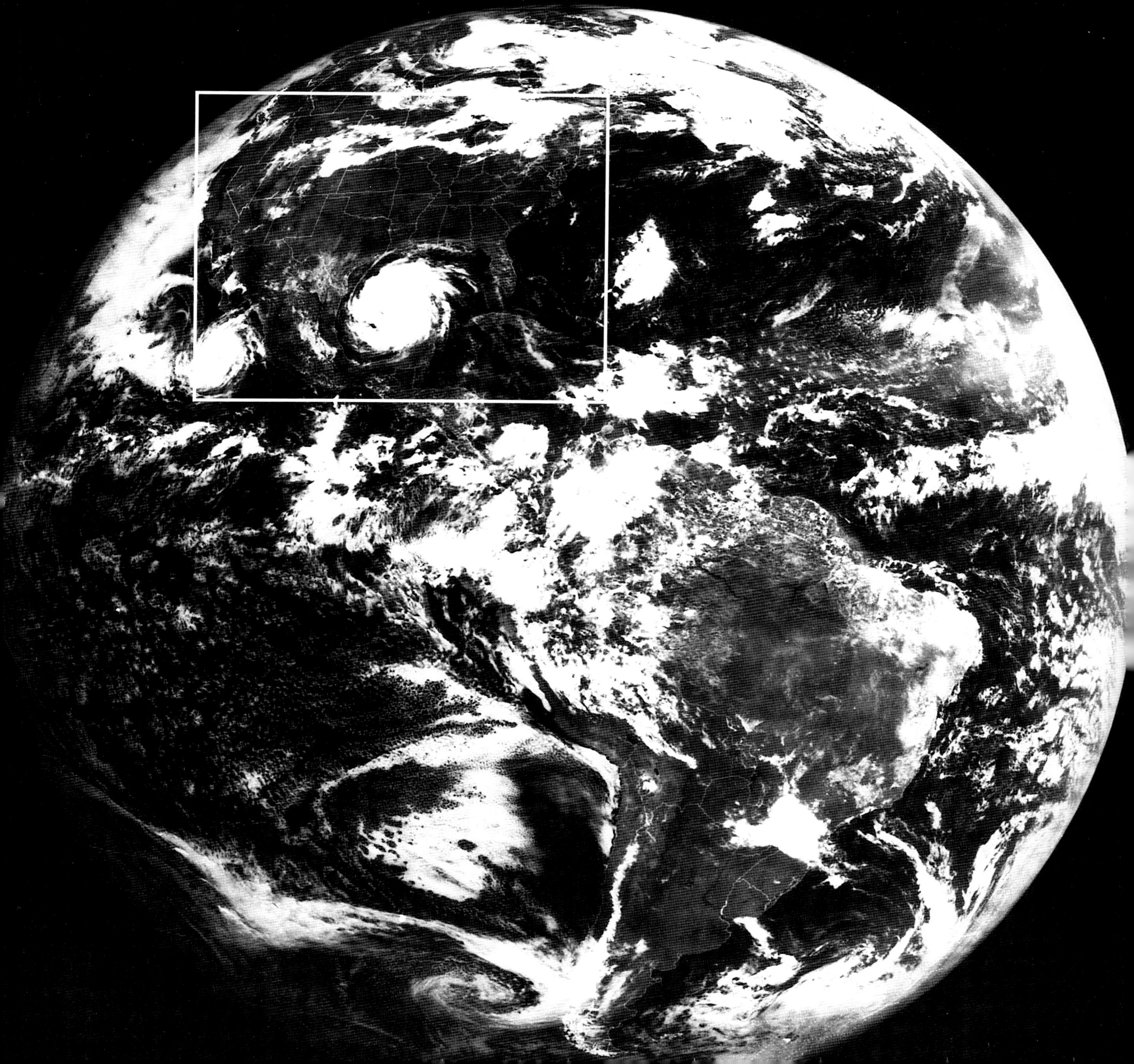

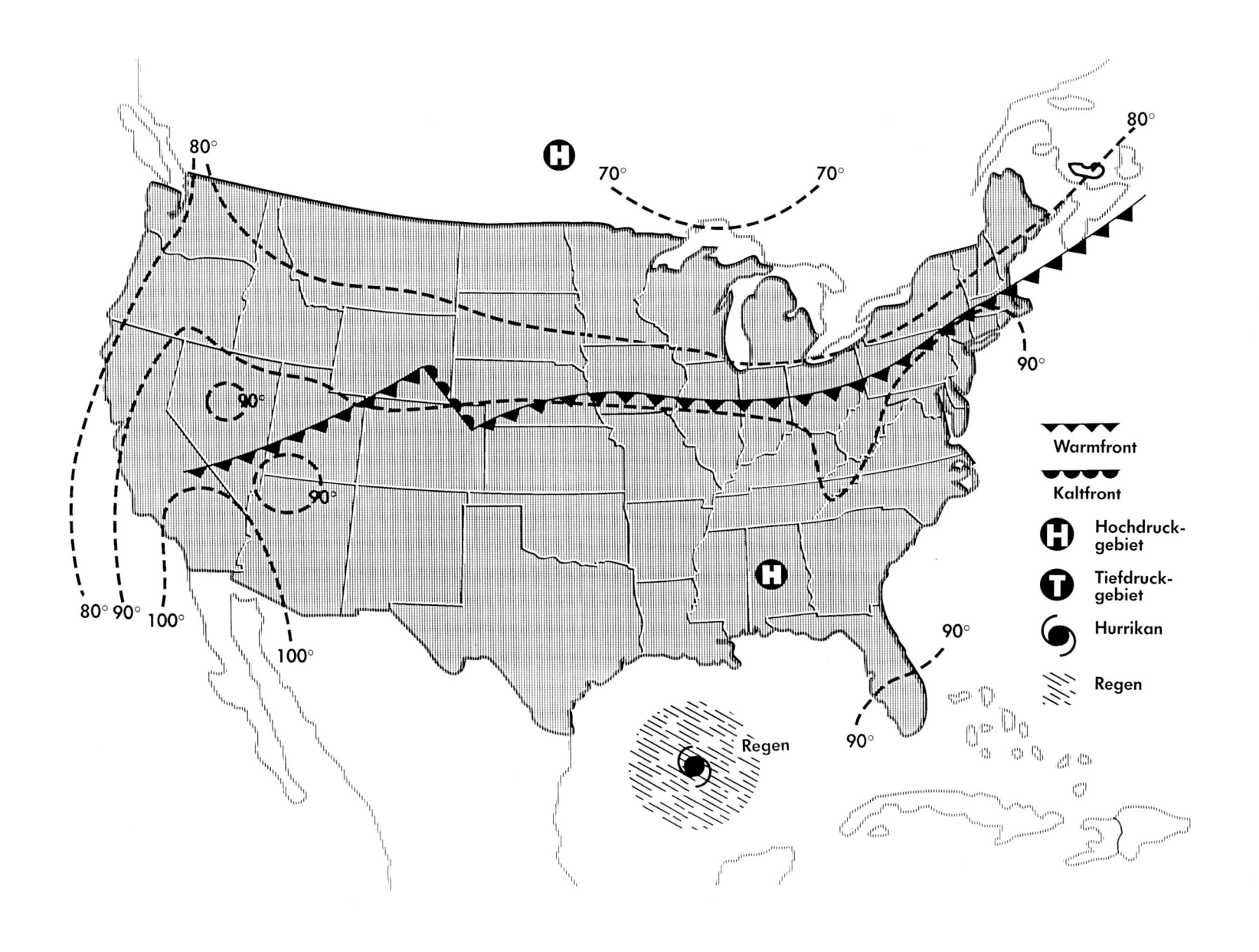

Zwei Darstellungen des Wetters vom 8. August 1980: Eine Wetterkarte (OBEN) erläutert den Ausschnitt des Satellitenfotos (GEGENÜBER). Während sich der Hurrikan Allen der texanischen Küste nähert, verharrt über dem Südosten ein Hochdruckgebiet, und eine langgezogene Warmfront erstreckt sich über die Vereinigten Staaten. Eine Kaltfront wandert über Wyoming nach Nordosten, wo sich bald ein Tiefdruckgebiet ausbilden wird.

(SEITE 216–217): Warmer Regen durchtränkt die tropische Vegetation auf der Hawaii-Insel Oahu.

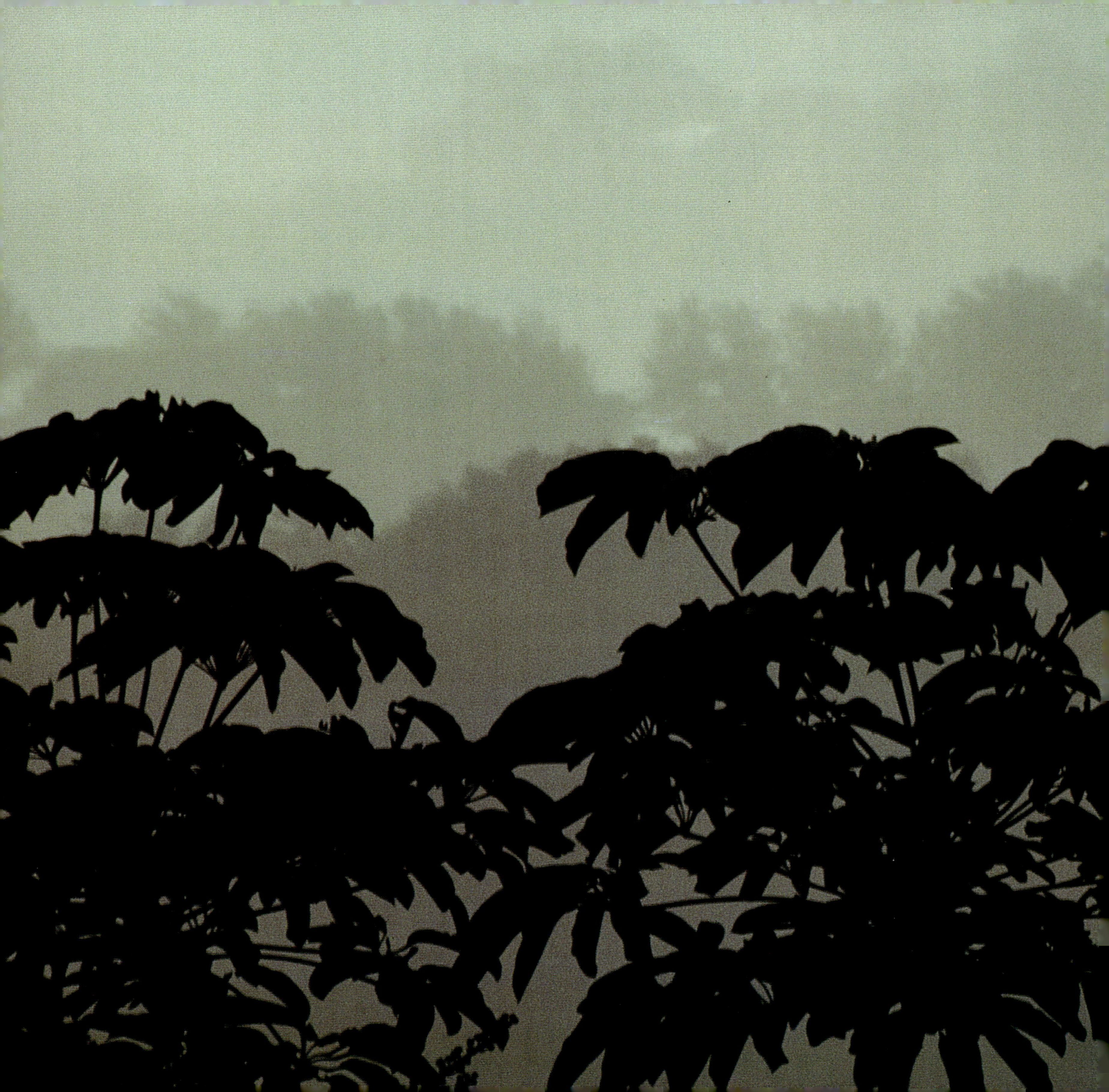

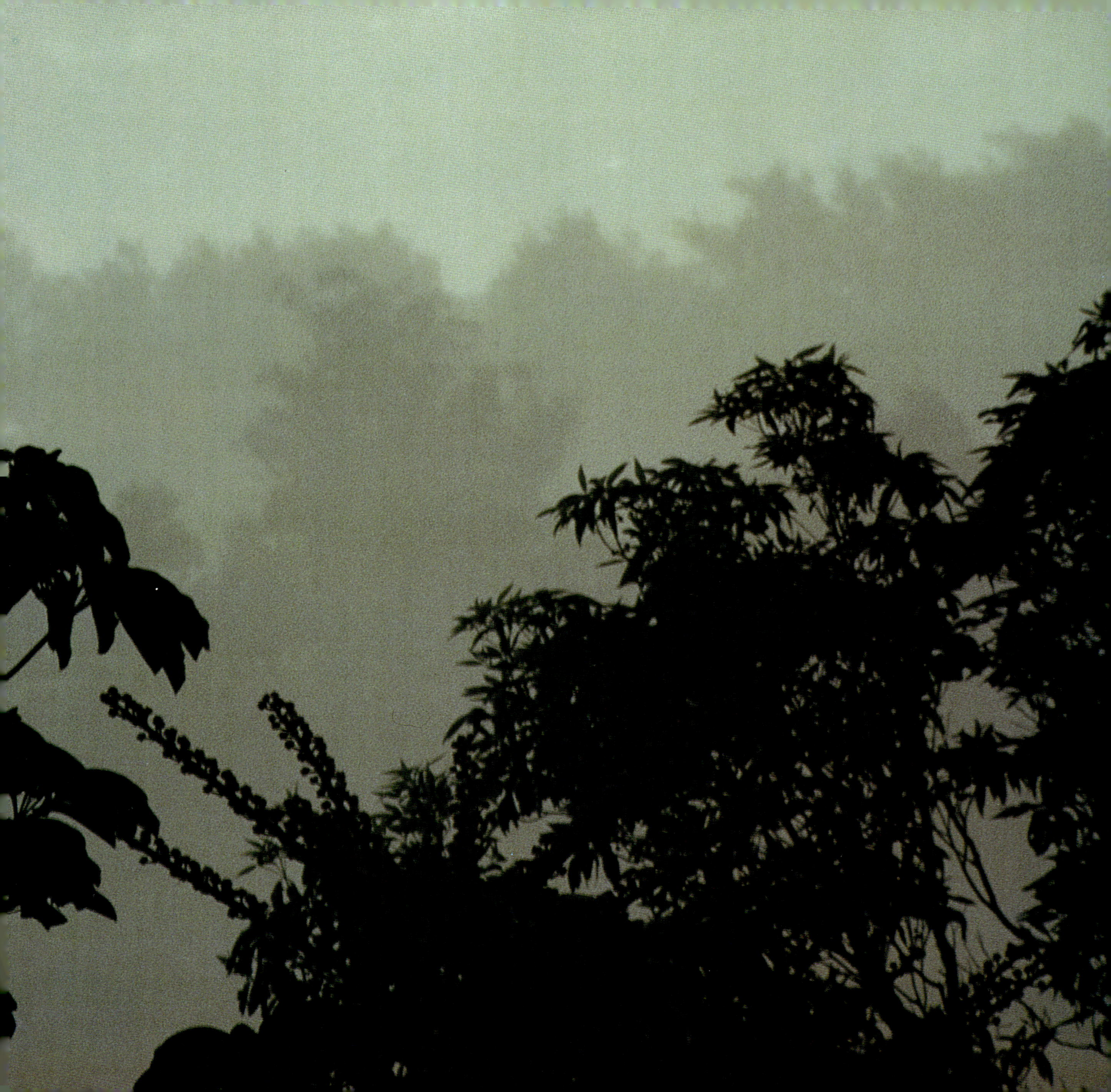

Der *Deutsche Wetterdienst* ist für die Bundesrepublik Deutschland die Quelle der Wetterberichte von Radio- und Fernsehsendern, die rund um die Uhr verbreitet werden. Die supranationale Dachorganisation aller nationalen Wetterdienste ist die Weltorganisation für Meteorologie (WMO) mit Sitz in Genf.

Neben diesen Wettervorhersagen können auch Wetterkarten sehr nützlich sein, wenn man etwas über die Veränderungen des Wettes erfahren will. Die meisten Zeitungen drucken täglich Wetterkarten ab, die unterschiedlich komplex, jedoch stets leicht zu lesen sind. Wenn man diese sammelt und miteinander vergleicht, erhält man einen Eindruck von der Wanderschaft einer Front oder eines Tiefdruckgebietes über das Land, und die Beobachtung der Wetterkarten über einen längeren Zeitraum zeigt deutlich, wie der Jetstream die Stürme auf seinem Weg nach Osten treibt. Mit einem solchen Satz Wetterkarten und den Radio- und Fernsehwetterberichten kann man das Wetter leicht verfolgen, eine Angelegenheit, die für manchen ebenso spannend sein kann wie ein Fußballländerspiel oder ein Tennismatch.

Letztendlich aber gibt es keinen Ersatz dafür, nach draußen zu gehen und das Wetter mit eigenen Augen zu beobachten. Sehr bald werden Sie Formationen aller zehn Hauptwolkentypen gesehen haben, und

Ein heftiger Regenguß fegt über das trockene Flachland von Südarizona.

wenn Sie die Richtung verfolgen, in der sie wandern, werden Sie bald verstehen, was über uns vorgeht und warum. Ein preiswertes Thermometer, Barometer und eine Wetterfahne tragen zu leicht erfahrbaren Informationen bei. Viele Wetterbeobachter führen ein eigenes Tagebuch, in dem sie ihre Beobachtungen ebenso wie die Wetterdaten aus den Zeitungen, aus Funk und Fernsehen festhalten.

Heutzutage leben die meisten von uns in einer Welt, in der lokale Wetterereignisse lediglich interessant oder schlimmstenfalls unangenehm sind. Selten stellen sie eine Bedrohung für unser Heim, unsere Nahrungsquellen oder unser Leben dar. Auch wenn das Wetter manchmal nicht vorhersagbar ist und der Wetterbericht „lügt", kann uns normalerweise nicht mehr passieren, als ohne Schirm von Regen überrascht zu werden. Wir haben den Kontakt zu unsererer natürlichen Welt verloren und vergessen, was unsere Vorfahren uns über das Wetter überliefert haben, ebenso wie wir viel von dem vergessen haben, was sie über die Pflanzen und Tiere, die sie umgaben, wußten. Statt dessen verlassen wir uns auf die Vorhersagen, die uns ein weltweites Netz Daten sammelnder Stationen als Wetterbericht über die Medien liefern. Wie die Tiere ist auch das Wetter Teil der Natur, die wir in unserem Maschinenzeitalter selten aus der Nähe betrachten. Aber es gibt sie noch, die alten Wetterzeichen, und wer sie zu deuten versteht, kann die Natur aus erster Hand erleben.

(OBEN): Eine vom Winde zerrissene Stratusschicht gleitet über Minerva Spring im Yellowstone-Nationalpark.

(SEITE 220–221): Vermutlich durch eine Cumuluswolke, die sich über den hohen Bergen gebildet hatte, ausgelöst, geht über dem Yellowstone-Nationalpark in Wyoming ein Gewitter nieder.

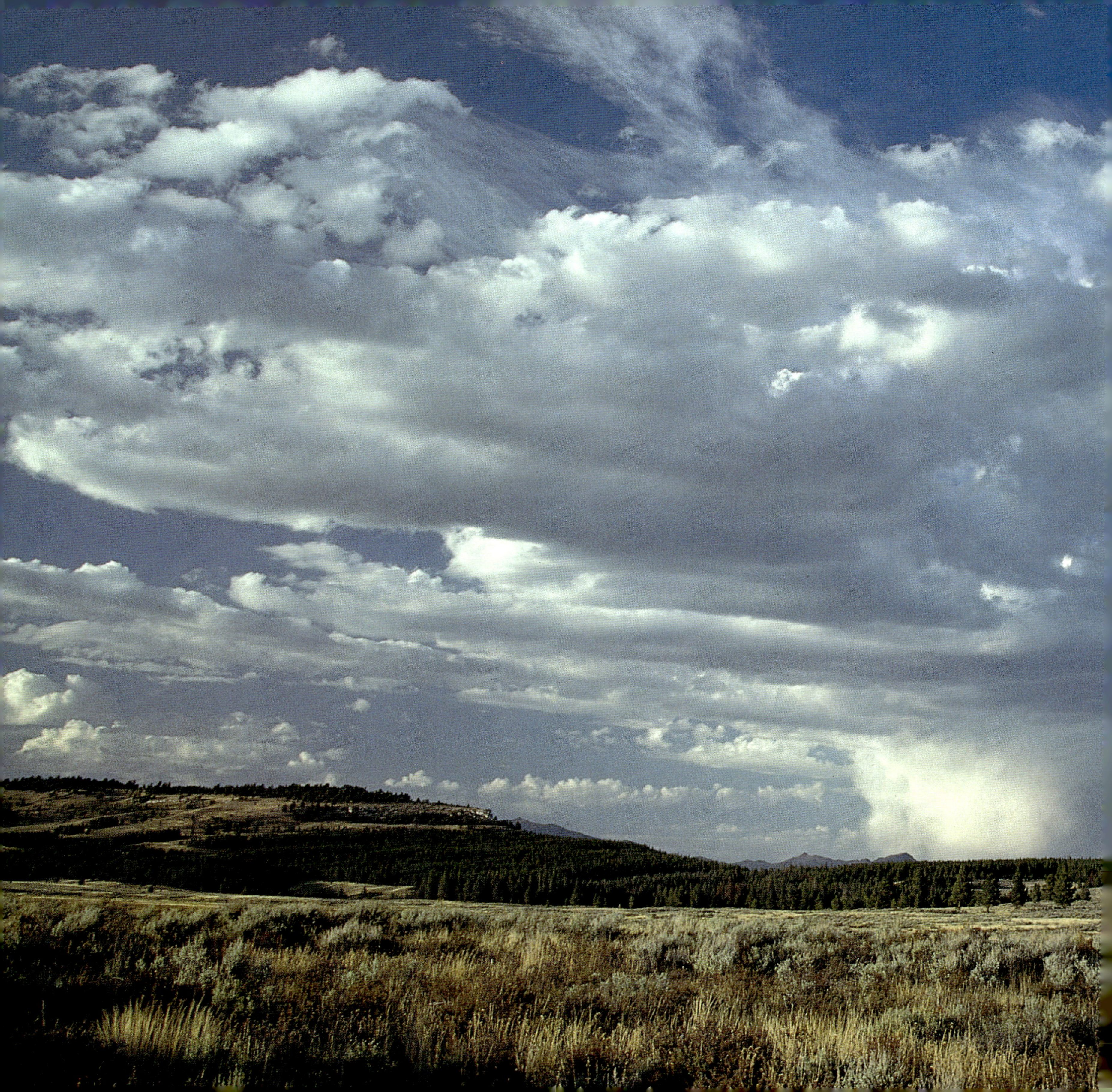

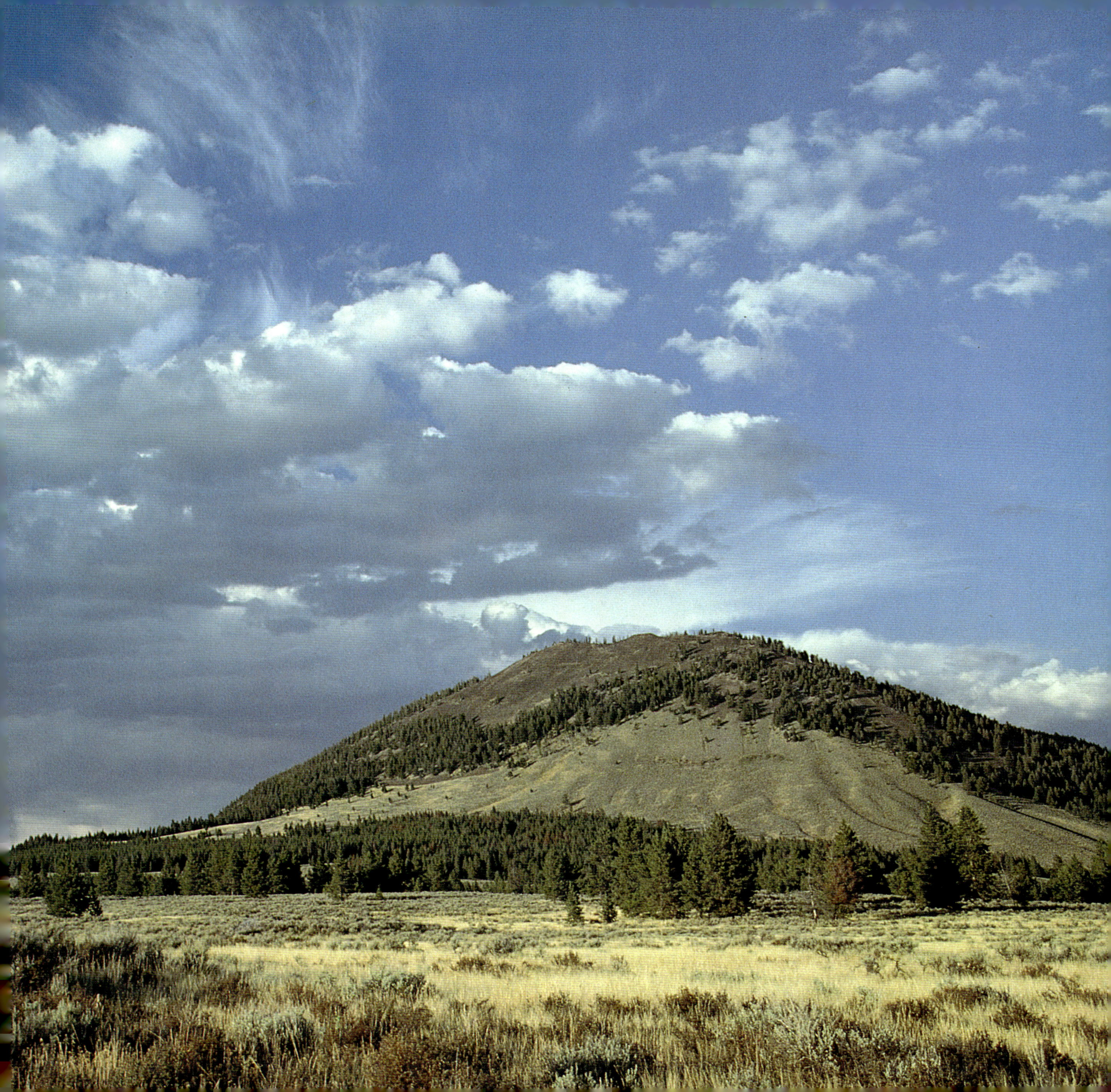

Anhang

A. Verhaltensweisen von Pflanzen und Tieren, die zeigen, wie das Wetter wird

Das Verhalten von Tieren und Pflanzen diente den Menschen schon immer zur Wettervorhersage. Einiges ist Irrglaube, aber die folgenden Lebewesen geben zuverlässige Wetterzeichen.

RHODODENDRON-BLÄTTER

Bei normalen Temperaturen streckt der Rhododendron seine Blätter gerade aus. Sinkt die Temperatur auf 1,7 °C, sinken die Blätter nach unten und beginnen sich einzudrehen, bei 0 °C hängen sie herunter und bei −7 °C hängen sie fest eingerollt herunter.

LÖWENZAHN

Löwenzahn blüht von Frühlingsanfang bis Spätherbst. Die bei normalen Temperaturen geöffnete Blüte schließt sich, wenn das Thermometer unter 10 °C sinkt.

PIMPERNELLE

Diese weitverbreitete Pflanze schließt ihre Blüte, sobald die relative Luftfeuchtigkeit auf 80 Prozent steigt, um ihre Pollen vor Regen zu schützen.

ZIKADEN

Der Ruf dieser häufig vorkommenden Insekten ertönt an warmen Sommertagen von den Bäumen. Sie sind sehr empfindlich gegenüber Luftfeuchtigkeit, und wenn die relative Luftfeuchtigkeit während eines Regens plötzlich sinkt, kündigen sie mit ihrem Ruf das nahende Ende des Regenschauers an.

MÖWEN

Möwen sind lebende Windfahnen. Sitzt ein Schwarm Möwen auf einer Sandbank oder einem Pier, dann immer mit dem Gesicht zum Wind, damit ihr Gefieder nicht zerzaust wird.

KAKERLAKEN

Dieses Ungeziefer, das allerdings in Amerika sehr viel häufiger vorkommt als in unseren Breiten, reagiert auf ein plötzliches Absinken des Luftdrucks. Wenn Wanzen bei Tageslicht umherlaufen, ist das ein Zeichen für ein anrückendes großes Tiefdruckgebiet, möglicherweise sogar einen Hurrikan.

BAUMGRILLEN

Die blaßgrüne Baumgrille kommt außer in den südöstlichen Staaten überall in den Vereinigten Staaten vor. Wie bei allen lautgebenden Insekten werden die weichen, rhythmischen Töne dieser auf Bäumen lebenden Spezies im Spätsommer und Herbst mit sinkenden Temperaturen langsamer. Dies läßt sich für eine grobe Schätzung der Temperatur nutzen: Man teilt die Ruffrequenz pro Minute durch 4 und addiert 40 hinzu. Das Ergebnis ist die ungefähre Temperatur in Fahrenheit. Noch rascher geht es, wenn man die Zahl der Rufe innerhalb von 14 Sekunden zählt und 40 hinzuaddiert.

B. Die Beaufort-Skala

1806, als die Schiffe noch unter Segeln fuhren, ersann Kapitän Beaufort von der Königlichen Britischen Marine einfache Anhaltspunkte zum Einschätzen der Windgeschwindigkeit durch Beobachtung der Auswirkungen des Windes auf See und an Land. Als Konteradmiral Sir Francis Beaufort 1857 starb, war seine Skala von der Britischen Admiralität für alle Schiffe angenommen worden. Er erlebte jedoch nicht mehr, daß das Internationale Meteorologische Komitee die Skala zur Windmessung weltweit anerkannte. Zwar ist seine Skala inzwischen teilweise durch moderne Windmeßgeräte ersetzt worden, aber sie ist nach wie vor an Land wie auf See nützlich. Die derzeit gültige Beaufort-Skala umfaßt 13 Stufen.

WINDSTÄRKE IN BEAUFORT	GESCHWINDIGKEIT (M/S)	BEZEICHNUNG	AUSWIRKUNGEN DES WINDES IM BINNENLAND	AUF SEE
0	0,0–0,2	still	Windstille, Rauch steigt gerade empor	spiegelglatte See
1	0,3–1,5	leiser Zug	Windrichtung angezeigt nur durch Zug des Rauches	kleine Kräuselwellen ohne Schaumkämme
2	1,6–3,3	leichte Brise	Wind am Gesicht fühlbar, Blätter säuseln, Windfahne bewegt sich	kurze, aber ausgeprägte Wellen mit glasigen Kämmen
3	3,4–5,4	schwache Brise	bewegt Blätter und dünne Zweige, streckt einen Wimpel	Kämme beginnen sich zu brechen, vereinzelt kleine Schaumköpfe
4	5,5–7,9	mäßige Brise	hebt Staub und loses Papier, bewegt Zweige und dünnere Äste	kleine längere Wellen, vielfach Schaumköpfe
5	8,0–10,7	frische Brise	kleine Laubbäume schwanken, Schaumkämme auf Seen	mäßig lange Wellen, überall Schaumkämme
6	10,8–13,8	starker Wind	starke Äste in Bewegung, Pfeifen in Telegrafenleitungen	große Wellen, Kämme brechen sich, größere weiße Schaumflecken
7	13,9–17,1	steifer Wind	ganze Bäume in Bewegung, Hemmung beim Gehen gegen den Wind	See türmt sich, Schaumstreifen in Windrichtung
8	17,2–20,7	stürmischer Wind	bricht Zweige von den Bäumen, sehr erschwertes Gehen	mäßig hohe Wellenberge mit langen Kämmen, gut ausgeprägte Schaumstreifen
9	20,8–24,4	Sturm	kleinere Schäden an Häusern	hohe Wellenberge, dichte Schaumstreifen, „Rollen" der See, Gischt beeinträchtigt die Sicht
10	24,5–28,4	schwerer Sturm	entwurzelt Bäume, bedeutende Schäden an Häusern	sehr hohe Wellenberge mit langen überbrechenden Kämmen, See weiß durch Schaum, schweres stoßartiges „Rollen", Sichtbeeinträchtigung
11	28,5–32,6	orkanartiger Sturm	verbreitete Sturmschäden (sehr selten im Binnenland)	außergewöhnlich hohe Wellenberge, Sichtbeeinträchtigung
12	32,7–36,9	Orkan	–	Luft mit Schaum und Gischt angefüllt, See vollständig weiß, jede Fernsicht hört auf
13–17	37,0–>56	–	–	–

GLOSSAR

Advektionsnebel Nebel, der entsteht, wenn warme Luft über kaltes Land oder Wasser zieht und der in ihr enthaltene Wasserdampf zu Wassertröpfchen kondensiert bzw. wenn kalte Luft über wärmeres Land oder Wasser zieht und die Feuchtigkeit, die von der warmen Oberfläche verdampft, in der überlagernden kühlen Luft kondensiert.

Altocumulus Mittelhohe Wolke aus schuppenartigen Teilen, Ballen, Walzen u. ä., mit Eigenschatten, oft mit grauer Unterseite. Läßt in der Regel das Sonnenlicht durchscheinen.

Altocumulus castellanus Altocumuluswolke mit kleinen, von Luftströmungen im Wolkeninnern gebildeten Türmen. Normalerweise ein Anzeichen für instabile Luft.

Altocumulus translucidus Dünne, viel Sonnenlicht durchlassende Altocumulusschicht.

Altostratus Mittelhohe, aus einer einheitlichen, dikken Schicht bestehende Wolke, die gewöhnlich das Licht hemmt, jedoch aufgrund ihrer Höhe keinen Schatten wirft. Altostratus geht zuweilen in Nimbostratus über.

Antizyklone Hochdruckgebiet, dessen Winde sich auf der nördlichen Halbkugel im Uhrzeigersinn und auf der südlichen Halbkugel gegen den Uhrzeigersinn drehen.

Arktikluft Arktische Luftmasse, die im Bereich des polaren Hochdruckgebietes in arktischen Breiten entsteht.

Atmosphäre Die die Erde umgebende Schicht aus Stickstoff, Sauerstoff und anderen Gasen.

Barometer Instrument zur Messung des Luftdrucks.

Bergnebel Bildet sich, wenn feuchte Luft beim Aufsteigen an einem Hang abkühlt und dabei der Wasserdampf zu Wassertröpfchen kondensiert.

Bimetallthermometer In einem solchen Thermometer bewegen zwei aus unterschiedlichen Metallen bestehende Metallstreifen, die sich bei Erwärmung unterschiedlich ausdehnen, eine Nadel entlang einer Meßskala.

Blizzard Siehe **Schneesturm.**

Bodennebel Nebel, der sich in klaren Nächten bildet, wenn die Erdwärme nach oben abstrahlt und der kalte Boden die Luft abkühlt. Solcher Nebel kommt häufig früh morgens vor, bevor er in der Sonne verdunstet. Wird auch Strahlungsnebel genannt.

Bora Kalter, von den Alpen herab über die Adria wehender Wind, der niedrige Temperaturen, schwere See und Schnee nach Italien und Jugoslawien bringt.

Chinook Starker, trockener Wind, der sich erwärmt, während er von den Rocky Mountains über die nordamerikanischen Great Plains strömt. Er bewirkt oft einen starken Temperaturanstieg innerhalb weniger Minuten.

Cirrocumulus Hohe, aus einer dünnen Schicht weißer Eiskristalle bestehende Wolke, die von steigenden Luftströmungen in schmale, fiedrige Streifen zerrissen wird.

Cirrocumulus undulatus Vom Wind in Wellen oder Locken gewirbelte Cirrocumulusschicht.

Cirrostratus Hohe, aus einer grauen oder weißen, lichtdurchlässigen Schicht von Eiskristallen bestehende Wolke.

Cirrus Von Höhenwinden gebildete zarte, fiedrige oder faserige Wolke, häufig Schäfchenwolke genannt. Wie andere Höhenwolken besteht der Cirrus aus Eiskristallen und ist zur Schattenbildung zu dünn.

Coriolis-Kraft Die von der Erddrehung verursachte Kraft, die die Bewegung von Objekten auf der nördlichen Halbkugel nach rechts und auf der südlichen Halbkugel nach links ablenkt. Die Coriolis-Kraft lenkt die Wettersysteme auf beiden Halbkugeln allgemein in östliche Richtung.

Cumulonimbus Eine mächtige, voluminöse, aus starken Strömungen feuchter, aufsteigender Luft gebildete Wolke, die oft eine Höhe von 19 km erreicht, wo der Jetstream dann ihrer Oberseite die Form eines Ambosses verleiht. Ein Cumulonimbus bringt schweren Regen und Gewitter. Man nennt ihn auch Gewitterwolke.

Cumulus Schmale, kompakte weiße Rundwolke mit abgeflachter Unterseite, die als Vertikalwolke an der Spitze einer aufsteigenden Strömung feuchter Luft gebildet wird.

Cumulus congestus Große, weiße Haufenwolke mit dunkler Unterseite und hohen Gipfeln und Tälern an der Oberseite. Entsteht aus einem sich vergrößernden Cumulus.

Cumulus mammatus Diese auch Mammatocumulus genannte Wolke weist an der Unterseite kleine, durch Turbulenzen der darunterliegenden Luft verursachte Protuberanzen auf und bildet sich häufig bei Gewitter.

Dosenbarometer Bei diesem Barometer bewegt der Luftdruck auf einer dünnen Blechdose eine Nadel an einem Meßgerät entlang.

Dunst Eine in Bodennähe in der Luft gleitende Masse aus Wassertröpfchen mit einer Sichtweite von mehr als 800 Metern. (Siehe Nebel.)

Eisregen Regen, der bei Berührung mit kalten Gegenständen zu Eis wird.

Elektrohygrometer Instrument zur Messung des Feuchtigkeitsgehaltes der Luft durch Aufzeichnung der elektrischen Leitfähigkeit einer dünnen Schicht aus Chlorlithium, einer wasserabsorbierenden Substanz. Die Leitfähigkeit ändert sich mit der Menge der absorbierten Feuchtigkeit.

Elektrothermometer Instrument zur Messung der Temperatur durch Aufzeichnung der sich mit der Temperatur ändernden elektrischen Leitfähigkeit eines Metalls.

Föhn Trockener Bergwind, der zu jeder Jahreszeit aus den Alpen kommen kann.

Front Grenzfläche einer wandernden Luftmasse.

Frontennebel Nebel, der sich vor einer Warmfront bildet, wenn Regen durch der Front vorgelagerte kalte Luft fällt und in Bodennähe eine Zone von Tröpfchen bildet.

Frost Aus kondensierender Feuchtluft entstehende Eiskristalle.

Geschlossene Front Bildet sich bei der Überlagerung einer Warmfront von einer Kaltfront. Entlang einer geschlossenen Front steigt warme Luft auf und kann zeitweise Schnee oder Regen bringen.

Graupel Zu einem glasigen, durchsichtigen Eiskorn gefrorener Regentropfen von einem Durchmesser unter 0,5 Zentimeter, dem die Schichtstruktur des Hagelkorns fehlt.

Hagelkorn Ein solider, aus mehreren Schichten gebildeter Eisball, der entsteht, wenn ein Wassertropfen oder ein kleines Eisstück im turbulenten Innern einer Cumulonimbuswolke umhergeschleudert wird, bei jedem Fall neues Wasser annimmt, das beim folgenden Aufstieg friert. Wenn es endgültig zu Boden fällt, kann ein Hagelkorn mehrere Zentimeter dick sein.

Heiligenschein Mehrfarbiger Ring oder Halo um den Schatten eines Flugzeuges oder eines Kopfes, wenn Wassertröpfchen in einer Wolke oder Tautropfen im Gras wie Prismen wirken und das Sonnenlicht wie ein Regenbogen reflektieren.

Hochdruckgebiet Ein normalerweise durch klaren Himmel und fehlenden Niederschlag charakterisiertes Gebiet hohen atmosphärischen Drucks. Auch Antizyklone genannt.

Höhenwolken Bilden sich 9 bis 11 km über dem Boden und bestehen normalerweise aus Eiskristallen. Die häufigsten Höhenwolken sind Cirrus, Cirrocumulus und Cirrostratus.

Hurrikan Zyklon über äquatornahem warmem Wasser, dessen Wind mindestens eine Geschwindigkeit von 120 km/h erreicht hat.

Isobar Diese Linie auf der Wetterkarte verbindet Punkte mit gleichem atmosphärischen Druck. Isobaren bilden um Tiefdruckgebiete oft Ringe.

Jetstream *Siehe* **Subtropischer Jetstream; Westlicher Jetstream.**

Kalmengürtel Feuchte, windstille Tiefdruckzonen beidseitig des Äquators.

Kaltfront Grenze einer Luftmasse, die kälter ist als diejenige, die sie ersetzt. Kaltfronten ziehen für gewöhnlich rascher als Warmfronten und bringen häufig kurzen, schweren Regen.

Linsenwolke (Lentikularwolke) Diese ortsgebundene, linsenförmige Wolke über einem Berg oder in seinem Windschatten bildet sich, wenn feuchte Luft hoch genug steigt, um zu kondensieren und dann zurück in eine wärmere Luftschicht sinkt, wo die Feuchtigkeit wieder verdunstet.

Luftdruck Der von der Masse der Luft ausgeübte Druck.

Luftmasse Eine große, oft Hunderte oder Tausende von Quadratkilometern bedeckende Luftmasse, deren Temperatur und Feuchtigkeit relativ einheitlich sind.

Mammatocumulus *Siehe* **Cumulus mammatus**

Meteorologie Die Wissenschaft vom Wetter und atmosphärischen Phänomenen.

Mistral Ein kalter, heftiger Wind, der aus den Alpen herab in das wie ein Trichter wirkende Rhônetal bläst.

Mittelhohe Wolken Wolken aus Eiskristallen oder Wassertröpfchen in einer Höhe von 4500 bis 6000 Metern. Die bekanntesten sind Altocumulus und Altostratus.

Monsun Einer der beiden jahreszeitlichen Winde: a) Im Winter trockener Nordost aus Sibirien zum Indischen Ozean. b) Im Sommer feuchter Südwest vom Indischen Ozean zum Himalaya mit reichem Regen an den Berghängen. Auch andere Paare saisonaler Winde werden manchmal Monsunwinde genannt.

Nebel In Bodennähe treibende Masse von Wasserpartikeln, mit einer Sichtweite von weniger als 800 Metern. (Siehe Dunst.)

Nieselregen Feiner, durch tiefe Wolken verursachter Regen, dessen Tröpfchen gerade schwer genug sind, um zur Erde zu fallen.

Nimbostratus Die größte tiefe Wolke. Eine mächtige, einheitlich dunkelgraue Decke, die normalerweise ein Tiefdruckgebiet oder eine Störungsfront begleitet und anhaltenden Regen oder Schnee bringt.

Passatwinde Mehr oder weniger stete Winde aus Nordost bei etwa 30 Grad nordöstlicher und aus Südost bei etwa 30 Grad südlicher Breite.

Quecksilberbarometer Barometer, in dem der Luftdruck eine Quecksilbersäule in einer mit Skala versehenen Röhre bewegt.

Regenmesser Ein Gerät zur Messung der gefallenen Regenmenge.

Relative Luftfeuchtigkeit Die in der Luft enthaltene Menge Wasserdampf, ausgedrückt in Prozent der Sättigungsmenge bei gleichbleibender Temperatur.

Rinne Zone niedrigen Luftdrucks unterhalb einer Südbiegung im westlichen Jetstream, wo der Wind zyklonisch weht.

Roaring Forties Zone vorherrschender westlicher Winde zwischen 35 und 60 Grad südlich des Äquators, wo das Fehlen von Landmassen gleichmäßig starke Winde zuläßt.

Roßbreiten Eine Zone ruhiger Luft 35 Grad nördlich und südlich des Äquators.

Sandsturm Starker Sturm, der Wolken von Sand und anderen grobkörnigen Partikeln mitführt.

Saurer Regen Regen, in dem ätzende Säuren enthalten sind, z. B. Schwefelsäure, die bei Oxidation von Schwefeldioxid, einem weitverbreiteten Industriegiftstoff, entstanden ist.

Schäfchenwolken *Siehe* **Cirrus.**

Schalenkreuz Ein mit offenen Halbschalen versehenes Instrument, das durch Drehung die Windgeschwindigkeit mißt.

Schirokko Im Frühling aus der Sahara kommender, heißer Wind im Mittelmeerraum, der Staub bis Südeuropa trägt.

Schneekorn Undurchsichtiges, weißes Korn aus kompaktem Schnee unter einem halben Zentimeter Dicke. Auch Graupel genannt.

Schneeroller Eine faßförmige Schneemasse, die sich bildet, wenn der Wind an der Oberfläche angeschmolzenen Schnee hangabwärts rollt.

Schneesturm (Blizzard) Starker bis stürmischer Wind, der mit Schneefall verbunden ist. Er kann große Schneewehen bilden.

Stationäre Front Front, deren Vorwärtsbewegung durch eine Gebirgskette oder den Jetstream aufgehalten wird.

Staubsturm Starker Sturm, der Wolken aus Staub und anderen feinen Teilchen mit sich führt.

Staubteufel Durch die Hitze des sonnenbestrahlten Bodens verursachter kleiner, vorübergehender Wirbel aus aufsteigendem Staub und Luft.

Strahlungsnebel *Siehe* **Bodennebel.**

Stratocumulus Tiefe Wolke in Gestalt einer unregelmäßigen Decke kleiner Wolken, die sich aus auseinanderbrechenden Stratuswolken oder der Zusammenballung von Cumuli bildet.

Stratus Tiefe Wolke in Gestalt einer mächtigen, grauen, strukturlosen Decke, die gewöhnlich durch Kondensation in Bodennähe entsteht. Stratuswolken bringen Nieselregen oder leichten Schnee, keinesfalls jedoch schwere Niederschläge wie der Nimbostratus oder Cumulonimbus.

Subtropischer Jetstream Eine der beiden in etwa 13 km Höhe ständig mit einer Geschwindigkeit von rund 160 km/h zwischen 10 und 30 Grad nördlicher und südlicher Breite ostwärts ziehenden Luftströmungen. (Siehe auch Westlicher Jetstream.)

Taifun Im asiatischen Pazifik der Name für Hurrikans.

Talnebel Bildet sich während einer Inversion im Tal, wenn kühle, feuchte Luft von einer Schicht warmer Luft überlagert wird. Die Feuchtigkeit kann nicht entweichen und bildet strichweisen Nebel.

Tau Wassertröpfchen, die entstehen, wenn die Feuchtigkeit der Luft bei einer Berührung mit Gegenständen kondensiert.

Taupunkt Die Temperatur, bei der die Luft so kühl ist, daß der in ihr enthaltene Wasserdampf kondensiert.

Tiefe Wolken   Bilden sich für gewöhnlich unter 2 km Höhe und bestehen aus Wassertröpfchen. Die bekanntesten tiefen Wolken sind Stratus, Stratocumulus und Nimbostratus.

Tornado   Wuchtiger, sich rasch drehender Luftwirbel, der in einem Gewitter entsteht und bei Bodenberührung ausgedehnte Schäden anrichtet.

Treibhauseffekt   Vorausgesagte Erwärmung des Erdklimas, die durch wachsende Mengen von Kohlendioxid und anderen Gasen in der Luft hervorgerufen wird, durch die die Sonnenhitze durch die Atmosphäre gelangt, jedoch dann wie in einem Treibhaus am Entweichen in den Weltraum gehindert wird.

Tropischer Sturm   Tropisches Tiefdruckgebiet mit einer Windgeschwindigkeit über 64 km/h. Der tropische Sturm ist die Vorstufe des Hurrikans.

Tropisches Tief   Tiefdruckgebiet über warmem, äquatornahem Wasser, größer und wolkiger als eine tropische Störung. Der Luftdruck im Zentrum eines tropischen Tiefs ist so niedrig, daß eine oder mehrere Isobaren geschlossene Kreise bilden, die Windgeschwindigkeit liegt jedoch unter 65 km/h.

Tropische Störung   Kleines, relativ schwaches Tief über warmem, äquatornahem Wasser.

Vertikale Wolken   Diese bilden sich in jeder Höhe aus aufsteigender warmer, feuchter Luft. Cumulus und Cumulonimbus sind die vornehmlichen vertikalen Wolken.

Virga   Leichter Regenschauer, der verdunstet, bevor er den Boden erreicht.

Vorherrschende Westwinde Vornehmlich aus West wehende Winde zwischen 35 und 60 Grad nördlicher und südlicher Breite. (Siehe auch Roaring Forties.)

Warmfront Grenzfläche einer wandernden Luftmasse, die wärmer ist als die, die sie ersetzt. Warmfronten ziehen normalerweise langsamer als Kaltfronten und bringen meistens länger anhaltenden Niederschlag.

Wasserhose Sich rasch drehender, wie ein Tornado bei Gewitter entstehender Wirbel, der jedoch eher die Oberfläche des Meeres oder eines Sees berührt als das Land.

Westlicher Jetstream Eine der beiden in etwa 13 km Höhe ständig mit einer Geschwindigkeit von rund 160 km/h zwischen 30 und 50 Grad nördlicher und südlicher Breite ostwärts ziehenden Luftströmungen. (Siehe auch Westlicher Jetstream.)

Wetterfahne Frei schwingendes, an einem Pol oder hohem Punkt befestigtes Gerät zur Anzeige der Windrichtung.

Willy-willy Der australische Name für Hurrikans.

Zwischenhoch Zone hohen Luftdrucks unterhalb einer Nordbiegung im westlichen Jetstream, wo der Wind antizyklonisch weht.

Zyklone Tiefdruckgebiet mit auf der nördlichen Halbkugel im entgegengesetzten Uhrzeigersinn und auf der südlichen Halbkugel im Uhrzeigersinn drehenden Winden. Name für die Hurrikans im Indischen Ozean.

Zyklon Tropischer Wirbelsturm.

REGISTER

Advektionsnebel 179
afrikanische Tropikluft 53 ff.
Alkoholthermometer 209
Altocumulus 87, 92
Altocumulus castellanus 87, 92
Altocumulus translucidus 97
Altostratus 66, 87
amerikanische Ureinwohner 22
Anaxagoras 29 f.
Anaximander 29
Anders Celsius 41
antarktisches Hoch 126
Antizyklone 48
antizyklonische Luftmassen 48
Äquator 109
Aristoteles 29 ff.
Arktikluftmassen 53
arktisches Hoch 126
Äther 29
atlantische Tropikluft 53 f., 57
Atmosphäre 74, 102, 109
atmosphärische
    Zirkulation 42, 126
Auge des Sturms 128

Barometer 210
Barometer, Erfindung des 41
Bauernweisheiten 200
Benjamin Franklin 42
Bergnebel 179
Bermuda-Hoch 57
Bewegung der Stürme 42
Bimetallthermometer 209
Blitz 80 f.
Blizzard 160 f.
Blizzards, schwarze 190
Bodennebel 179
Bodenthermometer 210
Bora 126

Carl-Gustaf Rossby 42
Chinook 126
Cirrocumulus 81, 87
Cirrocumulus undulatus 97
Cirrostratus 87
Cirrus 63, 66, 81, 87
Coriolis-Kraft 44, 122
Cumulonimbus 60, 80 f., 92
Cumulus 53, 60, 62, 74, 80 f., 94
Cumulus congestus 80 f.

Dakota Indianer.
Siehe amerikanische
    Ureinwohner 22
deduktive Methode 31
Depression 68
Deutscher Wetterdienst 212, 218
Dosenbarometer 41, 210
Dunst 179
Dust Bowl 189

Edmund Halley 41
Eisgraupeln 152
Eisregen 152
Elektrisches Thermometer 209
Elektrohygrometer 211
Elemente 29
Empedokles 29
Erdrotation 44
Evangelista Torricelli 41
experimentelle Methode 32

Farbe des Himmels 172
farbiger Regen 162
farbiger Schneefall 162
Federwolken 81
Festlandsluft, polare 48, 53,
    55, 57

Festlandsluftmassen 53
feuchte Luftmassen 44
Feuchtkugelthermometer 211
Föhn 126
Fractostratus 93
Front, geschlossene 68
Front, stationäre 68
Frontalzyklone 68
Fronten 60 ff.
Frontenbildung 42
Frontennebel 180
Frost 180

Gabriel Fahrenheit 40
Galileo Galilei 32, 40
geomorpher Stratus 94
geschlossene Front 68
Gewitter 80 f.
Gewitterwolke 80
Graupel 152, 159

Hagel 159
Halbkugel, nördliche 53, 67 f.
Halbkugel, südliche 53, 67 f.
Heiligenschein 180
Heliumballon 212
Himmel, Farbe des 172
Hoch 48
Hoch, antarktisches 126
Hoch, arktisches 126
Hoch, polares 126
Hoch, sibirisches 57
Hochdruckgebiet 48, 53 f.
höchste gemessene
 Temperatur 112
höchste Jahresdurchschnitts-
 temperatur 112

höchster durchschnittlicher
 Jahresniederschlag 146
hohe Wolken 81
Hurrikan 42, 57, 71, 127 f.,
 130, 135
Hurrikan Fifi 135
Hurrikan Flora 135
Hurrikan Gilbert 130, 135
Hygrometer, Erfindung des 32

Induktive Methode 31
Inversionslage 112
Isaac Newton 40
Isobaren 128

Jahresdurchschnittstemperatur,
 höchste 112
Jahresdurchschnittstemperatur,
 niedrigste 112
Jahresniederschlag, höchster
 durchschnittlicher 146
Jakob Bjerknes 42
James Espy 42
Jetstream 42
Jetstream, nördlicher 48
Jetstream, polarer 68, 70,
 122, 126
Jetstream, subtropischer 48, 71
Jetstream, westlicher 44, 48
Johann Heinrich Lambert 32

Kalmengürtel 122, 127 f.
Kaltfronten 60 ff.
Killer-Sturm 138
Kondensstreifen 63, 66

Lawinen 161
Linsenwolken 97
Luftdruck 48, 60, 209f.
Luftfeuchtigkeit 151
Luftfeuchtigkeit,
    relative 209, 211
Luftkuppel 44, 48
Luftmassen 44ff.
Luftmassen, antizyklonische 48
Luftmassen, feuchte 48
Luftmassen, Zusammentreffen
    von 42, 53, 57, 60
Luftpartikel 172, 180
Luftverschmutzung 172, 196f.
Luftzirkulation.
    Siehe atmosphärische
    Zirkulation 109
Luke Howard 97

Magellan 48
Mammatocumulus 97
Meeresluft, polare 54
Meeresluft, tropische 54, 57
Meeresluftmassen 53f.
Meßinstrumente 32, 40f., 209
Meßstab 213
Meteorologica (des
    Aristoteles) 29ff.
Meteorologie 29, 31f.
Methode, deduktive 31
Methode, experimentelle 32
Methode, induktive 31
Mistral 126
mittelhohe Wolken 81
Monsun 127

Nationale Wetterdienste 213
Nebel 172ff.
Nicolas de Cusa 32
Niederschlag 146ff.
Niederschlagsmenge 209, 212
Niederschlagsmesser 41, 212
niedrigste gemessene
    Temperatur 112
niedrigste Jahresdurchschnitts-
    temperatur 112
Nieselregen 152
Nimbostratus 66, 87, 95, 97
nördliche Halbkugel 53, 67f.
nördlicher Jetstream 48
nordsibirische Polarluft 54
Nordwind 127

Passatwinde 71, 122, 128
Pazifik-Hoch 55
polare Festlandsluft 48, 53, 55, 57
polare Meeresluft 54
polarer Jetstream 68, 70, 122, 126
polares Hoch 126
Polarluft, nordsibirische 54
Polarregionen 109

Quecksilberbarometer 41, 210

Radarstation 213
Radiosonde 211
rechnergestützte Vorher-
    sage 213
Regen 146ff.
Regen, farbiger 162
Regen, saurer 197
Regen, stärkster binnen eines
    Jahres 146
Regen, stärkster binnen eines
    Monats 146
Regenmesser 146
Regenschichtwolken 95
relative Luftfeuchtigkeit 209, 211
Roaring Forties 48, 126
Roßbreiten 109, 122

Sandstürme 189f.
saurer Regen 197

Schäfchenwolken 81
Schalenkreuzanemometer 212
Schichtwolken 92
Schirokko 127
Schleierwolken 87
Schnee 146 ff.
Schneefall, farbiger 162
Schneefallhöhe 213
Schneefeuer 162
Schneefresser 126
Schneesturm 160 ff.
Schneewalzen 161
Schneewehen 161
schwarze Blizzards 190
Schwarzer Nordost 55
sibirisches Hoch 57
Samum 127, 162, 189
Smog 112
Sonnenstrahlung 102
stärkster Regen binnen eines Jahres 146
stärkster Regen binnen eines Monats 146
stationäre Front 68
Staubstürme 127, 172, 180, 189
Staubteufel 143, 180
Störung, tropische 128
Stratocumulus 87, 94 f., 97
Stratus 87, 92, 94, 97
Stratus, geomorpher 94
Sturm, Auge des 128
Sturm, tropischer 128
Stürme 122 ff.
Stürme, Bewegung der 42
subtropischer Jetstream 48, 71
südliche Halbkugel 53, 67 f.
Südpol 112

Taifun 71, 128
Talnebel 179
Tau 180
Taupunkt 179, 211
Temperatur 102 ff., 209
Temperatur, höchste gemessene 112
Temperatur, niedrigste gemessene 112
Temperaturschwankungen 102, 119, 121
Thales von Milet 29
Thermometer 40, 209
Thermometer, elektrisches 209
Tief 70
Tief, tropisches 128
Tiefdruckgebiet 68, 70 f.
Tiefdruckrinne 68, 70 f.
tiefe Wolken 81
Tornado 81, 130, 135, 138
Treibhauseffekt 197
Treibhausgase 196
Trockenthermometer 211
Tropikluft, afrikanische 53 ff.
Tropikluft, atlantische 53 f., 57
tropische Meeresluft 54, 57
tropische Störung 128
tropischer Sturm 128
tropischer Zyklon 71
tropisches Tief 128

Ueberschwemmungen 81, 162, 166
Unktehi 22

Vertikale Wolken 81
Vilhelm Bjerknes 42
Virga 152
Virgil 200
Vorhersage, rechnergestützte 213
Vulkanausbrüche 190

Wakinyan 22
Waldbrände 190, 196
Warmfronten 60 ff.
Wasserdampf 74, 172, 179
Wasserhosen 138, 143
Weltorganisation für Meteorologie (WMO) 218

westlicher Jetstream 44, 48
Wetterballon 212
Wetterdienst, Deutscher 212, 218
Wetterdienste, nationale 213
Wetterfront 57
Wetterkarten 218
Wettermythen der Antike 29
Wettermythen der Bibel 22, 29
Wettersatelliten 209, 213
Wetterstation 209, 212, 213
Wettervorhersage 200ff.
William Redfield 42
Willy-Willies 128
Winde 122ff.
Winde, zyklonische 127
Windfahne 211
Windgeschwindigkeit 209, 211
Windmesser 41
Windrichtung 209, 211

Wissenschaft des Chaos 213
Wolken 74ff.
Wolken, hohe 81
Wolken, mittelhohe 81
Wolken, tiefe 81
Wolken, vertikale 81
Wüsten 109

Zirkulation,
    atmosphärische 42, 126
Zusammentreffen von
    Luftmassen 42, 53, 57, 60
Zwischenhoch 68
Zyklon 42, 127f.
Zyklon, tropischer 71
Zyklonbildung 42
Zyklone 55, 68, 70f.
zyklonische Winde 127

BILDQUELLEN

Umschlag: *(Vorderseite)* © Keith Kent
(Rückseite) © Brad Fallin/Studio D
1: © Thomas R. Fletcher
2–3: © Fred Hirschmann
4–5: © Peter Guttman
6: © Stephen Trimble
7: © Ken Scott/M. L. Dembinsky, Jr. Photography Associates
9: © John Vachon/Collections of the Library of Congress
10: © Griffith & Griffith & Griffith/Collections of the Library of Congress
12–13: © Brad Fallin/Studio D
14–15: © Jeff Gnass
16: © Bruce Matheson
19: © Phil Mueller/Firth Photobank
20–21: © Scott T. Smith
23: © Fred Hirschmann
24–5: © Stan Osolinski/M. L. Dembinsky, Jr. Photography Associates
26–7: © Stewart Aitchison
28: © Keith Kent
30: © Fred M. Dole
31: © Chuck Place
32: © Betty Crowell/Faraway Places
33: © Tony Arruza
34–5: © Ken Scott/M. L. Dembinsky, Jr. Photography Associates
36–7: © Fred Hirschmann
38–9: © Scott T. Smith
40: © Fred Hirschmann
41: © John Gerlach/M. L. Dembinsky, Jr. Photography Associates
43: © Fred Hirschmann
45: © Stan Osolinski/M. L. Dembinsky, Jr. Photography Associates
46–7: © Dennis Frates
49: © Stan Osolinski/M. L. Dembinsky, Jr. Photography Associates
50–1: © Brian Milne/First Light Associated Photographers
52: © Stan Osolinski/M. L. Dembinsky, Jr. Photography Associates
54: © Tom Bean
55: © Rod Planck/M. L. Dembinsky, Jr. Photography Associates
56: © Brian Milne/First Light Associated Photographers
58–9: © Stan Osolinski/M. L. Dembinsky, Jr.Photography Associates
61: Courtesy NASA
62: © Bob Barrett/Photographic Resources
63: © David Molchos
64–5: © Steve McCutcheon/Alaska Pictorial Service
66, 67: © Michael Longacre
69: © M. L. Dembinsky, Jr./M. L. Dembinsky, Jr. Photography Associates
70: © Mike Magnuson
71: © Bruce Matheson
72–3: © Keith Kent
75: *(oben)* © Mike Magnuson; *(unten)* © Gregory K. Scott/Nature Photos
76–7: © Jeff Gnass
78–9: © Mike Magnuson
81: © Keith Kent
82–3: © Larry Ulrich
84: © Keith Kent
85: © Garry D. Michael/Photographic Resources
86: *(oben)* © Larry Ulrich; *(unten)* © Scott T. Smith
87: © Darrel C. H. Plowes
88: *(oben)* © Gene Coleman; *(unten)* © Sharon Cummings/M. L. Dembinsky, Jr. Photography Associates
89: © Thomas Ives
90–1: © Joseph A. Dichello Jr.
92: © Thomas R. Fletcher
93: © Fred Hirschmann
94: © Fred M. Dole
95: © Carol Simowitz
96: © Bob Firth/Firth Photobank
98: *(oben)* © Tom Myers; *(unten)* © Robert Holmes
99: © Stan Osolinski/M. L. Dembinsky, Jr. Photography Associates
100–1: © Stephen J. Krasemann/Valan Photos
103: © Ed Cooper
104–5: © Bob Firth/Firth Photobank
106–7: © Kevin Schafer

108: Courtesy NASA
110–11: © Nicholas Devore III/Photographers Aspen
113: © Neelon Crawford
114: *(oben)* © Betty Crowell/Faraway Places; *(unten)* © Kevin Schafer
115: © Stewart Klipper
116–17: © Robert Holmes
118: *(oben)* © Brad Fallin/Studio D; *(unten)* © Betty Crowell/Faraway Places
119: © Philip Wallick
120: © Keith Kent
121: © Carl R. Sams, II/M. L. Dembinsky, Jr. Photography Associates
123: Arthur Rothstein/Collections of the Library of Congress
124–25: © Scott T. Smith
126: © Becky & Gary Vestal
127: © Robert Holmes
129: Courtesy NASA
130: © Thomas R. Fletcher
131: AP/Wide World Photos
132: © Warren Faidley/Weatherstock
133: © Tony Arruza
134: © Sylvia Schlender
136–37: © Chuck Place
139: *(oben links)* © K. Brewster/Weatherstock; *(alle übrigen)* © Edi Ann Otto
140: © Laurence Parent
141: © Tony Arruza
142: © Fred Hirschmann
143: © Chlaus Lotscher
144–45: © Kevin Schafer
147: © Brad Fallin/Studio D
148–49: © John & Ann Mahan
150: © Warren Faidley/Weatherstock
151: © Robert Holmes
152: © John Messineo/Photographic Resources
153: © Keith Kent
154–55: © Sylvia Schlender
156–57: © Mary E. Messenger
158: © Tom Till
160, 161: Courtesy of the New York Historical Society, New York City
163: *(oben)* Courtesy Johnstown Flood Museum; *(unten)* AP/Wide World Photos
164–65: Jeff Gnass
167: *(oben)* © Thomas R. Fletcher; *(unten)* © Paul Chesley/Photographers Aspen
168–69: © Mike Magnuson
170–71: © Kevin Schafer
173: © Paul Chesley/Photographers Aspen
174–75: Jeff Gnass
176–78: © Fred Hirschmann
181: *(oben)* Sharon Cummings/M. L. Dembinsky, Jr. Photography Associates; *(unten)* © Skip Moody/M. L. Dembinsky, Jr. Photography Associates
182–83: © Stan Osolinski/M. L. Dembinsky, Jr. Photography Associates
184–85: © Kevin Schafer
186–87: © Carol Simowitz
188: © Carl R. Sams, II/M. L. Dembinsky, Jr. Photography Associates
189: © Stan Osolinski/M. L. Dembinsky, Jr. Photography Associates
190: Collections of the Library of Congress
191: © Peter Guttman
192–93: © Sharon Cummings/M. L. Dembinsky, Jr. Photography Associates
194–99: © Peter Guttman
201: © Philip Wallick
202–205: © Tim Thompson
206–207: © Bruce Matheson
208, 210: © Tim Thompson
211: © Rod Planck/M. L. Dembinsky, Jr. Photography Associates
212: © Stan Osolinski/M. L. Dembinsky, Jr. Photography Associates
213: © Michael Longacre
214: Courtesy NASA
216–17: © David & Jan Couch/Photographics International
218: © Porterfield/Chickering
219–21: © Stan Osolinski/M. L. Dembinsky, Jr. Photography Associates
240: Collections of the Library of Congress